U0238060

漳卫南运河年鉴

（2017）

漳卫南运河管理局　编

·北京·

内 容 提 要

《漳卫南运河年鉴》由水利部海河水利委员会漳卫南运河管理局主办，是反映漳卫南运河水利事业发展、全面记录漳卫南局年度工作发展轨迹、为领导决策提供查考依据、为各部门工作提供信息咨询的工具书。《漳卫南运河年鉴》每年编印一册，2017年卷主要收录2016年的资料。

图书在版编目（CIP）数据

漳卫南运河年鉴. 2017 / 漳卫南运河管理局编. -- 北京 : 中国水利水电出版社, 2017.11
ISBN 978-7-5170-6062-8

Ⅰ. ①漳… Ⅱ. ①漳… Ⅲ. ①运河－天津－2017－年鉴 Ⅳ. ①TV882.821-54

中国版本图书馆CIP数据核字(2017)第285958号

书　　名	**漳卫南运河年鉴（2017）** ZHANGWEINAN YUNHE NIANJIAN（2017）
作　　者	漳卫南运河管理局　编
出版发行	中国水利水电出版社 （北京市海淀区玉渊潭南路1号D座　100038） 网址：www.waterpub.com.cn E-mail：sales@waterpub.com.cn 电话：（010）68367658（营销中心）
经　　售	北京科水图书销售中心（零售） 电话：（010）88383994、63202643、68545874 全国各地新华书店和相关出版物销售网点
排　　版	中国水利水电出版社微机排版中心
印　　刷	北京市密东印刷有限公司
规　　格	184mm×260mm　16开本　16.75印张　397千字
版　　次	2017年11月第1版　2017年11月第1次印刷
印　　数	0001—1000册
定　　价	**120.00**元

《漳卫南运河年鉴》编纂委员会

《漳卫南运河年鉴》编辑部

《漳卫南运河年鉴》特约编辑

徐永彬　漳卫南运河岳城水库管理局
王丽苹　漳卫南运河四女寺枢纽工程管理局
王　静　漳卫南运河水闸管理局
黄风光　漳卫南运河管理局防汛机动抢险队
王海英　漳卫南局德州水利水电工程集团有限公司

编 辑 说 明

一、《漳卫南运河年鉴》由水利部海河水利委员会漳卫南运河管理局（以下简称漳卫南局）主办，是反映漳卫南运河水利事业发展、全面记录漳卫南局年度工作发展轨迹、为领导决策提供查考依据、为各部门工作提供信息咨询的工具书。《漳卫南运河年鉴》每年编印一册，2017年卷主要收录2016年的资料。

二、本年鉴包括河系概况、要载·专论、年度综述、大事记、“7·19”洪水专题、落实最严格水资源管理制度示范项目、漳卫南运河水环境与生态修复科技推广示范基地项目、工程管理、工程建设、水政水资源管理、水文工作、水资源保护、综合管理、局属各单位、附录等栏目。

三、栏目内容包含条目、文章和图表。标有方头括号（【】）者为条目名称。

四、本年鉴采用中华人民共和国法定计量单位，技术术语、专业名词、数字、符号等力求符合规范要求或约定俗成。

五、本年鉴中机构名称首次出现时用全称，并加括号注明简称，再次出现时使用简称。

六、“大事记”中，同月同日发生的事件在同一年月日下分段记述；无法确定具体日期的事件，记录在事件发生月的最后，并在段前加“□”。

七、限于编辑水平，本年鉴编辑中存在的错误和疏漏不足之处，敬请指正。

《漳卫南运河年鉴》编辑部

2017年5月

编辑说明

目 录

河 系 概 况

【河流水系】

漳卫南运河是海河流域南系骨干行洪排涝河道，由漳河、卫河、卫运河、南运河及漳卫新河组成，位于东经 112°～118°、北纬 35°～39°之间。西以太岳山为界，南临黄河、徒骇河、马颊河，北界滏阳河，东达渤海。以浊漳河南源为源，流经山西、河南、河北、山东、天津四省一市，至天津市三岔河口，全长 1050km，流域面积 37584km^2。

漳河上游有清漳河、浊漳河两条支流，于河北省涉县合漳村汇合为漳河干流，自观台入岳城水库。岳城水库以上漳河流域面积 18100km^2。漳河出岳城水库后进入平原，向东北至馆陶县徐万仓与卫河共同汇入卫运河。按照现行的流域规划，漳河为海河水系源头，漳河自浊漳河南源源头至漳、卫河汇流处徐万仓村全长 460km，流域面积 19537km^2，占漳卫南运河流域总面积的 51%。

卫河源于太行山南麓山西省陵川县夺火乡南岭，于河北省馆陶县徐万仓与漳河汇流。卫河支流繁多，主要有大沙河、淇河、汤河、安阳河等。由于历史原因，黄河北徙使卫河两岸形成多处洼地，成为蓄滞洪区，如良相坡、柳围坡、长虹渠、白寺坡、小滩坡、任固坡等。从河南省新乡市合河镇始至漳卫河汇合口徐万仓为卫河干流，全长 329km。流域面积 15229km^2，占漳卫南运河流域总面积的 41%。

1958 年四女寺枢纽修建后，将漳河、卫河于馆陶县徐万仓村汇合后至四女寺枢纽河段称卫运河。卫运河上承漳河、卫河，下启南运河、漳卫新河，是漳卫南运河水系中游河段，冀、鲁两省的省界河道，河道全长 157km。卫运河为复式断面，半地上河，河槽之深，在海河流域各河道中居于首位，滩地与河底的高差一般在 7～10m 之间，河槽宽在 70～200m 之间。

历史上的南运河南起山东临清。1958 年，扩挖四女寺减河后，南运河上端改由四女寺南运河节制闸起，经山东省德州市德城区，河北省故城县、景县、阜城县、吴桥县、东光县、南皮县、泊头市、沧县、沧州市区、青县，天津市静海县进入天津市市区，至三岔河口与北运河交汇入海河干流。南运河自四女寺枢纽至天津市静海县独流镇十一堡上改道闸段，为一级行洪河道，长 309km，左堤长 271.36km，右堤长 273.1km；自十一里堡下改道闸至三岔河口段只作为排沥河道，不再承担防洪任务。

漳卫新河是在四女寺减河基础上人工开挖的一条分洪河道，起自德州市武城县四女寺枢纽，流经山东省德州市、宁津县、乐陵市、庆云县和河北省沧州市吴桥县、东光县、南皮县、盐山县、海兴县，于山东省滨州市无棣县大口河（古称大沽河）入海，全长 257km（其中含岔河河道 43.5km），流域面积 3144km^2。1972—1973 年对四女寺减河进行扩大治理期间，从四女寺至吴桥县大王铺（大致依循钩盘河故道）新辟一条岔河，于河北省吴桥县大王铺汇入四女寺减河。治理工程结束后，将四女寺减河、岔河及其汇流后的河段统称为漳卫新河。

【地形地貌】

流域西部（上游）地处太岳山东麓和太行山区，地面高程一般在海拔 1000m 以上，为土质丘陵区和石质山区，中间点缀着长治盆地，东部及东北部（中下游）为广阔山前洪积、坡积、冲积平原。山区、丘陵区面积 25436km²，占流域总面积的 68%，平原面积 12148km²，占流域总面积的 32%。西部山区与东部平原直接相接，山前丘陵过渡区很短。地形总趋势西高东低，地面坡度山区丘陵区为 0.5‰～10‰，平原为 0.1‰～0.3‰左右。平原内微地形复杂，中游分布着大小不等的几个洼地，成为河道的蓄滞洪区，下游沿海岸带为滨海冲积三角洲平原。

【气象水文】

漳卫南运河流域地处温带半干旱、半湿润季风气候区，降水地带性差异明显，且年内、年际分配极不均匀。雨季大多从 6 月中、下旬开始至 8 月下旬结束并集中于 7 月下旬、8 月上旬。根据海河流域水资源公报，1996—2005 年，漳卫南运河流域年均地表水资源总量为 42.32 亿 m³，平均地下水资源量为 67.50 亿 m³，平均水资源量为 94.04 亿 m³。

【水旱灾害】

历史上，漳卫南运河洪涝灾害频发，据文献资料记载，1607—1911 年的 305 年中，漳河发生洪水约 55 次，平均 5～6 年一次；卫河发生大洪水约 106 次，平均 3 年一次；卫运河发生大洪水约 60 次，平均 5 年一次。新中国成立后，1956 年、1963 年、1996 年漳卫南运河发生大洪水。1961 年、1964 年、1977 年流域内出现大范围涝灾。

商汤时期即有“汤有七年大旱”之说（商汤十八年至二十四年，约公元前 1766—前 1760 年）。其后，由商、周至春秋、战国和秦，史料中时有“大饥”“大旱”的记载，旱灾屡有发生，但所记情况均极简略。汉代至元代（公元前 206—1367 年），对旱灾记载的史料较多，但由于漳卫南运河历史变迁等原因，难以对流域旱灾做出统计。明清时期（1368—1911 年）旱灾史料记载较连续，且记述详略程度大致具备可比性。明代平均百年 2.9 次，清代平均百年 2.6 次。民国时期（1912—1948 年）发生大旱灾 2 次，分别是 1920 年和 1942 年。

新中国成立后至 1995 年前，漳卫南运河流域几乎年年有旱灾，有些河道甚至出现断流。典型干旱年有 1965 年、1978—1982 年等。1996 年洪水之后至 2016 年，未出现较大旱灾。

【水利建设】

新中国成立后，国家对漳卫南运河先后多次进行治理。1949—1956 年期间，对南运河、漳河堤防进行整修、加高、培厚，兴建了升斗铺、甲马营分洪口门工程，开辟了长虹渠、白寺坡、小滩坡、大名泛区和恩县洼滞洪区，对卫运河、四女寺减河进行复堤和河道疏浚。1957 年，水利部批准《海河流域规划（草案）》，确定“上蓄、中疏、下排、适当地滞”的治水方针。1957—1963 年，在漳卫河上游先后兴建了漳泽、后湾、关河、岳城等大型水库、25 座中型水库和 300 余座小型水库，并对卫运河、四女寺减河进行了扩大治理，兴建了四女寺枢纽。1963 年海河流域大水后，1964—1984 年，先后兴建了恩县洼滞洪区西郑庄分洪闸和牛角峪退洪闸；再次扩大治理卫运河、四女寺减河；改扩建了四女寺枢纽；新建了卫运河祝官屯枢纽和漳卫新河七里庄、袁桥、吴桥、王营盘、前罗寨、庆云、辛集等拦河蓄水闸；对卫河干流下段（浚内沟口至徐万仓）进行扩大治理，对卫河干流上段（西孟姜女河入卫口至老观嘴）进行清淤。

1987—1995年，对岳城水库主坝、大副坝、1号小副坝、2号小副坝进行加高，并增建3号小副坝。先后实施了岳城水库大坝加高。1991—1995年，对岳城水库以下漳河进行了整治。经过治理，初步形成了由水库、河道和非工程措施组成的防洪体系，形成了“分流入海、分区防守”的格局。

1996年8月，漳卫南运河发生特大洪水。“96·8”洪水之后，漳卫南运河迎来了新的治理高潮。截至2012年年底，漳卫南运河水系内先后分四批完成了“96·8”洪水水毁修复，对西郑庄分洪闸进行了加固工程，对漳河岳城水库以下（京广铁路—徐万仓）全长103.3km河道进行了整治，对漳河穿漳涵洞水毁工程和漳河西冀庄险工进行了修复、整治，实施了岳城水库除险加固大副坝涌沙处理工程、漳卫新河（四女寺—辛集）治理工程、对岳城水库进行了除险加固，对漳河重点险工进行了整治。

【社会经济】

漳卫南运河流域是我国粮棉主要产区之一，煤炭、石油资源丰富，交通便捷。流域内粮食作物以小麦、玉米为主，经济作物以棉花、花生、芝麻、绿豆为主，工业有煤炭、石油、钢铁、发电、纺织、造纸以及各类加工企业等，京沪高铁与京广、京九、京沪、石德等铁路和京福、京开、濮鹤、大广、青银等高速公路及104、105、106、107、205、207、208等国道、省道及县乡公路构成了四通八达的交通体系。据2012年统计资料，漳卫南运河流域内涉及的行政区共有15个地级市、67个县（市、区），全流域总人口3395.37万人，地区生产总值9369.4亿元。

【历史文化】

漳卫南运河具有悠久的历史。漳河古称降水（绛水），亦称衡漳、衡水。战国时期成书的《禹贡》中即有关于漳河的记载。卫河原为黄河故道，因春秋属卫地而得名，汉代称白沟。历史上，卫河、卫运河、南运河是一条河，唐代称永济渠，宋代称御河，曾是京杭大运河的一部分。北魏郦道元所著《水经注》中对漳水、卫水及其支流的也作了详细的记述。历史上大禹治水、西门豹治邺、曹操“遏淇水入白沟，以通粮道”、史起修建引漳十二渠、陈尧佐筑陈公堤等等都发生在这里。历代水利著述中对漳卫南运河也多有记述，如《畿辅通志》中《九河故道考》、清崔述《御河水道记》《漳河水道记》、明李柳西《九河辩》、清崔乃翚《直隶五大河说》、清吴邦庆《畿辅水道管见》等阐述了河流的来历和变迁过程，明王大本《沧州导水记》、清吕游《开渠说》三篇与《漳滨筑堤论》、清李泽兰《西门渠说略》等名家著述和官吏奏疏，记述了大量历代有关水利的法律、规章、当年水害状况以及兴修河道堤防的详细情况。

漳卫南运河流域是中华民族发祥地之一。历史上，靠近漳卫南运河边的许多城镇，如魏晋南北朝时期的邺城，北宋时期的大名，明清时期的德州、临清、天津等，凭借运河水路的便利条件，逐渐发展成为重要的区域中心。流域内名胜古迹众多，旅游资源丰富。安阳市殷墟出土的甲骨文在我国古文化研究中颇有价值；汤阴县羑河畔的土城，据传是囚禁周文王的地方，是已知的我国最早的国家监狱所在地之一；淇县的战国军庠是我国第一所军事院校，相传孙膑、庞涓等就读于此；德州市的菲律宾苏禄王墓是中菲友谊的象征；沧州市的铁狮子享誉全国；“人造天河”——红旗渠坐落于河南省林县（现林州市），是水利建设史上的奇迹。

2014年6月22日，第38届世界遗产委员会会议同意将中国大运河列入《世界遗产名录》。

要载 · 专论

攻坚克难　真抓实干
奋力谱写漳卫南局水利事业新篇章

——在漳卫南局 2016 年工作会议上的讲话（摘要）

张胜红

（2016 年 1 月 29 日）

同志们：

这次会议的主要任务是：深入贯彻落实党的十八大和十八届三中、四中、五中全会精神，按照 2016 年全国水利厅局长会议、海委工作会议部署，总结我局“十二五”工作，科学谋划“十三五”工作，部署 2016 年重点任务，攻坚克难、真抓实干，奋力谱写漳卫南局水利事业新篇章。

下面，我讲三点意见。

一、回首“十二五”成绩斐然

“十二五”期间，我局认真贯彻落实上级治水兴水决策部署，扎实推进我局水利发展“十二五”规划各项任务，取得可喜成绩。“五大支撑”体系建设稳步推进，河系水利投资规模再创新高，水利保障能力全面提升，水利管理和改革工作取得显著成效，实现了漳卫南运河水利事业的健康、协调、快速发展。

（一）全局发展思路进一步明确

深入贯彻落实党的十八大精神，确立了全局中心工作由工程管理向资源管理、生态管理和社会管理转变，明确了打造漳卫南运河绿色走廊发展方向，提出了建立专网公网双保障的漳卫南运河沿河通信网，以信息化推动河务管理现代化的发展设想。实现“思想观念、发展理念、干部作风”三大转变，打造漳卫南运河水资源立体调配工程系统、水资源监测管理系统、洪水资源生态调度系统、规划与科技创新系统和综合管理能力保障系统等五大支撑系统的工作思路。近年来，全局干部的观念和作风有了明显改观，五大支撑系统进展顺利。确立了“一纵七横”的水资源立体调配布局，着力构建漳卫南运河水资源、黄河水和南水北调水的互连互通互补的跨流域水资源配置工程格局，打通了岳城水库与南水北调中线的渠道联系，2014 年为中线充水实验调水 4700 万 m^3；濮阳引黄线路可研已通过水利部审查，李家岸引黄线路前期工作进展顺利。

（二）防汛抗旱工作扎实有效

积极应对漳河、卫河来水，通过岳城水库错峰、向衡水湖补水等多项措施，确保了河道、在建工程的安全度汛。《漳卫河洪水调度方案》获国家防总批复，增加了洪水资源利用内容，岳城水库过渡期限制水位由 141m 提高到 145m。出台了《漳卫南局防汛应急响应工作规程》，完成了《岳城水库大坝安全管理应急预案》，初步完成岳城水库主汛期水位动态控制研究。出台了水文管理办法和水文站网规划，完成辛集水文巡测站和漳卫南运河水文数据库一期建设。积极推动洪水资源化利用，对岳城水库与卫河洪水进行联合调度，实施了衡水湖生态补水工程。“十二五”期间，共引水供水 36 亿 m^3，其中，岳城水库向邯郸、安阳两市农业供水 6.2 亿 m^3、非农业供水 2.7 亿 m^3，跨河系输水 18.48 亿 m^3，通过河道向沿河引水 8.65 亿 m^3，有力支援了地方经济社会发展。

（三）水资源管理与保护工作成效显著

认真落实最严格水资源管理制度。在卫河开展了水资源调查及重点取水口取水量复核试点工作，确定了漳卫南运河范围重点取水口监控名录。配合海委开展了国家水资源监控系统（一期）建设工作，完成了王营盘引水闸取水口计量监测试点建设任务。积极开展水资源管理课题和全局水量调度模型研究，多项课题进入海委水资源项目库。漳卫南运河水生态修复与保护科技推广示范基地项目获得水利部批准。水资源监控能力建设和最严格水资源管理制度示范项目已经列入 2016 年国家财政预算，预算总投资 2339 万元，项目实施后，将大幅度提升我局水资源监测计量及监控管理基础能力。

水资源保护工作水平不断提升。在上级领导下，配合有关方面成功处置岳城水库突发水污染事件，积极协调、有效处置了漳卫新河左岸非法倾倒化工废弃物和南运河德州段水污染隐患事件，为应对突发事件积累了宝贵经验。制定了水资源保护巡查等制度，提高了水资源保护工作制度化、常态化和规范化水平。完成了岳城水库水源地简易分析室建设，与邯郸、安阳两市建立了水质监测数据共享机制。水环境监测中心获得部颁“优良实验室”称号。

（四）工程建设与管理稳步推进

引黄济津漳卫新河倒虹吸工程获得“大禹”奖。牛角峪退水闸和祝官屯枢纽节制闸除险加固工程通过竣工验收并投入使用。漳卫南运河建管局管理人员实现专职化，按照“四个一流”目标，卫运河治理工程建设任务进展顺利。

水管体制改革进一步深化。制定实施了《漳卫南局深化水管体制改革实施意见》，强化了水管单位的主体地位。对维修养护公司进行了集团化整合，实现了德州水电集团公司对 9 个维修养护公司人财物的全面管理。维修养护逐步实现物业化、日常化，全局共有 795.37km 堤防推行了物业化工作模式，占所辖堤防总长的 51.8%。完成了穿卫枢纽、四女寺倒虹吸工程、袁桥蓄水闸、庆云蓄水闸的安全鉴定工作。

编制了《漳卫南局水利发展“十三五”规划》；完成了卫河干流（淇门—徐万仓）治理工程、四女寺北进洪闸除险加固工程前期工作；编制完成了《南运河综合治理规划》，目前已通过水利部批复；完成了防汛机动抢险队建设项目前期工作，项目建议书水利部已批复，项目投资 1414 万元，项目的实施将有效提升防汛机动抢险队的管理能力和发展水平。

（五）依法行政能力显著提升

漳卫新河河口联合管理工作机制取得突破。在完成河口界桩埋设、视频监控系统开通试运行的基础上，制定出台了《漳卫南局关于进一步加强漳卫新河河口管理的意见》，明确了河口管理范围，制定了河口区域统一规划、统一管理、统一标准的原则，在保持无棣局、海兴局原有隶属关系的基础上，建立了沧州局、水闸局河口管理组织协调机制，成立了河口管理办公室，强化了干部配备。

开展了深化河湖专项执法活动，推动清除近1万亩[1]河道树障，积极预防和调处水事纠纷，协调处理了无棣、海兴河口码头建设等项目，对石济高铁防护工程项目探索开展了代建制。密切与地方各级政府的沟通联系，谋求合力共为，探索了公安河务联合执法机制。制定了《漳卫南局河道禁止采砂实施方案》，与邯郸市政府联合开展了依法惩处漳河采砂行为专项行动。协调处理了德商高速卫运河大桥、沧州市李家岸引黄调水工程等涉河建设项目前期工作和在建项目的日常监督管理。

（六）水土资源开发力度进一步加大

召开了全局经济工作座谈会，全力推进了土地资源开发利用工作。强化了经济发展和全局统筹，拦河闸供水价格政策获得国家发改委批复，农业和非农业供水价格均比原价格翻了一番。制定了漳卫南运河供水价格调整规划实施方案，开展了河道供水成本核算。实现了卫河局闲置院落置换，在沧州河务局开展了土地资源开发利用试点工作，目前，沧州局20亩土地试点工作进展良好，卫河局、邯郸局、邢衡局、德州局也分别开展了试点，2016年待开发、整理土地约3700亩。对岳城水库供水价格进行了核算，做好了水价调整的准备工作。

（七）和谐单位建设进一步深化

全面从严治党扎实推进。认真学习贯彻党的十八大，十八届三中、四中、五中全会精神和习近平总书记系列重要讲话精神，始终与党中央保持高度一致。落实全面从严治党各项要求，扎实开展群众路线教育实践活动和“三严三实”专题教育，严格执行中央八项规定精神，持续深入反对“四风”。积极开展了办公用房清理、公务用车清退、领导干部企业兼职清理规范等专项治理工作。严格落实党风廉政建设“两个责任”，深入学习贯彻《中国共产党廉洁自律准则》和《中国共产党纪律处分条例》，强化监督执纪问责，深化惩防体系和廉政风险防控机制建设，不断加强审计监督。认真贯彻执行《干部选拔任用条例》，全面实行干部任期制，加大了干部纵向、横向交流，“十二五”期间完成了44名处级干部选拔任用工作，遴选了20名基层青年干部到局机关进行交流锻炼。按照事企分开的要求，集团公司与抢险队实现彻底分离。文明创建成果丰硕，13个单位保持省级文明单位称号，局机关高分跨入全国水利文明单位行列。

科技创新奖励机制进一步完善，制定出台漳卫南局科技创新系统建设实施方案和技术创新及推广应用优秀成果评审办法。开展了第一届科学技术进步奖评审工作，“喷微灌技术的推广应用”获得海委科技进步三等奖。加强与部委有关单位的合作和联系，在四女寺南运河段开展了“高效固化微生物综合治理河道污水技术的示范与推广”研究，初步建立“漳卫南运河水环境与生态修复科技推广示范基地”。

用心做好离退休职工管理和服务工作。坚持以制度为保障、以活动为载体，每年召集老干部召开情况通报会和老干部座谈会，认真听取老干部对局工作的意见和建议，帮助老干部解决一些关心的实际问题。在认真落实老干部离退休费、医药费等相关待遇的基础上，建立了离退休干部定期体检制度，举办离退休干部保健知识讲座，老干部生活待遇进

[1] 我国市制土地面积单位，1亩≈667m^2。——校者

一步提高。积极建立和完善老干部活动中心，老同志的精神文化生活更加丰富。

此外，后勤保障、综合管理、档案宣传、工青妇等工作都取得较好的成绩，保持了全局安定团结的良好局面。

在总结成绩的同时，我们也清醒的认识到存在的问题和不足："五大支撑系统"建设的执行力有待进一步提高，推进落实的力度还需加强；事业单位实行绩效工资发展机制还没有建立，事业单位人员积极性和主动性未能得到有效发挥，一些事业单位职工已经出现了不稳定情绪；各单位经济工作开展不均衡，经济创收差距较大；对跨流域调水控制工程管理思路的认识不统一，管理模式还有待探讨；全面落实党风廉政建设"两个责任"还需进一步层层压紧压实。这些矛盾问题需要在"十三五"时期重点研究解决。

二、展望"十三五"催人奋进

"十三五"时期是全面建成小康社会的决胜阶段，奋力推动漳卫南局水利事业再上新台阶，就要牢固树立创新、协调、绿色、开放、共享的发展理念，全面贯彻落实中央"十六字"治水方针和部党组新的治水思路，把海委党组的决策部署落到实处。按照海委建设海河流域水安全保障体系要求，不断建立完善我局"五大支撑"系统，着力解决漳卫南运河防洪减灾保障能力不足、水资源短缺等突出问题；以水生态文明建设为引领，实行最严格的水资源管理制度，着力构建"一纵七横"水资源立体调配工程体系，全面提升我局水资源管理、保护和水生态监测水平，推进漳卫南运河绿色生态走廊建设，全面保障河系防洪安全、工程安全、供水安全和生态安全；努力破解体制和机制障碍，不断夯实经济发展基础，全面提升全局科学发展水平。

"十三五"期间，重点做好以下工作：

（一）继续开展河系连通和立体调配建设

通过立足于本河系产生的雨洪资源，同时兼顾黄河水、南水北调水等外调水的资源配置，搭建起"一纵七横"的水资源立体调配格局，形成蓄泄得当、多源互补、保障应急、生态修复的河湖库渠水网体系。

（二）切实加强水资源管理和保护

继续推动出台漳卫南运河水量分配方案，拟定所辖河段取水许可总量控制指标，加大对取水用户监督管理的力度，全面提高水资源管理能力。紧盯水功能区限制纳污"红线"，加强对水功能区、入河排污口的监管，强化对省界断面总量的控制，积极开展河系生态系统保护与修复，千方百计保护好岳城水库水源地。进一步加强监测能力建设，建设漳卫南局卫河水质巡测基地，完善在建水源地和龙王庙水质自动监测系统，实现对岳城水库水源地及卫河省界的水质实时监控。研究开发漳卫南运河水资源实时监控与管理系统，开展漳卫南运河水资源保护决策支持系统建设，提高水质监测数据信息化管理水平。推动漳卫南运河水生态监测与评估系统建设，逐步建立河系水生态监测数据库和水生态监测与评价指标体系。

（三）不断提升防洪保安全和水资源开发利用能力

加快漳河、卫河、卫运河、漳卫新河河口治理工程立项及实施，大力提高漳卫河防洪能力。落实完善各项防汛责任制，健全防汛应急管理机制和防汛抢险物资储备机制。全面加强防汛基础及技术工作。修订漳卫南运河洪水调度方案，完善各类防洪抢险预案及洪水调度方案。建立完善水文、水质、水量监测系统，实现水文、水资源信息共享。完善防洪工程数据库管理系统、水文数据库管理系统，建设洪水风险分析及灾情评估系统。加强洪水资源利用，推动河系水生态环境修复与保护。全面加强洪水资源利用基础研究，继续推进“湿润漳河”等生态调度研究及实施，积极争取开展河口生态改善措施研究等课题，逐步明确河流合理流量，科学制定水资源生态调度方案，推动流域水生态环境改善，发挥水资源的生态效益，维护漳卫南运河健康生态。

（四）不断推进工程管理规范化、现代化建设

进一步深化水管体制改革，全面提升工程管理水平。到2020年，工程管理进一步规范，实行维修养护招标投标制，日常管养实现物业化和常态化，基本完成堤防标准化建设任务，国家级、海委示范单位进一步扩围，建设完成堤防工程“防护型、生态型、景观型、效益型”绿化体系，全局堤防工程面貌实现彻底改观。完成水库枢纽水闸自动化监控建设任务，基本实现规范化、现代化管理。逐步开展重要险工段、重要堤段、重要上（过）堤路口视频系统建设，完善漳卫南运河工程管理数据库系统，工程管理信息化水平不断提高。积极争取资金渠道，启动15座枢纽、水闸工程的安全鉴定工作。加快推进重点工程项目建设。积极开展工程管理范围和保护范围的确权划界工作。

（五）强化水行政管理，维护正常水事秩序

进一步健全工作制度，规范执法行为，提高执法水平。加强水政监察队伍执法能力建设，完善执法手段，开展好水政基础设施建设相关工作。强化水行政执法各项制度的落实，探索开展水行政执法责任制。加强各类涉河事务的管理工作、配合海委开展好行政许可工作，加强各类行政许可实施阶段的监督管理。丰富涉河事务管理手段，营造良好的水事管理秩序。

（六）提升综合管理水平

加强事业发展规划顶层设计，根据“十三五”规划和漳卫南局工作要求，编制完善漳卫南局事业发展规划，提出各业务发展方向。加强基础工作研究，突出科技支撑和管理创新，增加项目储备。进一步加强党建和党风廉政建设，建立严格规范的廉政制度体系，拓宽廉政文化建设新载体、新路子。加强领导班子和干部队伍建设，完善干部选拔任用程序，扩大干部工作民主，提高选人用人公信度。加大干部交流力度，加强后备干部和青年干部培养。大力推进人才队伍建设，增强单位发展后劲。进一步深化事业单位人事制度改革，构建高效的事业单位运行机制，建立绩效考核和奖惩制度，逐步提高事业人员收入，充分调动事业人员积极性。加强财务管理和经济工作，加强对国有资产的运营和监督管理，加大对水利工程维修养护经费审计和基本建设审计力度，构建完善的内控制度体系，强化审计预警功能。拓宽水土资源开发利用模式。深化水价改革，推进实施二部制水价。健全完善漳卫南局水电集团公司运行机制，增强企业竞争力和活力。继续推进文明单位创建活动，大力发挥工会、团委作用，开展丰富多彩的文体活动，进一步增强全局凝聚力。

三、鼓足干劲，乘势而上，全面做好2016年各项工作，实现我局“十三五”水利改革发展良好开局

（一）全力做好防汛抗旱工作

加强工程及非工程措施检查，健全各级防汛抗旱组织机构，落实各项防汛责任制。完善防汛会商制度，配合完成漳卫南运河洪水调度方案修订工作。继续配合海委进行漳卫河洪水风险图编制有关工作。加强水文站网管理和水文情报预报工作，完成漳卫南局水文巡测设备购置、穿卫枢纽水文站改建、祝官屯等3处水位站建设项目的初步设计工作。搞好洪水资源利用，支持沿河经济发展。

（二）着力提高工程建设管理水平

制定深化水管体制改革有关配套制度，督促局属各单位进一步完善工程管理有关制度，收集整理工程管理最新政策并进行全局范围宣贯。继续推行日常维修养护物业化，加强管理，推动日常维修养护常态化。继续开展全局工程管理考核工作，以考核促管理。继续推进卫河干流治理工程、四女寺北进洪闸除险加固工程和漳卫新河河口治理工程前期工作。完成卫运河治理主体工程建设。推动并开展好确权化界工作，重点做好四女寺枢纽管理局机关占地确权工作。配合做好岳城水库危塔及相关设施改造、漳卫南局防汛机动抢险队机械设备购置及仓库工程项目前期工作。争取岳城水库和部分水闸安全鉴定列入部门预算。

（三）继续做好水行政管理工作

做好重大水事违法案件查处指导，加强遗留案件清理与结案，继续开展深化河湖专项执法检查活动，统筹规划，对重点、难点问题集中治理。加强执法装备管理，充分利用现有的执法装备及监控系统，有力结合水行政执法实际，提升执法能力和手段。加强涉河事务监督管理，协调新建项目建设单位做好涉河项目的行政许可工作，做好重大项目的监督管理工作，加强已批准河段性治理及生态建设性项目的监督管理。加强漳河采砂管理，积极探索流域执法和地方执法相关部门行政执法的有机结合，提升执法效能。开展好采煤对水库安全影响监测系统运转工作，加强岳城水库采煤监督管理。

（四）进一步加大水资源管理和保护工作力度

加强取水许可监督管理，强化计划用水管理。开展好“十三五”水资源水生态保护规划编制工作，重点完成地表水功能区复核，统筹考虑水量、水质、水生态，并提出规划方案整体设计和各类保护措施总体布局，建立水资源保护工程和非工程措施体系，提出规划实施意见和保障措施。落实最严格水资源管理制度，深化水功能区监督管理，做好漳卫南运河水功能区达标评估工作。强化入河排污口监督管理，严守入河排污口设置行政审批制度，实施入河污染物总量通报。完善突发水污染事件应急处置机制。推进水生态保护与修复，促使河流生态环境得到明显改善。做好海河流域水环境监测中心漳卫南运河分中心实验室改造项目申报工作。全面完成水资源监控能力建设（2015—2016年）项目漳河观台、岳城水库坝前、卫河龙王庙水质自动监测站的建设和分中心实验室检测设备、应急监测设备采购。

（五）进一步推动和谐单位建设

加强财务管理，推进国有资产管理体制改革，建立健全对所属企业科学有效监管机制

和绩效评价机制，确保国有资产的保值增值。进一步推进事业单位改革，积极探索调动职工积极性的事业单位高效内部运行机制，提升事业单位创收能力和自身造血功能。深化水价改革和供水管理，加强和推进土地资源集约开发利用程度，加强水电集团公司和维修养护企业管理，增强全局经济发展实力。

加强审计工作，筛选任期超过 5 年的局属单位现任领导干部进行任中经济责任审计，切实做好水利工程维修养护经费使用的审计，继续开展基本建设项目审计调查和单位内部控制制度审计，逐步开展企业经济效益审计。

（六）加强党建和党风廉政建设

按照从严治党的要求，全面加强机关和基层领导班子建设。注重班子团结和廉洁自律，把严守党的政治纪律和政治规矩排在首位，在单位重大问题和重大决策上坚持民主集中制，坚决执行“三重一大”决策制度，健全充分倾听民意、广泛集中民智、反映各方诉求的科学民主决策体系。不断加强基层领导班子建设，调整加强二级局领导班子，改善领导班子年龄结构，不断增强责任担当意识，提高干事创业能力，提升领导班子战斗力、凝聚力。继续深化“两个责任”建设，制定责任清单，细化具体内容，推动并加强党风廉政建设工作痕迹化管理。加强基层单位廉政风险防控，督促相关业务部门和局属各单位完善相关规章制度，指导基层单位健全风险防控措施。切实开展好警示教育、示范教育和岗位廉政教育，进一步加大廉政文化建设。

同志们！改革的蓝图已经绘就，“十三五”的号角已经吹响，让我们把思想和行动统一到党中央的决策部署上来，在部委党组的坚强领导下，以昂扬的斗志、饱满的热情、扎实的作风、过硬的本领投身到漳卫南运河水利改革与发展的新征程中，为漳卫南局的发展做出新的更大的贡献！

落实五大发展理念　推进最严格水资源管理
奋力推动漳卫南局水利事业再上新台阶

张胜红

（2016 年 3 月 22 日）

党的十八届五中全会强调，实现“十三五”时期发展目标，必须牢固树立并切实贯彻“创新、协调、绿色、开放、共享”的发展理念。今年，我国纪念第二十四届“世界水日”第二十九届“中国水周”活动的宣传主题为“落实五大发展理念，推进最严格水资源管理”。借助这一有利时机，围绕宣传主题，我们将按照水利部和海委工作部署，确保五大发展理念切实落地，推动漳卫南运河最严格水资源管理工作。

一、坚持创新思维，推进水资源管理制度与机制建设

创新是五大发展理念的引领，我们必须下大力气秉承创新思维，重点通过水资源管理

制度建设以及机制创新，引领水资源管理事业迈上新台阶。

一要推进我局水资源管理制度建设。我局水资源管理工作开展较晚，基础薄弱，制度还不完善，当前我们急需在原有工作基础上，建章立制，逐步建立健全水资源管理制度。

二要探索建立河系水资源供水协商机制。结合取水许可，在漳卫南运河流域探索建立以相关地市为单元的供水协商机制，开展新形势下河系水资源协议供水，强化省际边界河道水资源开发利用管理，提高水资源经济效益。

三要探索建立河湖连通工程良性运行机制。积极推进“格局合理、功能完备，多源互补、丰枯调剂”的河湖连通工程体系建设，探索建立河系水与黄河水、南水北调水互联互通互补的良性运行机制；建立应急保障供水和生态供水补偿机制；建立跨流域水量联合调度和动态调配的运行机制。

四要推动建立科学合理的供水水价形成机制。积极推动岳城水库和拦河闸供水水价改革，开展河道水价形成机制研究，探索新形势下水市场管理和水费征收模式，施行科学水价制度。

五要充分发挥科技创新引领作用。实施《漳卫南局加快落实最严格水资源管理制度示范实施方案》，大力开展水资源监测能力建设，建设水资源管理信息系统，提高水资源管理信息化水平，通过引进先进科学技术，带动水资源管理开创新局面。

二、坚持协调发展，以总量控制为核心优化水资源配置

协调发展的核心是要正确处理发展中的重大关系，水资源管理坚持协调发展，必须强化水资源优化配置和节约保护，处理好水资源开发利用、保护、生态等问题，通过优化资源配置，促进区域协调发展。

一是加强水资源区域总体规划。在流域水资源管理工作中，必须树立科学发展观，加强水资源区域总体规划，确定流域水资源承载能力，开发利用统筹兼顾，兼顾上下游、左右岸的利益，并合理调整产业结构，协调好生活、生产、生态用水的关系，科学确定取水量，保证河道良好的水生态环境，维持河流健康生命。

二是推动出台省际水量分配方案。在流域综合规划及水资源规划的指导下，积极推进出台省际水量分配方案，并逐步形成一套符合漳卫南运河实际的河系水量调度方案。目前，我局依托岳城水库、拦河闸、穿卫枢纽、倒虹吸工程及现有河道，水资源调配的地位与能力已初步显现。继续完善河系水资源调配工程，全面整合雨洪水、长江水、黄河水及河系自有水资源，统一规划、统一调度、统一管理，优化配置，使漳卫南河系发挥更为重要的水资源调配作用。

三是改变管理方式，合理配置水资源。以取水口门及省界水文监测为主，逐步加强取水管理的实效性，逐步实现对水资源的动态配置、动态管理。认真落实水资源项目论证制度，从建设环节控制流域水资源开发、利用总量入手，对取用水总量已达到或超过控制指标的河段或地区，坚决制止项目新增取水；对取用水总量接近控制指标的地区，限制审批新增取水。

三、坚持绿色理念，推进水生态文明建设

水资源是生态环境的主要控制性因素，水生态文明是生态文明的重要内涵和组成部分，建设美丽中国，必须坚持绿色发展，必须加大水资源节约保护力度，加快推进水生态文明建设。

一是加强水功能区管理和纳污总量通报。落实水功能区巡查巡测制度，加强日常监督监测，逐步建立入河排污口档案，开展水功能区达标评价和入河排污口污染源风险评价，建立入河排污量统计和纳污总量通报制度，全面提升水功能区监督管理水平。

二是加强水资源监控能力建设。以实施《漳卫南局加快落实最严格水资源管理制度示范实施方案》建设为契机，加强水资源监控能力建设，完善水环境监测体系，全面提升水资源监控能力和信息化管理能力，重点做好省界断面监测、常规断面监测、水功能区监测、应急调水监测等各项水质监测与评价工作。

三是开展河湖健康评估。通过建立年度河湖健康评估通报制度和水量、水质、河湖结构、生物多样性以及社会服务功能等河流健康评价指标体系，开展漳卫南运河河湖健康评估，为河道安全供水提供基础保障。

四是加强水生态保护与修复。以饮用水源区、重要生态保护区为重点，推进岳城水库饮用水源地安全达标建设，提高应对水污染突发事件的处置能力，保障岳城水库水源地供水安全。同时，着眼于漳卫南运河生态功能全面提升，逐步实施水生态保护和修复工程，切实提升河流、湖泊、湿地等自然生态系统稳定性和生态服务功能，筑牢水生态安全屏障。

五是坚持节水优先、高效利用。着眼于水资源利用更加高效，加强用水需求管理，转变用水方式，尊重自然、人水和谐，以水定需、因水制宜、量水而行，促进沿河经济社会发展与水资源、水生态、水环境承载能力相适应，走生态优先、绿色发展之路。

四、坚持开放发展，营造水资源管理多元路径

当前，我国经济发展进入新常态，面对新形势新挑战新任务，坚持开放发展，是国家繁荣发展的必由之路，也是我们水资源管理事业步入新常态的必然要求。

一要积极走出去，拓宽水资源管理以及开发利用新空间。一方面要解放思想，开阔思路，拓展水资源管理业务。一方面要分析当前形势，积极拓展水资源利用新途径，重点开展岳城水库作为南水北调中线备用水源、生态补水以及向外流域应急调水等工作。

二要大胆引进来，增强水资源管理能力。一方面有计划地招收水资源专业学生，补充新生力量；借鉴先进管理经验，引进先进监测技术。一方面要积极推进水资源立体调配系统建设，建立河湖连通工程体系，择机引调黄河水、南水北调水，缓解水资源短缺矛盾。

三要搞好水资源流域管理与区域管理相结合。《水法》强化了水资源统一管理，规定水资源实行流域管理与行政区域管理相结合的管理体制，但在实施过程中仍存在一些问

题，今后要加强沟通与协调，理顺关系，提高流域水资源管理水平。

五、坚持共享发展，做好水资源开发利用分配

共享是中国特色社会主义的本质要求，我们要合理分配水资源，使水资源开发利用实现沿河人民共享，推动沿河社会经济可持续发展。

一要严格取水许可管理。贯彻执行《取水许可和水资源费征收管理条例》《取水许可管理办法》，规范用水单位取用水行为。

二要推进计划用水管理。结合来水预测及用水需求，合理分配水资源，使沿河用水户都能得到合理的用水计划，尽最大限度地保障人民用水权益。

三要加强水量统一调度。利用水库、水闸、枢纽和河湖联通工程，实施水量统一调度方案，提升漳卫南运河水资源的配置、调度和保障能力。

四要加强监督管理。加强取用水监督，做好取水过程管理、跟踪管理，同时掌握河系水事动态，强化社会服务，积极预防和调处水事纠纷。

五要做好信息发布。做好漳卫南局水资源月报、海河流域水资源年报编制工作，同时做好来水预测、减灾预警等工作，及时发布，使人们及时了解信息动态。

"十三五"时期是全面建成小康社会的决胜阶段，五大发展理念是做好新时期水利工作的根本遵循。当前，漳卫南运河流域水资源严重匮乏，老问题和新矛盾交织，水资源管理形势更加复杂，面临着更严峻的挑战，我们必须统一思想，转变观念，牢固树立五大发展理念，全面贯彻落实中央"十六字"治水方针和部党组新的治水思路，把海委党组的决策部署落到实处，不断建立完善我局"五大支撑"系统，以《漳卫南局加快落实最严格水资源管理制度示范实施方案》建设为契机，大力推进实行最严格的水资源管理制度，提高水资源监测能力，推进漳卫南运河绿色生态走廊建设，全面提升我局水资源管理水平，奋力推动漳卫南局水利事业再上新台阶。

栉风沐雨　砥砺前行
奋力谱写漳卫南运河抗洪供水新篇章

——在2016年抗洪供水总结表彰大会上的讲话

张胜红

（2016年11月1日）

同志们：

今天，我们在这里隆重召开漳卫南局2016年抗洪供水总结表彰大会，这是"96・8"洪水以后20年间我们再次召开抗洪供水总结表彰大会，目的是总结经验，查找不足，表彰先进，激励全局职工以伟大的抗洪供水精神，推进我局改革发展各项事业再上新台阶。

下面，我分六部分内容和大家一起对2016年抗洪供水工作进行回顾、总结和展望。

后面的大屏幕会展示广大干部职工投身抗洪供水众多难忘时刻。

一、来势凶猛，漳卫南运河发生“96·8”以来最大洪水

2016年的7月，对于我们每一个漳卫南人来说，注定是终生难忘的！从汛前防汛形势分析和气象预报结果看，今年受超强厄尔尼诺的影响，汛期出现暴雨等极端天气的风险显著增加，漳卫河流域降雨会偏多1～2成，极有可能发生流域性暴雨洪水。

今年的预测看来是准确的。7月9日0—10时，卫河流域首先出现强降雨过程，主雨区位于卫河新乡地区约5000km^2，暴雨中心在新乡辉县，辉县站最大10小时降雨量达到440mm，新乡市区降雨量419mm，300mm、200mm、100mm降雨面积分别达到629km^2、1971km^2、4804km^2，整个卫河流域平均面雨量达到111.1mm。新乡市政府门前积水1.5m，水利局长是游泳游到单位大院的。

面对“7·9”洪水，卫河局领导班子紧急部署，全局职工上岗迎战，测水位、报水情，封涵闸、巡堤防，调配物资、抢险救灾，主动当好地方防指的参谋，各县县长抓住我们的局长不松手，我们的干部职工成了卫河抗洪的中坚力量，真正做到了守土负责、守土尽责。卫河局率先成功打响了漳卫河抗洪“第一枪”，也正式拉开了2016年抗洪战役的序幕。

“7·9”卫河洪水为我们敲响了警钟：今年可能会发生流域性大洪水，我们要充分做好抗大洪的各项准备工作。

7月19日凌晨至20日夜间，漳卫河流域再次发生强降雨过程，卫河流域和漳河石匡观区间（石梁—匡门口—观台）普降大暴雨，局部特大暴雨，200mm降雨等值线覆盖邯郸—安阳—焦作—涉县大片区域，安阳市区6小时降雨236mm，磁县点雨量达到770mm。漳河主雨区位于岳城水库上游西北部地区。最大降雨量站北贾壁496.6mm，距岳城水库仅16km。郝赵站降雨量351.2mm，观台降雨量364.4mm。浊漳河石梁以上地区面雨量71.2mm，清漳河匡门口以上地区面雨量106.1mm。

卫河主雨区位于安阳河地区，面雨量更达到225.4mm。最大降雨量站小南海297.5mm。合河以上地区面雨量107.7mm，淇河新村以上地区面雨量138.2mm，合河、新村—淇门地区面雨量135.7mm，五陵、安阳—元村地区面雨量167.0mm。流域中下游地区也普降大雨，雨量在70～100mm左右。

受此次全流域性降雨和漳河、卫河太行山迎风坡区域性特大暴雨影响，漳卫河流域西部洪水猛涨，根据现有报汛资料统计，卫河流域宝泉、彰武、小南海、盘石头等14座大中型水库陆续开始泄洪。安阳水文站7月19日23时30分出现最大洪峰流量1730m^3/s。19日22时25分，崔家桥蓄滞洪区开始分洪，滞洪水位65.12m，最大滞洪量4368万m^3，淹没面积43km^2，紧急转移安置群众43586人。

更为猛烈的是，由于漳河降雨区集中且距岳城水库较近，造成入库洪水迅速上涨。岳城水库入库站观台流量由7月19日11时50分的44.3m^3/s，到13时骤然上涨至1030m^3/s，18时急速增加到5200m^3/s。水库水位暴涨，24小时水位上涨了近10m，这样的突发洪峰让每一名岳城水库工作人员都惊心动魄。

谁都没有想到，20年未发生过洪水的漳卫南运河，洪水一来竟是如此凶猛……如何

将上游的雨水情信息迅速有效地传导出去成为岳城水库管理局当务之急。暴雨造成了断电，手机信号减弱消失，正常的通信已无法完成，驻守观台水文站的岳城水库工作人员紧急启用卫星通信，请求加大卫星通信设备的功率。经海委和水利部有关各方积极努力，洪水信息得以及时传输，为岳城水库科学调度决策提供了及时准确的数据支撑，岳城水库为赢得这次抗洪抢险的胜利立下了头功。

二、科学调度，举全局之力迎战洪水

洪水突如其来，汛情就是命令。在水利部和海委党组的坚强领导下，漳卫南局全局上下紧急行动起来。7月19日下午，国家防总委派我带领海委工作组赶赴河北邯郸市指导防汛抗洪工作，在岳城水库、漳河、滏阳河及宁晋泊滞洪区现场督导地方抗洪工作，同时和局里保持着密切联系沟通；张永明书记和徐林波总工在局里坐镇指挥调度、紧急会商，张永明书记主持召开防汛会，决定全局立即启动防汛Ⅱ级（橙色）应急响应；其他局领导分别带领各河系组（水库组）即刻赶赴抗洪一线。李瑞江局长带领卫河组赶赴卫河指导抗洪，张永顺、韩瑞光局长率卫运河河系组赴卫运河一线确保卫运河治理工程安全，王永军局长、李捷副巡视员率南运河、漳卫新河、四女寺枢纽河系组赴四女寺、漳卫新河一线迎战洪水。各防汛职能组及后勤保障组全部到岗到位，各单位各部门职工紧盯严守，24小时待命出击，休假职工马上召回……一场人与洪水的较量已经开始。

岳城水库出现5200m^3/s洪峰的同时，卫河上游同样汛情告急。19日23时30分，卫河支流安阳河安阳站出现洪峰1730m^3/s，崔家桥蓄滞洪区启用分洪。因卫河没有控导性工程，如果不采取适时调度，岳城水库下泄洪峰与卫河洪峰将同时到达卫运河南陶站，届时洪峰流量叠加将造成卫运河滩地行洪，将对漳卫南运河下游卫运河及漳卫新河造成严重灾害。

对此，局党委组织局防办水文及时进行了沟通会商，我和张晓杰主任在前线会商，张永明和徐林波总工在家里会商，通过局领导微信群密切沟通，第一时间向海委防办和任宪韶主任作出汇报。海委及时研判漳卫河洪水和岳城水库汛情工情，决定充分发挥岳城水库已经除险加固和低水位优势，充分发挥拦洪削峰作用，与卫河洪水错峰调度，努力实现卫运河洪水不上滩。根据海委防办调度令，岳城水库为卫河错峰48小时，并于21日18时开始泄洪100m^3/s，22日0时加大到200m^3/s，24日16时加大到300m^3/s。通过科学调控，岳城水库成功削减漳河洪峰94%，将5200m^3/s的洪水削减为下游河道安全行洪流量，确保了下游河道洪水不上滩，工程不出险，也为邯郸市抗洪救灾赢得了宝贵时间，避免了两线作战。28日0时，漳卫河洪水以558m^3/s流量顺利通过南陶站，平稳进入卫运河。岳城水库成功实现了“拦洪削峰、卫河错峰、安全行洪”三大调度目标。局防办和水文处为“削峰”“错峰”的成功实施，发挥了不可替代的“参谋”和“助手”作用，关键时刻我们的业务精英成为中流砥柱。

为保证行洪安全，邯郸局在接到岳城水库泄洪通知后，联合漳河河系组立即行动，紧跟漳河水头护水护堤护人。时间紧任务重，大家不顾炎炎烈日，不怕暴风骤雨，在对水头信息进行记录和上报的同时，及时疏散群众，通知河道内相关施工单位和人员迅速撤离。水头即将到达三宗庙险工时，河道边聚集了很多围观群众，还有老百姓在即将行洪的河道内放羊。眼看水头将至，邯郸局采砂大队队长沈爱华带领大家迅速疏散人群，立即到河道内寻找放羊老汉，帮助他将羊群驱赶上河岸。国网河北省电力公司工作人员给邯郸局送来一面锦旗，感谢他们及时提供水库泄洪信息，使他们成功转移涉河项目人员和设备，保证了人员安全，避免了财产损失。

为保证洪水顺利下泄，卫运河祝官屯闸及漳卫新河沿河各节制水闸闸门全部提出水面；四女寺枢纽三闸合理调度，分别向南运河、岔河和减河小流量泄洪；漳卫新河辛集防潮闸开闸泄洪入海。德州市区内的减河和岔河建成湿地风景区后，为四女寺枢纽的洪水调度增加了难度。卫河出现洪峰后，我局与德州市防指密切联系，最终确定了“联合运用岔河和减河行洪，减河流量不超过 $200m^3/s$，相机调整岔河流量”的调度方案。7 月 24 日 16 时，四女寺北闸开闸行洪，并提前 6 小时由德州市防指在大众媒体上发布防汛通告。由于调度得当，应对措施有力，最终确保了景区和湿地行洪安全，最大限度地减少了景区损失。

为保障行洪畅通，邯郸、聊城、邢衡、水闸局等单位在沿河流域封堵穿堤涵闸管、清树障、拆违建、拆浮桥。德州、沧州局、建管局等单位及时发布通知、督促涉河在建工程项目采取应急度汛措施，确保人员安全、工程安全、河道顺畅，同时，派专人紧盯现场，毫不放松。

为保证防汛物资和防汛队伍顺利通行，防汛机动抢险队组成精干的抢险小分队，24 小时待命，出现险情，立即奔赴抢险现场。集团公司及时调整雨毁维修方案，修整堤顶路面，优先保障修复资金。

为保证行洪秩序和群众安全，四女寺局积极联合地方政府协调特警、电力、卫生防疫等构筑强大防汛合力，采取对枢纽实行道路交通管制，对枢纽北进洪闸下 300m 的岔河两岸进行戒严，在枢纽南进洪闸、北进洪闸公路桥栏杆上安装围挡等措施，阻止群众到闸上围观捕鱼。邯郸、卫河、水闸局等单位加大安全宣传力度，通过安排专人值守、悬挂横幅、拉警戒线、张贴公告等方式，耐心劝导围观群众远离危险水域，有效避免了意外事故的发生。

为及时查排险情，在汛情告急的日日夜夜里，我们的许多职工昼夜值守一线，在水库边、在大堤旁、在枢纽水闸上，处处可见他们忙碌的身影……随着水位升高，邢衡局管辖范围内出现多处险情，工管科科长韩刚总是第一时间赶赴现场，根据险情、地形和抢险物资，提出合理的抢护方案，得到了地方领导的高度称赞。武城局局长李於强每天带队巡查 60 多 km 的堤防，从不放过任何一个疑点、任何一个险段，尽管有这样那样的困难，但他从没喊过累、叫过苦。还有许许多多的韩刚、李於强……正是因为他们的辛勤付出，才能保证河道安澜、群众心安。

为确保信息实时共享，指令及时传达，我们建立并利用了多个微信群，如局领导的“廿年一遇”群、“漳卫河信息”群、漳卫南局培训班群、大浪淀水库输水管理群、供水小组群及各单位工作群等，各二级局也及时建立了微信等通信群组，如很早已经运行的卫河局“工管群”。领导干部和一线职工都加入了进来，各路防汛抗洪信息源源不断汇集于此，上级的一道道指令迅速发出传递到基层职工，巡堤查险同志的现场一张张图片瞬间上传到每一位“群众”，一个个视频鲜活呈现，一张张图片生动具体，一个个表情调皮传神，一句句话语充满温暖……微信群是我们这次防汛抗洪特有的一个信息传输工具，为保障防汛抗洪工作的及时、有效开展，发挥了其他通信工具不可替代的作用。

为确保防汛抗洪信息宣传到位，局宣传报道组及时对汛期宣传工作进行安排部署，兵分两路，一路奔赴一线，收集抗洪抢险第一手资料，一路在岗值守进行上网稿件的收集、编辑、发布。期间，共拍摄防汛抗洪照片1300余张，视频素材200余条，外发稿件159篇，单日编发稿件多达25篇，营造了紧张有序的防汛抗洪宣传氛围，留下了珍贵的影像资料。

三、抓住战机，努力实现洪水资源化

水资源管理尤其是雨洪资源利用和生态调度一直是我们致力研究探讨的课题之一，也是我局“五大支撑系统”建设的一个重要方面。近年来，我们对雨洪资源利用工作进行了有益尝试，亦取得了初步成效。

今年的洪水为我们创造了极佳的机遇，据统计，这次“7·9”洪水和“7·19”洪水岳城水库入库水量7.4亿m^3，卫河径流量达9.1亿m^3，四女寺下泄水量达到5.4亿多m^3，为供水工作提供了难得的好机遇。这次，我们把握住了机遇，水资源监测管理和生态调度乘势而上，供水工作可圈可点，生态供水成效斐然。

（一）为大浪淀水库供水艰难但高效

此次为大浪淀水库供水工作困难重重。为了达成供水协议，综合事业处赵厚田同志成为供水“先锋官”，不辞辛劳，反复沟通，磋商至深夜，最终顺利签下协议；为了安全合理供水，防办张晓杰同志成为供水“指挥官”，科学调度，及时协调，组织防办同志昼夜在办公室值守；为了监测水量水质，水文处裴杰峰、韩朝光同志组织水文巡测队和水质化验组的同志们成为供水“质检员”，严阵以待，马不停蹄，无论水样几点到达，马上进行检测，决不耽搁；为了保证供水秩序，局防办、综合事业处、四女寺局和沧州局人员组成了三个巡查组成为一线“护水员”，始终坚守在供水沿线的7个引水涵闸，24小时加密巡查，保证了良好的供水秩序。

在为大浪淀水库输水过程中，有一件事情让我记忆犹新：8月7日晚上11时多，沧州局水政科科长张勇同志巡查回来，立即把输水工作的进度分享到了微信群。我在群里叮嘱他们：“晚上要注意看路，别到太窄的地方去，安全更重要。”那时已是深夜，我知道还有许多像张勇一样的同志仍然奋战在一线，我非常高兴漳卫南局有众多的、一群群敬业、担当、勇于奉献的同志们，我为你们骄傲！

本次为大浪淀水库供水工作自7月29日开始至8月23日结束，历时26天，水库累计收水3400万m^3，通过四女寺枢纽向南运河农业和生态供水近1.5亿m^3，向漳卫新河泄水近5亿m^3，沿河涵闸引蓄农业、生态供水1.2亿m^3，漳卫新河河口入海生态水量1.94亿m^3。

为大浪淀水库供水工作曾经一波三折，供水过程的每分每秒都浸透着我们的汗水和精力……从供水前的联络沟通、反复协调、签订协议，到供水时的联合调度、紧急抢险、动态监测，供水的每一步我们都披荆斩棘，每一次难关我们都化险为夷。供水河道出现险情，可能影响供水的黄金时间，我们有过担忧；突降暴雨致使城市排水污染水质，我们想过放弃……但最终，我们锲而不舍，用尽洪荒之力，完成了这次供水工作。虽然过程异常艰难，但结局令人满意。

（二）枢纽水闸为衡水湖及沿河市县供水效益显著

今年年初，水闸局未雨绸缪，对供水工作作出了规划，明确了工作目标及工作重点，并分派人员到沿河有关市县进行深入调研，了解用水需求。去年12月至今年2月，水闸局紧紧抓住卫运河来水的有利时机，积极主动地与衡水市水务局沟通联系，最终达成供水协议，向衡水湖及周边市县供水共6700余万m^3。今年7月中下旬，水闸局在保障防洪安全的同时，积极联系沿河市县，争取用水单位多引水。自河道行洪以来，沿河有关市县共引水1亿余m^3。

供水过程中，水闸局做了大量艰苦细致的工作，实行计划供水、合同管理，强化引水监测计量，落实水费计收。截至今年9月底，沿河有关市县累计引水1.6亿m^3，预计全年水费收入700余万元。

（三）岳城水库为邯郸、安阳两市供水持续稳定

岳城水库多年来一直致力于雨洪资源利用，努力增加水资源储备，开拓供水渠道，强化供水服务，严格供水合同管理，水费收入保持稳定增长，大大增强了单位经济实力，对水库工程的良性运行也起到极大的保障作用。“十二五”期间，累计向邯郸、安阳供水9.4亿m^3。今年岳城水库继续为邯郸、安阳两市供水，截至10月中旬，共供水1.4亿m^3。

（四）河道管理单位、枢纽工程联合供水促发展

邢衡局、四女寺局抢抓机遇，联合探索雨洪资源利用新途径，借故城县打造运河公园的有利时机，积极主动与故城县沟通协调，最终达成供水协议并落实了水费。这项工作的开展，保证了故城县运河公园的生态用水，有效利用了雨洪资源，推动了单位自身发展，加强了与地方的沟通协作，促进了沿河经济社会发展。

2016年的供水工作意义非凡，不仅推动了我局雨洪资源利用的实质性开展，也为我们今后开展此类工作积累了宝贵经验，同时实现了经济效益、社会效益、生态效益三丰收，为我局的事业发展及时补足了后劲。

四、不辱使命，抗洪供水取得新成效

（一）多项工作取得突破

一是漳卫河水质实现质的飞跃，几十年来首次实现向饮用水源地供水。我们都知道漳卫南运河曾经臭味熏天、鱼虾绝迹，漳卫河水质普遍较差呈劣Ⅴ类。近年来，随着沿河地方对水资源保护工作力度的逐步加大，我局绿色生态走廊建设工作思路的持续推进，河系水资源保护和水生态修复体系的不断完善，各项管理措施的不断强化，河道水生态环境逐步改善。洪水期间，水量丰沛，径流量大，对河道冲刷作用明显，输水期间我们及时开展沿河水文和水质监测，监测和管控措施到位，河道水质持续优良，监测水质达到Ⅲ类，我们由以往的农业供水、生态供水成功实现了向饮用水源地供水。河道水质显著改善是我们能够完成供水工作的关键所在。

二是第一次实现全河洪水水质动态监测，确保了供水安全。此次水质监测工作将河道全程监测与断面定点监测相结合，无论是断面个数还是监测时间和频次的密度都是空前的；动态监测掌握了整个洪水期间全流域内的水质情况，为供水调度留足充裕的预警时间，也为后期建立模型积累了资料。

三是现代通信工具助力，使沟通交流实现零距离。计算机互联网和移动通信网的利用，不仅提高了工作效率，也打破了体制的障碍和时间空间的限制，拉近了干部与职工之间的沟通距离。整个抗洪供水期间，微信工作群实现了防汛信息实时共享、现场工作实时交流、工作进度实时跟踪。

四是抓住契机，打破清障瓶颈。河道清障历来是我局防汛工作的重点和难点。漳卫河流域自“96·8”洪水后未发生大的洪水，沿河地方各级政府和群众防洪意识逐渐淡漠，河道树障、浮桥、违章建筑等阻水障碍日益严重，虽然每年也在开展清障工作，但收效甚微，有愈演愈烈之势。“7·19”洪水成为促进依法清障、提高防洪意识的重要契机。行洪期间，我局向地方防指发出紧急通知，要求尽快查障、清障，地方政府也真正体会到河道阻水对河道行洪安全造成的严重威胁，及时组织人员，尽最大可能清除树障和违章建筑，保障了河道行洪安全。

（二）工程防洪减灾效益凸显

俗话说：“人要活路，水要出路。”面对滔滔洪水，我们既要殊死一搏、顽强防御，更要科学应对、合理调控。“十二五”期间，我局工程建设与管理稳步推进，采取了一系列措施着力提高工程的防洪效益。引黄济津漳卫新河倒虹吸工程喜获“大禹”奖，在海委系统取得重大突破；岳城水库除险加固工程通过验收并投入使用；牛角峪退水闸和祝官屯枢纽节制闸除险加固工程通过竣工验收并投入使用。建管局管理人员实现专职化，按照“四个一流”目标，卫运河治理工程建设任务进展顺利，主体工程已全部完工。水管体制改革进一步深化。制定实施了《漳卫南局深化水管体制改革实施意见》，强化了水管单位的主体地位。实现了事企分离，对维修养护公司进行了集团化整合。维修养护逐步实现了物业化、日常化。

在今年的洪水面前，我们多年的努力得到回报，工程防洪减灾效益凸显，达到最大化利用，为最终成功调控洪水提供了有力保证。同时，在抗御流域洪水中，计算机制图软件、计算机互联网和移动通信网、卫星通信设备、航拍技术的利用，水文情报预报系统等非工程措施也发挥了重要作用。科技含量越来越高的非工程体系，帮助我们的抗洪工作由被动“防御”向主动“调控”转变。面对自然灾害，从“防御”到“调控”，不仅仅是一个词的变化。这其中，折射出我们工作实力的不断提高，工作手段的不断提升，更折射出我们科学发展观念的更新！

（三）岳城水库防洪蓄水效益显著

“7·19”漳河洪水接近10年一遇，通过科学调度，岳城水库发挥了巨大的防洪作用，库水位保持高水位运行，主动拦蓄洪水4.6亿m^3，成功削减洪峰94%，将洪水削减为下游河道安全行洪流量，确保了下游河道洪水不上滩，工程不出险。

8月10日后，我局利用水库汛限水位提高的有利时机，密切关注后期天气形势，在确保水库工程安全的前提下，利用上游来水充沛稳定的大好时机全力拦蓄上游来水，截至9月26日8时，库水位146.84m，蓄量6.06亿m^3，累计拦蓄洪水7.4亿m^3，拦洪率

68%，支持城区排涝和下游景区安全，最大限度减少公共设施及沿河群众的财产损失，也为后期雨洪资源利用提供了重要的水源保障。

（四）雨洪资源利用取得实质性进展

坚持雨洪资源利用，是由漳卫河流域水资源禀赋决定的，是由漳卫南局发展要求决定的。只有解决了思想观念和发展理念问题，明确了发展方向，才能真正做到向洪水要资源、要效益，早在6月7日的局系统防汛抗旱工作会议上，针对今年严峻的抗旱形势，我们明确提出了洪水资源利用指导意见，即：岳城水库要在确保防洪安全的前提下，利用水库蓄水为城市、农业、生态供水提供水源条件；枢纽水闸要研究两岸涝水的利用课题，促进涝水资源化；要密切关注城市用水和衡水湖、白洋淀、大浪淀水库需水情况，如有需要和供水条件，积极组织抗旱供水、城市供水和生态补水，充分利用雨洪资源，为两岸经济建设和生态安全做出贡献。

我局洪水资源利用工作取得实质性进展，是说我们通过艰苦的实践摸索，完成了“蓄存”加“流通”两步走，蓄存，岳城水库蓄存洪水，实现把水留住。流通，将蓄存的雨洪资源，通过工程措施，分配到不同的用户，实现把水送出。把握了统筹兼顾的三个原则：兼顾防洪、供水效益，以防洪效益为首；兼顾洪水蓄存和下游安全，以水库安全为主；兼顾汛期、汛前、汛后调度，以汛期调度为重。做到了三个坚持：坚持科学调度，优化实施方案；坚持依靠科技，强化调控手段；坚持民主决策，完善会商制度。增强了资源、系统和风险三个意识，从试图消除洪水灾害、入海为安转变为承受适当的风险，综合运用各项措施，充分利用好雨洪资源上来。实践证明，我们的付出得到了回报。

（五）实战打磨精兵

这次抗洪供水实战让我们锻炼出了一支素质过硬、作风扎实、技术精良的队伍。我局很多职工都是1996年以后才陆续参加工作，从未经历过真正的洪水考验，即使是经历过“96·8”洪水的老职工，20年未再经历洪水，难免会思想松懈。虽然我们年年开展防汛抗洪演练，也不如一场实战效果好。今年的洪水对锻炼我们的队伍是一个难得的机会。事实证明，我们的职工在实战经验不足、各种困难和挑战接踵而至的情况下，仍然能够恪尽职守，在急难险要关头拉得出、打得赢。

同志们，经过这次抗洪供水战斗的洗礼，我们可以自豪地说，我们的单位是有凝聚力的，我们的队伍是有战斗力的，我们的职工敢打硬仗、能打胜仗。

五、不忘初心，弘扬漳卫南人精神

在这次抗洪供水过程中，我们之所以能够取得抵御洪水、突破性供水的好成绩，是因为我们认真学习了习近平总书记提出的防汛抗洪六点要求；是因为我们积极贯彻落实了水利部、海委的决策部署；是因为局系统各级党组织充分发挥了领导核心作用，把抗洪供水作为开展“两学一做”的生动课堂；是因为党员领导干部靠前指挥、以上率下，充分发挥了表率带头作用；是因为共产党员冲锋在前、吃苦在先，充分发挥了先锋模范作用；是因为大家在抗洪供水工作中不忘初心，践行“两学一做”，以学促做、知行合一，把投身抗洪供水工作作为“亮身份、作承诺、当先锋、树形象”的具体行动。

在这次抗洪供水过程中，我们不仅取得了抵御洪水、有效供水的好成绩，同时也收获了巨大的精神财富，这就是全局干部职工以坚强的意志、巨大的力量熔铸成的弥足珍贵的“团结一心、拼搏进取、勇于担当、无私奉献”的漳卫南人精神。正是这种精神，使我们在滔滔洪水面前，临危不惧、英勇奋战，夺取了抗洪供水工作的伟大胜利。

在这次抗洪供水过程中，充分体现了“团结一心、拼搏进取”精神。面对洪水，全局上下，无论是机关工作人员、事业单位人员还是公司人员，大家不分彼此、不分你我，在大汛面前、在急难险重面前团结一心、众志成城。从机关到一线，到处涌动着同心同德、团结奋战的澎湃热潮，融汇成了抗洪抢险的巨大合力。困难让我们漳卫南人变得更加勇敢和顽强，困难让我们漳卫南人变得更加积极和坚韧。我们誓与洪水赛跑，紧要关头，沉着应战，奋勇向前；我们甘为供水奉献，艰难时刻，不屈不挠，锐意进取。正是这种坚强意志和必胜信念，奏响了抗洪供水的最强音。

在这次抗洪供水过程中，充分体现了“敢于担当、无私奉献”精神。抗洪斗争中，我们的领导干部不惧危险、冲锋在前、敢于担当、勇于担责；供水过程中，我们的领导干部克服重重困难、勇于带领职工开拓供水工作新局面，充分展示了不畏艰难、昂扬向上的精神面貌。我们的职工同样恪尽职守、无私奉献。今天获得表彰的同志，他们为抗洪供水工作作出了突出贡献；今天没有获得表彰的同志，他们默默无闻地在各自的工作岗位上奉献着、付出着……我们同样向他们致敬。

六、砥砺前行，谱写水利改革发展新篇章

同志们，风雨多经志弥坚，关山初度路犹长。面对我们已经取得的成绩，我们相信，困难不是不可逾越的，成功也不是永恒的。我们要时刻保持清醒的头脑，鼓足干劲，以加快发展为己任，以保地方安澜为目标，立创新之志，谋发展之策，鼓争先之劲，求务实之效，做到困难面前不懈怠不犹豫，工作面前激浊扬清、豪情满怀，全面加压提速，挺立前行。

（一）继续坚持“实现三大转变，建设五大支撑系统”的工作思路

2012年年底，我局针对漳卫南运河经济社会发展需求和漳卫南局自身发展实际，首次提出了“实现三大转变，建设五大支撑系统”的工作思路。2013年，经过全局上下充分沟通交流，反复讨论完善，最终形成统一共识，将“实现三大转变，建设五大支撑系统”工作思路确定为我局当前和今后一个时期的发展方向和工作目标。

这一思路提出后，我们稳扎稳打，步步为营，“五大支撑”体系建设稳步推进，河系水利投资规模不断创新高，水利保障能力全面提升，水利管理和改革工作取得显著成效。这几年我们取得的工作成绩，充分印证了我们这一发展思路是正确的。这次抗洪供水工作的胜利，更是对“实现三大转变，建设五大支撑系统”工作思路的最好验证。

在今后的工作中，我们仍要坚定不移地坚持这一工作思路，为实现漳卫南运河水利事业的健康、协调、快速发展而不懈努力。

（二）继续营造和谐团结稳定的氛围

在这次抗洪供水过程中，全局职工不分身份，都能够以大局为重，坚持个人利益服从单位利益、眼前利益服从长远利益，齐心协力，同舟共济，保证抗洪供水工作顺利开展。我们惊喜于这样一群识大体的职工，我们感动于这样一群带拼劲的职工。

大家还记得今年年初1月13日事业人员上访吗？那是我们漳卫南局在事业发展过程中暴露出的严重问题，影响了单位的和谐稳定。为更好地稳定队伍，营造和谐发展的氛围，各二级单位领导班子针对事业单位发展问题开展了富有成效的工作：开展调研、召开专题会议，研究制定事业单位发展思路，谋划构建事业单位运行机制，探索尝试事业人员绩效考核方法，通过做好水土资源开发利用、盘活闲置资产等渠道努力创收，取得了一定成效，但问题依然存在。我们的各级领导班子要继续勇于担当，有所作为，尽全力带领职工实现工作新突破，调动职工工作积极性，让他们心怀希望，在各自岗位上发挥应有的作用。

（三）继续打造一支敢于担当、清正廉洁的干部队伍

政以才治，事以才兴。实现我们工作的突破，关键还在强班子、建队伍，打造坚强有力的领导集体和高素质的干部队伍。

敢于担当，就是要求我们的干部要有强烈的责任意识。面对改革发展深层次矛盾问题要迎难而上、攻坚克难；面对急难险重任务要豁得出来、顶得上去；面对各种歪风邪气要敢于较真、敢抓敢管。"敢于担当"不是一种口号，而是敢于承载使命、敢于决策、敢于试水探路、敢于"啃硬骨头"，真正干在实处、走在前列，无论条件多么艰苦、环境多么复杂、困难矛盾如何纷繁，都能不忘初心。

敢于担当，就是要求我们的干部要有担当重任的能力。"没有金刚钻别揽瓷器活"，敢于担当不是逞匹夫之勇，而是要有着眼大局的视野，创造性地解决问题的能力。要做到能够担当，就必须不断学习、实践，学会总结分析，不断提升干部能力。

敢于担当，就是要求我们的干部要有负责担当的底气。打铁还需自身硬。我们的干部要不断加强党性修养，不为名利所累，不为物欲所惑，不为人情所扰，一身正气，廉洁奉公。总的来说，我们的干部在清正廉洁方面做得都比较好，大家在严格遵守《中国共产党廉洁自律准则》的同时，能够以身作则，从小事做起，从细节抓起，比如出差时尽量乘坐公共交通工具，在基层单位吃饭主动交饭费等等。廉洁无小事，大家务必高度重视，并落实在工作和生活的方方面面，只有这样，才能行得正、做得端，才有底气做好工作。

（四）继续提升社会服务意识，提高社会管理和公共服务水平

汛前，我局加大了河道管理和执法力度，重视同地方政府和执法部门联合执法，对岳城水库库区非法旅游及非法采砂行为进行了综合整治，初步建立了打击漳河非法采砂长效机制。汛中，各有关单位积极协调地方政府，安排公安、特警、交警维持秩序，并通过道路交通管制、戒严、安装围挡、张贴警示标志等方式，有效维持了行洪秩序，确保不出安全事故。

这些举措，为我们能顺利度汛奠定了良好的基石。也提醒我们在今后的工作中，还要继续增强为沿河经济社会发展服务意识，提高社会管理和公共服务水平，加快工作节奏，加强河湖水行政执法，严格涉河建设项目管理，维护河道正常水事秩序，提高服务沿河经济社会的能力和水平。

（五）继续提升自身实力促发展

今年的抗洪供水工作我们取得了显著成绩，但仍要看到，我们的工作中还存在许多不足之处。

必须承认，我们的工作还有很多地方需要改进。“五大支撑系统”建设的执行力有待进一步提高，推进落实的力度还需加强；事业单位发展的机制体制还不健全，事业单位人员积极性和主动性未能得到充分发挥；各单位经济工作开展不均衡，经济创收差距较大；工程设施存在隐患，现代管理手段亟待加强。

必须承认，面对突降的洪水，如果我们的反应更快一些，我们的应对更及时一些，我们的工作会更加完美；面对不断变化发展的形势，如果我们的干部职工能够始终与时俱进，及时转变观念，我们前进的步伐会更快；面对越来越高的发展要求，如果我们的软硬件实力进一步提升，我们的事业发展会更好。

问题摆在面前，我们唯有继续提升自身实力，增强开拓进取的勇气，栉风沐雨，砥砺前行。

同志们，2016 年洪水不期而至，在全局迎战洪水保安全、开创性供水保护生态环境的奋斗中，我们不仅争取了可观的物质收益，也获得了巨大的精神财富。在今后的工作中，我们要继续发扬漳卫南人精神，不断提高自身能力，增强驾驭复杂局面的水平；继续抓好今年及今后各项目标任务的落实，以更加昂扬的斗志，作出更加优异的成绩，为漳卫南运河水利事业发展作出新的、更大的贡献！

谢谢大家！

漳卫南局关于全面加强漳卫新河河口管理工作的意见

（漳政资〔2016〕1 号）

局属有关单位，机关有关部门：

为切实解决漳卫新河河口区域无序开发与有效管理的突出矛盾，提高我局基层管理单位协调配合工作效率，确保漳卫新河河口的行洪安全，规范河口开发利用，加强河口地区生态环境保护，打造良好的河口管理秩序，促进当地经济可持续发展，现就加强漳卫新河河口管理工作提出如下意见：

一、充分认识加强河口管理的必要性

（一）基本情况

漳卫新河河口为冀、鲁两省省际边界河口，上起辛集闸，下至大口河及浅海延伸区，河口区域总面积 131.02km^2，其中陆域区面积 85.97km^2，海域区面积 45.05km^2。其中：辛集闸—海丰（孟家庄）段为有堤防河道，两岸管理范围以现状堤防为界，左堤长 25.35km，右堤长 22.8km；海丰—大口河段为无堤河段，左边界为沿海公路和宣惠河右堤，右边界为孟家庄以下大济公路并直线外延，河道长约 12km；大口河以下为渤海淤泥质海滩，左侧边界为现有陆域边界接黄骅港右导堤，右侧边界与黄骅港右导堤平行距离 5km，并海向延伸至－5.5m 等深线。

（二）主要问题

随着地方经济的发展，河北、山东两省对河口地区的开发利用要求不断提高，无序开发的水产设施、修船设施及物料码头等，已造成对河道违法侵占。同时，漳卫新河河口位于河北、山东省际边界，两岸群众存在观望、攀比心态，两岸管理单位协调困难，存在工作开展不同步，管理措施、执法标准不一致，滩地开发利用意见不统一等问题。

（三）加强管理必要性

由于缺乏对河口的统一规划约束和有效管理，河口滩地无序开发，侵占行洪断面及河道治导线，导致河道行洪能力大幅下降，给河口地区防洪安全、工程管理以及治理工程的建设带来不利影响。因此，加强河口管理已迫在眉睫。

二、总体要求

（一）指导思想

有效应对河口管理中的诸多突出问题，提高基层管理单位应对省际边界河口区域管理的协作能力，实现河口区域的统一规划、统一标准、统一管理，在充分发挥河口管理相关单位职、责、能的基础上，探索建立河口管理的组织协调机制，坚守防洪的红线，谋划好管理的蓝线和发展的绿线，全面提升河口管理水平。

（二）主要目标

通过不断完善有效的管理机制，丰富河口管理的内容和手段，树立管理机构的威信。坚持维护河口行洪畅通的底线不放松，通过提升社会管理意识和服务能力，营造良好的管理秩序，努力使河口区域成为漳卫南局社会管理的典范。逐步引导规范各类河口开发行为与河口管理相协调，注重管理和效益相统一，使河口区域成为经济发展的桥头堡。

三、主要任务

（一）规范管理

结合实际按照突出重点、堵疏结合、逐步规范的原则，强化源头管理，加强日常监督，规范河道管理秩序，确保河道两岸人民生命财产安全。

1. 进一步划分管理范围

河口区域管理状况复杂，有堤河段、无堤河段、浅海延伸区的管理规划安排、管理要求各有不同，要进一步明确各区域管理范围、标准和要求，推动无堤河段治导线控制点的落实，确定无堤河段规划堤防以外河口管理区域的管理要求，明确浅海延伸区管理范围，根据不同区域探索具有针对性的、有效的管理手段。

2. 建立滩地利用的有效管理模式

在区分不同河段和区域性质的前提下，本着不影响行洪和工程治理的原则，严格控制各区域的开发利用活动，逐步实行差别化、规范化管理，积极探索水土资源有偿利用模式。

（二）统筹谋划

基层管理单位对河口区域存在的违法行为进行逐一的、翔实的再排查，并登记造册，形成河口管理专项档案，作为执法工作的基础，也为进一步完善管理和执法标准做好充分准备。同时，要结合自身管理任务，统一工作思路、统一落实规划、统一组织管理。

（三）加强执法

严格执法，主动服务，尽职履责，树立权威。定期开展河口专项执法活动，加强与地方政府及其有关部门的沟通协调，积极开展联合执法。强化培训，加强学习与交流，提高自身执法水平。

（四）强化宣传

多层次、多形式地加大宣传力度，重视日常法规宣传，营造河口管理的法制意识。建立举报机制，鼓励群众积极举报违法行为，把广大群众纳入河道执法体系建设当中，强化河道管理的群众基础。通过宣传、曝光的形式，充分发挥新闻媒体的舆论监督作用，对重点案件要进行追踪采访、曝光。

（五）加强研究

继续推动河口立法，推进河口治理，加强河口管理指导、检查。沧州河务局、水闸管理局应高度重视河口管理工作，加强协调，共同开展河口岸线管理、滩涂开发利用等政策的研究和制定。无棣河务局、海兴河务局应全面履行职责，充分发挥水政监察基建设施设备作用，研究探索更有时效性和针对性的河口执法管理方式和手段。

四、保障措施

（一）重视河口管理工作

局属有关单位、有关部门要高度重视河口管理相关工作，针对河口管理的实际问题，强化工作指导和政策支持，加大帮扶及监督、检查力度。

（二）建立联席会议制度

建立由沧州河务局、水闸管理局轮流主持的河口管理联席会议制度，定期或不定期就河口管理中的问题研讨相关政策，制定管理措施。联席会议根据内容需要，可邀请局相关部门或单位，以及有关地方政府、相关部门参加。

（三）成立河口管理办公室

联合成立漳卫新河河口管理办公室，协调开展河口管理工作，定期组织联合检查和情况通报，组织开展河口管理重大活动，统一对外协调和宣传，承办联席会议准备工作及议定事项落实。首任河口管理办公室主任由无棣河务局主要负责人担任，组成人员主要为无棣、海兴河务局工作人员。河口管理办公室的长期运行机制、组成人员、负责人形成等问题，通过完善河口管理办公室工作制度予以进一步明确。

（四）强化信息化管理手段

要充分利用建成运用的河口执法视频监控系统、海河流域河口管理遥感系统等信息化手段，探索执法巡查与信息化平台的有效结合，加大重点区域的巡视监控力度，注重影像资料的收集、保全，为执法取证提供有效的技术保障，确保监控系统在河口管理工作中发挥更大作用。

五、近期重点工作

沧州河务局、水闸管理局尽快启动联席会议机制，组织编制“2016 年度加强河口管理实施方案”，制定联席会议工作制度、河口管理办公室工作制度。在充分排查情况、制订方案的基础上，组织开展好汛期专项整治活动，通过专项整治，确保河口行洪安全，进一步理顺河口管理关系，营造良好的河口管理秩序。

水利部海委漳卫南运河管理局

2016年1月19日

漳卫南局关于进一步严格水资源管理有关问题的通知

（漳政资〔2016〕8号）

局属各河务局、管理局：

漳卫南运河水资源严重匮乏，供需矛盾日益突出，同时，水资源利用效率和经济效益较低。基于当前水资源严峻形势和管理需求，为贯彻落实最严格水资源管理制度以及《水利部关于深化水利改革的指导意见》，切实提高水资源利用效率和效益，有力促进我局水利事业更好更快发展，现将有关事项通知如下：

一、转变观念，强化水资源管理主体地位

“实现三大转变，建设五大支撑系统”是我局党委提出的工作总体思路，其中明确提出要实现从工程管理向水资源管理的转变，各单位要从思想上、观念上、行动上主动适应，积极应对，要将水资源管理作为重点工作，不断完善河系水资源管理工作的内涵，逐步拓展水资源管理工作，树立主管责任意识，强化我局在河系水资源管理中的主导地位。

二、强化监督，严格水资源管理

各单位要充分发挥河道主管部门在水资源管理工作中的作用，按照《漳卫南局关于加强取水许可监督管理的通知》（漳政资〔2014〕2号）、《漳卫南局关于加强计划用水管理的通知》（漳政资〔2016〕5号）要求，加大对主管范围内取水用户的日常监督管理力度，加强计划用水管理，严格控制用水总量，严禁擅自超取。对涉及水资源的违法行为要及时依法处理，切实做到严格水资源管理。

三、建立水资源多种有偿使用机制

各单位要充分认识实行水资源有偿使用的必要性和重要意义，对主管范围内取用漳卫南运河的水资源一律实行有偿使用，充分发挥水资源效益。岳城局、水闸局要不断开拓供水市场，严格按照规定水价计收水费，做好供水协调工作。各河务局要积极开展新形势下水市场管理和水费征收工作，探讨建立协商水价机制，逐步完善漳卫南运河河道水价形成机制，要解放思想、转变观念，充分发挥市场在水资源配置中的决定性作用，依据《中央定价目录》（发改委令2015年第29号）有关规定，开展河道水费计收工作。

四、积极配合《漳卫南局加快落实最严格水资源管理制度示范实施方案》建设

《漳卫南局加快落实最严格水资源管理制度示范实施方案》将于2016—2018年实施，是近三年我局水资源管理的重点工作，目前2016年度项目已进入实施阶段。示范建设项目的实施，将全面提升我局水资源调度、监测、监控能力，促进漳卫南运河水资源合理开发、高效利用和有效保护，全面提高水资源管理水平。各单位要充分认识该项目建设对提高我局水资源管理的重要意义，要积极配合局项目办做好重点取水口水资源在线监测、水资源视频监控、引水闸泄流曲线分析、水质水量监测、水资源监控管理信息系统以及其他研究项目的实施工作，做好前端和后端设备的运行和维护，保证设施正常运行。

水利部海委漳卫南运河管理局

2016年4月28日

中共漳卫南局党委关于在防汛抗洪工作中推进“两学一做”学习教育的通知

（漳党〔2016〕21号）

局属各单位、德州水电集团公司党委，机关及各直属事业单位党支部：

7月18—20日，习近平总书记在宁夏调研考察期间，专门就做好当前防汛抗洪抢险救灾工作发表重要讲话，强调要立足防大汛、抗大洪、抢大险，做好抗击特大洪水准备，防止麻痹思想和侥幸心理，力争最大程度减少损失。并提出切实落实防汛抗洪责任制，科学精准预测预报，突出防御重点，全力保障人员安全，强化军民联防联动机制，抓紧谋划灾后水利建设等六点要求。

7月19日以来，漳卫南运河河系出现大范围降雨，漳河、卫河部分河道出现较大洪水过程，岳城水库入库流量于19日18时激增至5200m^3/s，为“96·8”洪水以来最大入库流量。我局紧急启动防汛Ⅱ级（橙色）应急响应，局领导亲临一线检查指导防汛工作，各个工作组连夜赶赴防汛第一现场指导抗洪，防汛抗洪形势十分严峻。

险情就是命令。在这个关键时刻，各单位要认真传达学习习近平总书记的指示精神，认真贯彻落实局党委的决策部署，迅速响应、积极行动，团结协作、奋力抗洪。各级党组织和广大党员要充分发挥“两个作用”，把当前的防汛抗洪工作与正在开展的“两学一做”学习教育紧密结合，坚决打赢防汛抗洪攻坚战，确保河系人民群众生命财产安全，以实际行动检验学习教育成效。

一、各级党组织要指导有力，行动迅速，充分发挥领导核心作用

当前，各级党组织要把防汛抗洪工作作为首要任务来抓，牢固树立“防大汛、抗大

洪、抢大险”意识，切实做到思想意识到位、责任明确到位、措施预案到位、督导问责到位、工作落实到位。要扎实推进“两学一做”学习教育，深入学习贯彻习近平总书记在庆祝中国共产党成立95周年大会上的重要讲话精神，教育引导广大党员把做好防汛抗洪工作作为不忘初心、继续前进的生动实践，坚持学习教育和防汛抗洪等业务工作“两手抓、两促进”，同时，在防汛抗洪工作中提升党组织的创造力、凝聚力、战斗力。

二、党员领导干部要靠前指挥，以上率下，充分发挥表率带头作用

党员领导干部要强化政治意识、大局意识、核心意识、看齐意识，深入抗洪第一线检查指导工作。要身先士卒，率先垂范，以对党和人民高度负责的精神，切实解决防汛抗洪中的实际困难和问题。要认真执行领导干部24小时带班制度，把防汛形势估计得更充分一些，把各项工作做得更扎实一些，确保抗洪抢险万无一失。各级党组织书记要勇于负责、敢于担当，与广大党员并肩战斗，以自身的模范行动为党员作示范、树标杆，有条件的在抗洪抢险实践中讲现场党课。

三、共产党员要冲锋在前，吃苦在先，充分发挥先锋模范作用

广大党员要坚决服从组织安排，发扬不怕困难、不怕吃苦、连续作战的精神，做到“招之即来、来之能战、战之能胜”。奋战在一线的党员要发挥突击队、顶梁柱、主心骨的先锋模范作用，组织协调部门的党员要坚守岗位，做好值班、后勤保障等工作，充分展示出立足岗位作贡献、发挥作用做表率的共产党员风采。要坚持以学促做、知行合一，把投身抗洪抢险作为“亮身份、作承诺、当先锋、树形象”的具体行动，让发挥作用好不好作为检验“四讲四有”合格党员的具体标尺。

中共水利部海委漳卫南局委员会

2016年7月22日

年度综述

2016 年漳卫南局水利发展综述

2016 年是“十三五”开局之年，也是漳卫南局各项工作创新发展的一年。漳卫南局认真贯彻落实上级治水兴水的决策部署，扎实推进各项工作开展，圆满完成了各项工作任务。

一、防汛保安全有力高效

汛前调整防汛组织机构，落实防汛责任制。开展汛前检查，狠抓安全生产。坚持维修养护、做好物资准备。加强应急建设，组织防汛培训。开展联合执法，及时清除行洪障碍。做好了抵御大洪水的各项准备。

7 月 19 日，漳卫河上游普降大雨，卫河流域和漳河石匡观区间（石梁—匡门口—观台）普降大暴雨，局部特大暴雨，200mm 降雨等值线覆盖邯郸—安阳—焦作—涉县大片区域，安阳市区 6 小时降雨 236mm，磁县点雨量达到 770mm。受降雨影响，卫河流域宝泉、彰武、小南海、盘石头等 14 座水库先后泄洪，安阳河一度出现洪峰 1570m^3/s，漳河观台站 19 日 18 时洪峰流量达到 6150m^3/s（约 10 年一遇），为“96·8”洪水以来观台出现的最大入岳城水库流量。面对漳卫河流域“96·8”以来的最大汛情，全局上下全力以赴，坚决执行水利部、海委决策部署，迅速反应，科学防控，及时全面研判洪水趋势，科学调度岳城水库和四女寺枢纽等关键节点，充分依托各类水利工程的防洪减灾能力，最大化发挥岳城水库的防洪蓄水效益，削减漳河洪峰 95%，将 6150m^3/s 的洪峰削减为下游河道安全行洪流量，开展了封堵涵闸管、清树障、拆违建等专项行动，维护了良好的水事秩序和行洪安全，确保了洪水平稳下泄，成功实现了“拦洪削峰、卫河错峰、安全行洪”三大目标，完成了由被动防御向主动调控的转变，防汛工作取得了全面胜利。

二、雨洪资源利用实绩突出

2016 年汛期，漳卫河上游来水 16.5 亿 m^3，漳卫南局把握水资源量质齐升的有利时机，在确保防洪安全的前提下，立足岳城水库蓄水条件和水资源立体调配流通条件，与地方政府和相关行业部门主动沟通，调研用水需求，协调供水关系，成功组织实施了向沧州大浪淀水源地和衡水湖生态湿地供水，洪水资源化调度取得突破，漳卫河几十年来首次实现长历时高水质良好生态状态，为城市生活大规模供水，显著改善沿河两岸农业及生态状况，河口生态环境得到提高，水资源利用手段不断丰富，实现了经济、社会、生态效益三丰收，为漳卫南局的事业发展及时补足了后劲。截至目前，岳城水库为邯郸、安阳两市供水 2.7 亿 m^3，向沿河市县累计供水 3.2 亿 m^3，“引岳济衡”“引岳济沧”供水 6700 万 m^3 以上。

三、事业单位发展不断深化

局党委高度重视事业单位发展问题，多次召开专题会议，深入分析影响事业单位发展和职工队伍稳定的根本原因和制约因素，明确了解放思想，有所作为，构建以绩效考核为核心的高效运行机制的工作思路。一年来，全局各级党组织强化责任担当，敢于改革创新，践行“思想观念、发展理念、干部作风”三大转变，研究制定事业单位发展路线，在原有目标管理考核办法基础上，依法依规决策，建立和完善了绩效考核、目标管理及奖惩等制度，健全了相关配套制度，充分调动了事业人员的积极性和主动性，为实现事业单位的健康良性和可持续发展打下了坚实基础。

四、工程建设管理稳步推进

卫运河治理主体工程全部完工，并经受住了“96·8”以来的最大洪水的考验。卫河干流治理、四女寺枢纽北进洪闸除险加固、漳卫新河河口治理、漳河干流治理工程前期工作进展顺利，配合海委做好了水工程规划同意书工作。圆满完成了2016年全局维修养护任务，维修养护初步实现物业化、日常化。编制印发了河道工程技术管理工作标准和水利工程维修养护管理部分风险点防控责任清单。完成了划界试点工作和四女寺南闸、节制闸，辛集挡潮闸的安全鉴定。积极推进辛集闸交通桥维修加固工程建设，当年施工当年投入运行。

五、水行政执法力度进一步加大

全年开展水行政执法巡查1700余次，有力维护了水事管理秩序。印发了《漳卫南局法制宣传教育第七个五年规划实施意见》，积极开展水法规宣传活动。协调处理了郑州至济南铁路跨卫河等涉河建设项目的前期工作，加强在建项目的日常监督管理。开展了河道专项清障活动，对河道设障、非法侵占等水事违法行为进行严厉打击，与地方政府联合依法惩处漳河采砂行为，加强对河口防潮堤建设等重大水事违法案件的查处力度。创新漳卫新河河口联合管理机制，积极推进两岸联合执法。

六、水资源管理和保护成效显著

制定印发了《漳卫南局关于进一步严格水资源管理有关问题的通知》，积极探索水资源多种有偿使用机制。进一步强化计划用水管理，对计划用水执行、水量调度、取水计量等方面做出了明确要求。推进取水口和入河排污口的监督管理，提升水资源监测计量及监控管理基础能力。水资源监控能力建设和最严格水资源管理制度示范项目顺利实施。做好岳城水库水源地保护工作，加强突发水污染事件应急能力建设。编制完成了《漳卫南局水功能区管理办法（试行）》，全面强化水功能区管理。

七、和谐单位建设进一步深化

认真学习贯彻落实习近平同志系列讲话精神，深化“两学一做”学习教育。扎实推进全面从严治党和党风廉政建设。及时准确报道抗洪供水先进事迹，内外宣传水平不断提升。完善各项信访工作机制，舆情通道进一步畅通。积极开展内控基础性评价工作，预算和资金资产监督管理进一步加强。完善安全生产责任体系，探索建立网格化管理模式。事业单位绩效工资实施、养老保险改革和干部人事制度改革稳步推进。精神文明创建再创新高，11个单位保持、2个单位荣获省级文明单位称号。局机关家属楼房产证等一批职工反映强烈的问题得以解决。用心做好离退休职工管理和服务工作。后勤保障、档案、工青妇等各项综合管理与服务保障工作有序开展，保持了全局安定团结的良好局面。

大　事　记

1月

1月7日　漳卫南局通报2015年工程管理考核情况。

1月10日　四女寺枢纽北进洪闸除险加固工程可行性研究报告通过水利部审查。

1月18日　海委副主任王文生先后到水闸管理局袁桥闸管理所、德州水电集团公司水闸分公司和德州河务局，看望慰问基层一线职工和困难职工。漳卫南局局长张胜红、党委书记张永明陪同慰问。

1月19日　海委党组副书记、副主任王文生率考核组对漳卫南局领导班子和局级干部进行年度考核。

漳卫南局印发《关于全面加强漳卫新河河口管理工作的意见》。

1月25日　漳卫南局印发《关于表彰2015年度先进单位、先进集体的决定》（漳办〔2016〕1号），授予沧州河务局、邢台衡水河务局、德州水利水电工程集团有限公司、聊城河务局、水文处“漳卫南局2015年度先进单位”荣誉称号，授予办公室、监察（审计）处、直属机关党委、水资源保护处“漳卫南局2015年度先进集体”荣誉称号。

漳卫南局召开安全生产领导小组扩大会议，副局长、局安全生产领导小组组长张永顺主持会议并讲话。局安全生产领导小组成员，局驻德各单位、德州水电集团公司、建管局有关负责人参加会议。会后，印发《漳卫南局关于进一步加强安全生产管理和开展安全生产大检查的通知》。

1月26日　漳卫南局印发《关于表彰2015年度工程管理先进单位、先进水管单位的决定》（漳建管〔2016〕4号），授予水闸管理局、聊城河务局“2015年度工程管理先进单位”荣誉称号；授予岳城水库管理局，祝官屯枢纽、吴桥闸管理所，临清、东光、冠县、魏县、汤阴、夏津、清河河务局“2015年度工程管理先进水管单位”荣誉称号。

1月27日　漳卫南局副局长、局安全生产领导小组组长张永顺带队对办公楼中央空调、供电、消防系统、通信机房、食堂和海河流域水环境监测中心漳卫南运河分中心实验室等安全生产重要设施和区域进行检查。

1月29日　漳卫南局召开2016年工作会议，局长张胜红作工作报告，党委书记张永明主持会议并作会议总结，局领导靳怀堎、李瑞江、徐林波、张永顺出席会议。副巡视员李捷，副总工，局属各单位、德州水电集团公司领导班子成员、办公室负责人，机关各部门、各直属事业单位副处级以上干部参加会议。

□　海河流域水环境监测中心漳卫南运河分中心通过国家计量认证复查换证评审。

2月

2月3日　漳卫南局印发《关于表彰2015年度优秀机关工作人员的决定》（漳人事〔2016〕7号）、《关于公布直属事业单位职工2015年度考核优秀结果的通知》（漳人事〔2016〕8号）、《关于公布局属各单位、德州水电集团公司2015年度考核优秀结果的通知》（漳人事〔2016〕9号），对局机关、直属事业单位、局属各单位、德州水电集团公司年度考核优秀人员进行表彰。

2月23日　漳卫南局召开落实最严格水资源管理制度领导小组第一次工作会议。局长、落实最严格水资源管理制度领导小组组长张胜红出席会议并作动员讲话，副局长、落实最严格水资源管理制度领导小组副组长李瑞江主持会议并作总结讲话。会上，落实最严格水资源管理制度领导小组办公室负责人汇报了项目工作进展情况，与会人员就今后项目工作的开展进行了深入讨论。落实最严格水资源管理制度领导小组成员及办公室人员参加会议。

3月

3月4日　中国水利作协副主席陈梦晖，河南省水电科学院纪委书记、中国水利作协副主席李良，水利部老干局副局长、中国水利作协副主席巫明强，中国水利作协副秘书长孙秀蕊，长江委宣传出版中心主任、《大江文艺》杂志社社长别道玉，中国水利作协秘书长刘军，中国水利作协副秘书长易文利一行到四女寺局调研，漳卫南局副局长靳怀堾陪同调研。

3月7日　漳卫南局印发《漳卫南局国有资产清查工作方案》（漳财务〔2016〕4号）。

3月10日　漳卫南局成立国有资产清查领导小组，负责制定漳卫南局国有资产清查工作实施方案，组织实施各项国有资产清查工作。张胜红任组长，靳怀堾、李捷任副组长。

3月16日　衡水市委常委、副市长杨士坤到故城河务局调研。

3月17日　中共漳卫南局党委任命裴杰峰为漳卫南局直属机关党委书记、中国农林水利工会海委漳卫南运河管理局委员会副主席，免去边家珍的直属机关党委书记、中国农林水利工会海委漳卫南运河管理局委员会副主席职务。

3月19日　北京建筑大学建筑与城市规划学院党委书记田林到四女寺局船闸考察文物修复项目。

3月22日　漳卫南局局长张胜红发表《落实五大发展理念 推进最严格水资源管理 奋力推动漳卫南局水利事业再上新台阶》的署名文章，漳卫南局向全体职工发出《节约用水倡议书》，向沿河取水用户发出《致广大取用水户的一封信》。

3月23日　海委副主任户作亮到漳卫南局调研，局领导张胜红、李瑞江陪同调研。

中共漳卫南局党委任命边家珍为直属机关党委调研员。

3月24—25日　漳卫南局副局长李瑞江到漳卫新河调研基层单位水行政执法工作。

3月27日　中共水利部党组决定，任命靳怀堾为中共水利部海河水利委员会纪检组组长（监察局局长）、党组成员（试用期一年），免去其漳卫南局副局长、党委委员职务（部党任〔2016〕21号、部任〔2016〕25号）。

□　庆云河务局工会小组被中华全国总工会授予“全国模范职工小家”荣誉称号。邯郸河务局、邢衡河务局、岳城水库管理局和四女寺枢纽工程管理局等单位被海河工会授予“海委系统工会工作先进集体”荣誉称号，刘波、韩玉平、张广霞、孙雅菊等被海河工会授予“海委系统优秀工会工作者”荣誉称号。

4月

4月6日　卫运河治理工程2016年建设项目已全部开工，卫运河治理工程进入全面攻坚阶段。

4月7日　漳卫南局通报表彰2015年度优秀公文、宣传信息工作先进单位和先进个人。

4月7—8日　卫河干流（淇门—徐万仓）治理工程环境影响评价报告通过环保部评估。

4月11日　全国政协委员、国务院南水北调工程建设委员会办公室原副主任李津成一行到四女寺枢纽调研，山东省南水北调工程建设管理局副局长罗辉陪同调研。

4月11日14时　穿卫枢纽闸门准时开启，穿卫枢纽2016年引黄济冀输水工作正式开始。

漳卫南局局长张胜红陪同海委水文局、防办一行到四女寺局调研。

4月19—21日　漳卫南局副局长张永顺赴卫河、邯郸河务局就日常维修养护物业化开展工作进行调研。

4月20日　漳卫南局副局长李瑞江到防汛机动抢险队检查项目建设情况。

4月25日　漳卫南局党委召开落实党风廉政建设主体责任座谈（约谈）会。局长张胜红对局直属各单位、机关各部门党政要负责人进行了集体约谈，局党委书记张永明主持会议并作总结讲话。副总工，机关各部门、各直属事业单位主要负责人，局属各单位、德州水电集团公司党政主要负责人参加会议。

4月27日　漳卫南局政务网推出“巡礼十二五”系列报道。

4月28日　国务院南水北调办公室投资计划司司长于合群到四女寺枢纽调研。局长张胜红陪同调研。

漳卫南局印发《关于进一步严格水资源管理有关问题的通知》（漳政资〔2016〕8号）。

5月

5月10日　山东省副省长赵润田到穿卫枢纽检查防汛工作。

5月11日　德州市副市长康志民到四女寺枢纽调研。

5月12日　山东省常务副省长孙伟到四女寺枢纽检查指导防汛工作。德州市委书记陈勇、市长陈飞，漳卫南局局长张胜红陪同检查。

5月12—13日　漳卫南局局党委书记张永明到邯郸河务局和岳城水库管理局调研指导“两学一做”学习教育开展情况。

5月13日　漳卫南局举办以“放飞梦想　献身水利”为主题的道德讲堂活动。局领导张胜红、李瑞江、徐林波、张永顺出席活动。

5月24日　漳卫南局办公室印发《2016年目标管理指标体系》（办综〔2016〕2号）和《漳卫南运河管理局目标管理办法》（漳办〔2016〕8号）。

5月26日　山东省防汛抗旱总指挥部第二检查组到四女寺枢纽检查防汛工作。总工徐林波陪同检查。

5月30日　水利部重大水利工程建设情况专项督查组检查卫运河治理工程。漳卫南局局长张胜红、副局长张永顺陪同检查。

漳卫南局印发《漳卫南局局机关车改后保留公务用车使用管理暂行办法》的通知（办财务〔2016〕1号）。

5月31日　漳卫南局党委中心组召开“两学一做”第一专题集中研讨学习会。局党委副书记、局长张胜红主持会议，局党委成员、副局长李瑞江进行重点发言。

□　漳卫南局开展年中水行政执法检查，重点围绕部分直管河道、堤防、重点取水工程以及管辖范围内涉河建设项目进行了执法巡查和检查。

□　漳卫南局防汛机动抢险队建设项目正式开工建设。该项目于2015年11月由水利部批复立项，12月由海委批准建设，预计2017年4月竣工。

6月

6月2日　安阳市委常委、政法委书记、岳城水库防汛指挥部第一副指挥长吉建军到岳城水库检查防汛工作。

6月3日　漳卫南局总工徐林波到卫运河治理工程现场和邢衡、聊城河务局检查指导工作。

6月7日　漳卫南局召开2016年防汛抗旱工作视频会议。局长张胜红出席会议并讲话，总工徐林波作防汛抗旱工作报告。会议听取了局防办、信息中心以及邯郸河务局、沧州河务局、岳城水库管理局、水闸管理局的防汛抗旱工作汇报。局副总工，机关各部门负责人及各直属事业单位负责人在局机关主会场参加会议；局直属各单位领导班子成员及防汛部门有关人员在各分会场参加会议。

6月8日　漳卫南局调整2016年防汛抗旱组织机构。

中华文化促进会副主席、文化产业（中国）协作体执行主席、文化部文化产业司原司长王永章一行到四女寺枢纽调研。

6月12日　漳卫南局召开安全生产工作会议。

6月15日　滨州市副市长潘青到无棣河务局检查防汛工作。

6月17日　漳卫南局副巡视员李捷到四女寺局检查指导防汛工作 。

6月20日　邯郸市委常委、常务副市长曹子玉检查漳河防汛工作。

6月21日21时　黄河水经穿卫枢纽流入河北省境内，2016年穿卫枢纽夏季引黄应急输水工作正式开始。7月18日18时，穿卫枢纽穿右堤涵闸关闭，2016年穿卫枢纽夏季引黄应急输水工作圆满结束。本次引黄应急调水历时28天，共引水1.225亿m^3。

安阳市委常委、秘书长盖兆举检查卫河防汛抗旱工作。

6月22日　漳卫南局举办基层党组织书记培训班。局党委书记张永明作开班动员讲话并讲授专题党课。局直属各单位、德州水电集团公司及其基层单位的党组织书记，局机关各支部书记共计60余人参加培训。

邢台市副市长刘飚率邢台市防办检查卫运河防汛工作。

6月22—23日　黄委调研组到漳卫南局就水行政执法办案系统进行调研，水利部政策法规司有关人员参加调研，漳卫南局副局长李瑞江陪同调研。

漳卫南局总工徐林波率漳河河系组检查漳河防汛工作，到岳城水库管理局检查指导工作。

6 月 28 日　海委在岳城水库举办突发水污染事件水质监测应急演练。

6 月 27—29 日　漳卫南局副局长张永顺率卫运河河系组检查卫运河防汛工作。

6 月 30 日　漳卫南局局党委书记张永明率岳城水库防汛组检查岳城水库防汛工作。

岳城水库防汛指挥部工作会议在岳城水库召开。岳城水库防汛指挥部指挥长、邯郸市委副书记、市长王会勇对岳城水库防汛工作作出指示，岳城水库防汛指挥部第一副指挥长、安阳市委常委、政法委书记吉建军出席会议，漳卫南局党委书记张永明出席会议并讲话。

7 月

7 月 5 日　漳卫南局召开干部大会，宣布部管干部任免决定：韩瑞光任水利部海委漳卫南运河管理局副局长、党委委员；王永军任水利部海委漳卫南运河管理局副局长、党委委员。

河北省副省长张杰辉到卫运河检查指导防汛工作。

7 月 9 日　漳卫南局副局长李瑞江带队，海委漳卫河河系组、漳卫南局卫河组组成的国家防总工作组赶赴新乡市，指导新乡抢险救灾工作。

7 月 11 日　邢台市副市长史书娥到卫运河检查指导防汛工作。

7 月 12 日　衡水市副市长程蔚青到卫运河故城堤防检查指导防汛工作。

漳卫南局局水政水资源处与德州河务局、沧州河务局有关人员组成督导组对漳卫新河涉河建设项目防汛工作进行督导。

7 月 12—13 日　漳卫南局局长张胜红、副局长张永顺赶赴防汛一线，检查指导卫河、卫运河防汛工作。

漳卫南局水政处与岳城水库管理局相关人员组成检查组，检查岳城水库库区下采煤安全度汛工作。

7 月 19 日　岳城水库全流域普降大到暴雨，陶泉乡、西达镇、合漳乡局部降特大暴雨。8 时观台水文站流量 15.2m^3/s，11 时 30 分流量 44.3m^3/s，18 时，岳城水库入库流量达到 6150m^3/s，为“96·8”以来最大入库流量。漳卫南局局长张胜红受国家防总委派，率海委工作组紧急赶赴岳城水库防汛一线，检查指导岳城水库防汛工作。19 时 30 分，漳卫南局召开紧急防汛会商会议，决定即刻启动防汛Ⅱ级（橙色）应急响应。同时派出漳河河系组、卫河河系组、岳城水库组三个工作组连夜赶赴漳河、卫河、岳城水库第一线。

漳卫南局副局长李瑞江、韩瑞光赴邯郸河务局、聊城河务局检查指导防汛工作，同时对卫河治理土地预审工作进行指导。

漳卫南局副局长王永军到四女寺枢纽工程管理局调研。

7 月 20 日　漳卫南局副局长王永军到四女寺局检查汛情。

岳城水库防汛指挥部第一副指挥长，安阳市委常委、政法委书记吉建军率安阳市水利局、安阳县政府等有关人员，紧急赶往岳城水库，对岳城水库防汛工作进行检查指导。

河南省委常委、宣传部长赵素萍赴滑县检查指导卫河防汛工作。

山东省副省长赵润田在聊城市副市长郭建民陪同下，赴聊城市漳卫河检查指导防汛工作。

7 月 20—21 日　漳卫南局副局长张永顺、韩瑞光分别率卫运河河系组赶赴卫运河一线检查指导防汛工作。漳卫南局副局长王永军、副巡视员李捷率南运河、漳卫新河（含四女寺枢纽）河系组赴漳卫新河（含四女寺枢纽）一线检查指导防汛工作。

7 月 20—27 日　水利部重大水利工程安全巡查组对卫运河治理工程进行检查。漳卫南局局长张永顺、副局长王永军陪同检查。

7 月 21 日　受国家防总委派，漳卫南局局长张胜红率海委工作组再次赶赴岳城水库检查指导水库泄洪工作。

漳卫南局副局长李瑞江率卫河河系组再次赶赴卫河防汛一线检查指导工作。

18 时，岳城水库开始放水，水库泄量控制为 100m³/s。

山东省防汛检查组成员刘鲁生赴聊城市检查指导漳卫河防汛工作。鹤壁市市长唐远游赴刘庄闸检查指导卫河防汛工作。

7 月 21—22 日　漳卫南局副局长韩瑞光赴卫河查看汛情，调查了解水毁、雨毁、险工、堤防等工程情况。

7 月 22 日　漳卫南局局长张胜红率海委建管处、局防办等有关人员到漳河、卫河检查指导防汛工作。漳卫南局副局长李瑞江陪同检查卫河防汛工作。

中共漳卫南局党委印发《关于在防汛抗洪工作中推进“两学一做”学习教育的通知》（漳党〔2016〕21 号）。

7 月 22—24 日　漳卫南局副局长王永军先后赴卫运河、卫河、岳城水库、漳河检查指导防汛工作。

7 月 23 日　邢台市市委常委、统战部部长王素平检查指导卫运河防汛工作。

7 月 24 日 10 时　漳卫南局召开防汛会商会议，决定自 7 月 24 日 13 时起，防汛应急响应由Ⅱ级（橙色）降为Ⅲ级（黄色）。局长张胜红出席会议并对当前防汛工作作出指示，局党委书记张永明，局领导徐林波、张永顺、韩瑞光出席会议。

漳卫南局副局长李瑞江到岳城水库、漳河检查指导防汛工作。

7 月 24—26 日　漳卫南局副局长张永顺、韩瑞光率卫运河河系组赴防汛一线检查指导工作。

7 月 29 日　衡水市委副书记任民率衡水市防指赴卫运河故城堤防检查指导防汛工作。

7 月 31 日　衡水市委书记李谦赴故城检查指导卫运河防汛工作。

7 月 25 日　漳卫南局局领导张胜红、王永军检查指导漳卫新河防汛工作。

德州市市长陈飞检查指导漳卫南运河防汛工作。漳卫南局局长张胜红陪同检查。

山东省海河流域水利工程管理局局长张忠到四女寺枢纽检查防汛工作。

沧州市副市长刘立著带领市防指有关人员检查指导漳卫新河防汛工作。

滨州市副市长赵庆平、潘青检查指导无棣河务局防汛工作。

鹤壁市委书记范修芳检查指导卫河浚县段防汛工作。

7 月 25—26 日　漳卫南局局党委书记张永明先后到岳城水库、漳河、卫运河检查指导防汛工作。

7 月 26 日　德州市防指常务副指挥、副市长董绍辉检查指导漳卫南运河德州段和四女寺枢纽防汛工作。

山东省漳卫南运河第三防汛抗洪督导组组长刘鲁生检查指导漳卫南运河聊城段防汛工作。

山东省水利厅副厅长马承新率山东省防总漳卫南运河防汛抗洪督导组检查指导无棣河务局防汛工作，漳卫南局副局长韩瑞光陪同检查。

漳卫南局副局长韩瑞光与山东省水利厅副厅长马承新共同出席在无棣县召开的河口治理推进会议，对河口防洪与治理工作进行了专题座谈协商。

7月27日　德州市委书记陈勇到漳卫南运河乐陵、庆云段检查防汛工作。漳卫南局局长张胜红陪同检查。

7月28—29日　山东省防总防汛督导组第四组组长张忠检查卫运河德州段防汛工作。

7月29日　漳卫南局副局长韩瑞光带领卫运河河系组再次深入防汛一线，督导检查卫运河沿线防汛工作。

衡水市委副书记任民率衡水市防指赴卫运河故城堤防检查指导防汛工作。

7月29—30日　漳卫南局总工徐林波到岳城水库、漳河、卫运河检查指导防汛工作。

漳卫南局派出检查组对岳城水库和刘庄节制闸安全度汛情况进行了重点检查。

7月31日　漳卫南局副局长韩瑞光与滨州市市长崔洪刚共同出席在无棣县召开的河口治理调度会议，对河口治理工作进行专题协商。

滨州市市委副书记、市长崔洪刚检查指导漳卫新河无棣段防汛工作。漳卫南局副局长韩瑞光陪同检查。

衡水市委书记李谦赴故城检查指导卫运河防汛工作。

□“七一”前夕，岳城水库管理局党委获“河北省先进基层党组织”称号。

8月

8月1日　漳卫南局局长张胜红、总工徐林波到水文处检查指导工作，听取了相关工作汇报。

衡水市委常委、副市长韩立群检查指导卫运河故城段防汛工作并到四女寺枢纽调研。

8月2日　由漳卫南局承担的水利部科技推广计划项目“高效固化微生物综合治理河道污水技术的示范与推广”在北京通过了水利部国际合作与科技司组织的项目验收。

8月6日　衡水市委常委、副市长杨士坤到祝官屯枢纽，就水资源利用等工作进行调研。

8月7日　邯郸市市长王会勇赴漳河现场指导防汛工作。

8月18日　海委副主任李福生赴岳城水库管理局慰问防汛一线职工，漳卫南局党委书记张永明陪同慰问。

8月25日　海河下游管理局局长康福贵一行到四女寺枢纽工程管理局调研，漳卫南局局长张胜红陪同调研。

9月

9月2日　漳卫南局组织职工观看社会主义核心价值观专题视频讲座，局领导张胜红、徐林波、张永顺、韩瑞光、王永军，副巡视员李捷到场观看。

9月7日　漳卫南局举办反腐倡廉专题教育讲座，中纪委驻水利部纪检组正局级纪律检查员唐宝振应邀授课。局长张胜红主持讲座，党委书记张永明，局领导李瑞江、徐林波、张永顺、韩瑞光、王永军参加学习。机关各部门、局直属驻德各单位、德州水电集团公司副处级以上领导干部，局属各单位纪委书记或分管纪检监察工作的局领导、监察科负责人，机关各部门、各直属事业单位党支部纪检联络员110余人参加学习。

中纪委驻水利部纪检组正局级纪律检查员唐宝振到四女寺枢纽工程管理局调研。局领导张胜红、张永明、张永顺陪同调研。

9月8日　漳卫南局召开漳卫新河河口管理联席会议。与会人员就《漳卫新河河口联席会议制度》《2016年度河口管理实施方案》以及河口管理方面存在的问题等进行了座谈。

9月12日　水利部财务司副巡视员周明勤就水利财务管理信息系统使用情况到漳卫南局调研。局领导张胜红、李瑞江陪同调研。

9月12日　漳卫南局副局长张永顺到辛集闸交通桥维修加固工程工地慰问建设管理人员。

9月12—14日　漳卫南局在山东行政学院举办2016年水行政执法暨水资源管理培训班，机关有关部门人员、各单位分管负责人及部分基层单位负责人共50余人参加培训。

9月12—13日　海河流域水资源保护局局长郭书英到漳卫南局就入河排污口规范管理工作进行调研。局领导张胜红、李瑞江陪同调研，副局长韩瑞光参加座谈。

9月20日　漳卫南局副局长李瑞江到四女寺局检查指导生产用房及仓库维修项目建设情况。

9月29日　漳卫南局副局长李瑞江到辛集闸交通桥维修加固工程工地检查指导工作，副巡视员李捷陪同检查。

10月

10月9日　漳卫南局党委书记张永明对局机关部分离退休老同志进行了走访慰问。

10月11日　海委主任任宪韶到卫运河治理工程和岳城水库管理局调研。海委副主任、漳河上游管理局局长刘学峰和漳卫南局领导张胜红、张永顺、韩瑞光分别陪同调研。

10月8—12日　海委审查组对漳卫南局2017年度水利工程专项维修养护项目设计进行了审查，漳卫南局副局长王永军陪同审查。

10月25日　水利部政策法规司水政监察处副调研员姚似锦到邢衡局调研水政执法工作。

10月26日　漳卫南局副局长韩瑞光到德州市水利局就落实最严格水资源管理制度，全面做好漳卫南运河河系水功能区及入河排污口监督管理工作进行调研。

10月30日　漳卫南局组织召开岳城水库水情自动测报系统设计专家咨询会，听取岳城水库水情自动测报系统设计汇报，并就技术方案开展了论证和咨询。

10月31日　辛集闸交通桥人行道板复位及加固工程完成，辛集闸交通桥维修加固工程提前15天全部完工。

□ 漳卫南局成功实施了水资源监控平台、电子政务系统以及趋势网络防毒墙服务器虚拟化，建成全局首个服务器虚拟化管理平台。

□ 卫河河务局副调研员、浚县河务局原局长江松基被鹤壁市政府评为抗洪抢险救灾先进个人。

11 月

11 月 1 日　漳卫南局召开 2016 年抗洪供水总结表彰大会，局长张胜红出席会议并讲话，局党委书记张永明主持会议，副局长李瑞江宣读表彰文件，局领导徐林波、张永顺、韩瑞光、王永军出席会议并分别为先进集体、先进个人颁奖，副巡视员李捷出席会议。卫河河务局等 22 个集体和于伟东等 100 名职工被授予“漳卫南局抗洪供水先进集体”和“漳卫南局抗洪供水先进个人”荣誉称号。副总工，局属各单位、德州水电集团公司党政主要负责人，直属事业单位、机关各部门副处级以上领导干部，受表彰的先进个人代表共 100 多人参加会议。

衡水市委常委、副市长杨士坤到漳卫南局就水资源开发利用工作进行调研。漳卫南局领导张胜红、张永明、李瑞江参加座谈。

11 月 1—4 日　漳卫南局在岳城水库培训基地举办 2016 年公务员能力提升培训班。培训班邀请北京相关培训机构及局系统有关专家授课并进行了交流座谈和拓展训练。局属各单位、机关各部门参照公务员制度管理人员和 2016 年新录用公务员共计 50 余人参加培训。

11 月 2 日　漳卫南局召开工作座谈会，重点就经济工作、水土资源管理与开发、事业单位发展及年底前工作进行安排部署。局长张胜红主持会议并讲话，局党委书记张永明出席会议，局领导李瑞江、徐林波、张永顺、韩瑞光、王永军，副巡视员李捷出席会议并分别就相关工作提出具体要求。局属各单位、德州水电集团公司负责人先后就相关工作进行了交流发言。局领导，副巡视员，副总工，局直属各单位及水电集团公司党政主要负责人，机关各部门主要负责人参加座谈会。

11 月 8 日　海委在山东德州组织召开《漳卫南运河水环境与生态修复科技推广示范基地建设规划》验收会议，漳卫南局总工徐林波参加会议。《漳卫南运河水环境与生态修复科技推广示范基地建设规划》通过验收。

11 月 8—10 日　海委纪检组组长（监察局局长）靳怀堵率海委纪检组对漳卫南局党风廉政建设“两个责任”和中央八项规定精神落实情况进行检查，并与漳卫南局领导班子成员进行座谈。漳卫南局局长、党委副书记张胜红主持座谈，局党委委员、副局长张永顺作工作汇报，局领导张永明、李瑞江、徐林波、韩瑞光、王永军参加座谈。

11 月 10 日　漳卫南局组织召开漳卫南运河水功能区管理项目验收会。《漳卫南局水功能区管理办法》《漳卫南局管辖范围水功能区达标评估》《漳卫南运河入河排污量和纳污总量统计评价》《漳卫南运河水功能区入河排污口污染源风险评估》等研究成果通过验收。

11 月 11 日　海委副主任、漳河上游局局长刘学峰到漳卫南局进行工作调研。局领导张胜红、张永明、韩瑞光、王永军参加座谈。

11 月 10 日　漳卫南局水文工作会议在河北衡水市召开。会议分析了当前水文发展面临的形势和任务，学习了水利部、海委相关工作要求，总结了2016年全局水文和水环境监测工作，明确了下一步工作目标，并对当前重点工作进行了安排部署。局水政处、水保处、水文处有关人员，局属各单位相关负责人、各水文中心（站）负责人及技术骨干参加会议。

11月14—15日　受国家发改委委托，中国水利水电科学研究院在德州组织召开四女寺枢纽北进洪闸除险加固工程可行性研究报告评估会。海委副主任户作亮，漳卫南局领导张胜红、韩瑞光出席会议。

11月17日　局党委副书记、局长张胜红对局班子成员开展集体约谈。局领导张永明、李瑞江、张永顺、韩瑞光、王永军，副巡视员李捷参加约谈。

11月17日　漳卫南局副局长李瑞江到故城河务局调研卫运河水资源利用和水费收取工作。

11月24日　漳卫南局副局长王永军赴辛集闸、盐山河务局检查指导辛集闸和盐山河务局划界试点工作，并对辛集闸开展安全检查。

11月29日　漳卫南局在无棣河务局组织召开漳卫南局辛集闸交通桥维修加固工程单位工程（投入使用）验收会。辛集闸交通桥维修加固工程顺利通过单位工程（投入使用）验收。

□　漳卫南局编制完成《漳卫南局水资源管理廉政风险防控手册（试行）》。

12月

12月1日　漳卫南局副局长王永军到穿卫枢纽调研指导工作。

12月5—9日　海委总工曹寅白率海委副总工，办公室、规计处、水政处、建管处、防办负责人先后到岳城水库、漳河河道、四女寺枢纽、辛集闸、漳卫新河河口、减河湿地、防汛仓库等工程现场进行调研。漳卫南局领导张胜红、李瑞江、徐林波，张永顺、韩瑞光、王永军分别陪同调研。

12月14日　漳卫南局副局长韩瑞光赴中水北方勘测设计研究有限责任公司就加快推进前期工作进行调研。中水北方勘测设计研究有限责任公司副总经理兼总工杜雷功陪同调研。

12月16日　局党委中心组举办学习贯彻党的十八届六中全会精神（扩大）学习班。局党委副书记、局长张胜红做学习动员讲话，局党委书记、副局长张永明主持开班仪式并作总结讲话。局党委成员李瑞江、徐林波、张永顺、韩瑞光、王永军参加学习。副总工，机关各部门、各直属事业单位副处级以上干部，局属各单位、德州水电集团公司党政主要负责人及党建部门主要负责人参加学习。

12月19—20日　漳卫南局在河北沧州举办2016年水功能区监督管理培训班，并就进一步加强水功能区监督管理进行座谈。副局长韩瑞光出席座谈并讲话，海河流域水资源保护局有关负责人到会指导。培训班邀请海委水保局专家就海河流域水功能区监督管理进行专题讲解，并对即将出台实施的《漳卫南局水功能区监督管理办法（试行）》进行了宣贯。副总工，水保处、水文处负责人，局属各单位分管负责人、业务骨干等参加培训。

12月21日　中共漳卫南局直属机关委员会党员代表大会召开，大会选举产生了新一届直属机关党委委员。副局长张永顺出席会议并讲话。局机关、直属事业单位、四女寺局、水闸局、防汛机动抢险队、德州水电集团公司67名党员代表参加会议。

漳卫南局召开工程管理工作座谈会，副局长王永军出席会议并讲话。会议回顾了2016年工程管理工作，总结问题，探讨思路，就下一步维修养护项目检查和验收工作做了安排部署。各单位围绕维修养护实施方案编制、维修养护合同管理、维修养护物业化、工程管理考核、城乡结合部管理等进行了座谈。建管处相关人员，局属各单位分管负责人、工管科长等参加会议。

12月28日　水利部政法司副巡视员杨谦率水利部水资源管理专项监督检查组赴岳城水库检查指导幸福渠取水工程取水许可落实工作。海委副主任王文生，漳卫南局局长张胜红、副局长李瑞江陪同检查。

12月29日　上午10点，岳城水库泄洪洞闸门开启，开始为“引岳济衡”“引岳济沧”供水。2017年1月6日，水经和平闸流进衡水湖，“引岳济衡”成功实施；1月11日，大浪淀开闸引水，“引岳济沧”成功实施。

12月30日　漳卫南局局系统供水工作领导小组成立，负责局属工程供水工作的组织领导。张胜红任组长，李瑞江、徐林波任副组长。

12月7日　海委总工曹寅白到沧州局调研，漳卫南局徐林波总工陪同。

□　由漳卫南局承担的水利部科技推广计划项目“高效固化微生物综合治理河道污水技术的示范与推广”在2016年海委水利科技进步奖评比中荣获二等奖。

"7 · 19" 洪水专题

【雨情水情】

1. 雨情

汛期（6月1日至9月30日），漳卫南运河流域面平均雨量为605.5mm，其中：漳河流域为498.5mm；卫河流域为668.8mm；中下游为649.2mm。

7月，漳卫南运河流域出现了两次强降雨过程，局部特大暴雨。

7月8日，卫河流域普降暴雨到大暴雨，局部特大暴雨，最大点雨量出现在百泉河的辉县站，日降雨量380.5mm，卫河流域平均面雨量100.3mm。7月9日，卫河流域上游普降中到大雨，局部暴雨，最大点雨量出现在卫河的人民胜利渠饮马口站，日降雨量88.0mm，卫河流域平均面雨量14.0mm。

7月18日，卫河流域普降大到暴雨，局部大暴雨，最大点雨量出现在淇河上游的三交口站，日降雨量140.0mm，卫河流域平均面雨量52.5mm。7月19日，漳卫南运河流域出现大到暴雨过程，局部特大暴雨。漳河流域特大暴雨落区集中在匡门口、天桥断与岳城水库区域，最大点雨量出现在漳河左岸的北贾壁站，日降雨量475.4mm，漳河流域日平均雨量为98.5mm；卫河流域普降暴雨到大暴雨，特大暴雨落区集中在淇河、汤河和安阳河上游地区，最大点雨量出现在安阳河上游的横水站，最大日雨量320.5mm，卫河流域日平均雨量为128.6mm。7月20日，漳卫南运河流域主要为小到中雨，卫河流域的汤河、安阳河局部出现暴雨，最大降雨量西元村站，日降雨量64.5mm。

2. 水情

7月19日，漳卫南运河出现了“96·8”洪水以来最为严重的汛情，发生了10年一遇流域性洪水，入境主要控制水文站水情如下。

漳河观台水文站：7月19日8时流量为15.2m^3/s，11时30分为44.3m^3/s，13时陡涨为1025m^3/s，15时为1491m^3/s，16时30分为1900m^3/s，17时5分为3300m^3/s，18时涨至6150m^3/s，为“96·8”洪水以后近20年来最大入库流量。

卫河淇门水文站：7月19日8时流量为43.3m^3/s，20日8时为80.5m^3/s，21日8时为126m^3/s，22日8时为141m^3/s，23日8时为145m^3/s，24日1时达到最大流量153m^3/s，之后逐渐回落。

共渠刘庄水文站：7月19日8时流量为7.60m^3/s，20日8时73.5m^3/s，21日8时141m^3/s，22日8时179m^3/s，23日8时189m^3/s，20时为217m^3/s，达到最大流量，之后逐渐回落。

汛期，岳城水库水位总体趋势走高。9月26日8时达到最高水位146.84m。最低水位出现在7月6日8时，为128.00m。

入境主要控制站过水量汇总表　　单位：万m^3

水文站＼时段	3日	5日	7日	15日
观台水文站	24018.92	28039.76	30789.44	36527.26
淇门水文站	2530.07	5060.15	7544.51	11706.04
刘庄水文站	2526.32	5882.96	9132.68	11780.38
总计	29075.31	38982.87	47466.63	60013.68

2016年1月1日至12月31日，岳城水库年最高水位出现在11月25日8时，为147.41m，相应蓄水量6.283亿m^3；年最低水位出现在7月6日8时，为128.00m，相应蓄水量0.7794亿m^3。

【汛前准备】

1. 组织机构调整

根据工作需要，漳卫南局及时调整防汛抗旱组织机构，建立健全了防汛职能组织，明确了局领导防汛分工和各单位（部门）的职责。局属各单位实行领导包河、职工包堤段、包险工等责任制，层层压实责任。配合地方各级防指督促落实以地方行政首长负责制为核心的各项防汛责任制。具体环节落实具体责任人、保证责任人到岗到位，确保防汛抗旱工作人人有责。

2. 汛前检查

3月上旬，向局属各单位发出了《关于做好防汛准备工作的通知》，提出了具体的要求，工作内容包括责任制落实、涉河工程监管、河道清障、防洪预案编报等。3月中下旬，漳卫南局分县级局、市级局及局防办三个层次，对所辖工程进行汛前检查。开展了检查，重点是堤防隐患、险工险段、穿堤建筑物、阻水障碍、常备物料、通信设备等。针对检查中发现的问题立查立改，明确整改责任人、整改措施和整改时限，跟踪抓好整改落实，消除安全隐患。检查结束后，向有关县、市防指报送了汛前检查报告，向冀鲁豫三省防指报送了防汛存在问题的函。结合汛前检查，漳卫南局后续开展了多次安全生产大检查，紧盯各重点部位和薄弱环节，使隐患排查常态化，同时对安全管理体系、安全生产责任制、应急预案等进一步修订完善。

3. 防汛预案完善

漳卫南局根据掌握的新数据和新的洪水调度方案，编辑印刷了漳卫南运河防汛抗旱图集，发放到局机关及局属各单位。局属各单位及时修订完善防洪预案、抢险预案、应急响应机制，进一步明确了防洪抢险的措施和防汛应急响应流程，同时强化对各种预案的学习。切实加强了防汛制度体系建设，修订、遵守和严格执行防汛责任追究、安全生产、值班（带班）等一系列规章制度。

4. 清除河障

加大河口管理和执法力度，重视同地方政府和执法部门联合执法，严厉打击非法采砂等活动。邯郸局联合地方政府采取了一系列措施打击非法采砂行为，初步建立了打击漳河非法采砂的长效机制；邯郸局、岳城局与地方政府相关部门联合，对岳城水库库区非法旅游及非法采砂行为进行了综合整治；及时清除河道行洪障碍物，保证河道的行洪安全。邯郸局重点检查了漳河树障情况，联合当地政府清理了100余亩约4000余棵新植树障；聊城局督促清除阻水片林3800多亩以及其他障碍物；德州局配合地方政府清除河道障碍，与管理范围内的3处涉河建设项目和卫运河浮桥业主建立起协调互动工作机制。各单位扩大执法宣传，向沿河群众广泛宣传水法规，引导群众克服侥幸麻痹心理，配合防汛工作，自觉维护工程管理秩序。

5. 应急工程建设

汛前积极开展2016年度汛应急工程建设，组织进行了2016年度汛应急工程项目的前期工作。7月初，漳河三个险工应急处理项目全部完成。

6. 防汛培训

汛前组织防汛抢险人员进行实战演练，以提高职工应对大洪水的实战经验和水平；组织举办局系统防汛技术培训并协助海委防汛机动抢险队和防办举办了两次培训，派人参加了海委水文局主办的“防汛水文气象业务知识培训班”。

7. 维修养护

各单位做好各项工程设施设备的维修养护工作，加强对堤防、水闸工程的维修养护管理，加大对雨毁工程的修复力度；整修堤顶路面，确保防洪道路的畅通和堤防工程的完整；加强对工程机电设施、泄洪设施，水文通信设施等度汛设施设备的维修保养，保证设施设备在汛期以良好的状态运行。

8. 物资准备

汛前，检查各单位的防汛物资储备情况，严格防汛物资使用规程，做好防汛物资使用前的调试准备工作。督促堤防码放整理防汛备料石；整修防汛仓库，完善仓库的防火、防尘、防潮、防盗措施；重新清点防汛物资，做到账物相符；明确防汛物料运输路线，使物料存放情况更加清晰，物料调取更加方便快捷，为抗洪抢险工作做好了充足的准备。

9. 基础技术工作

根据掌握的新数据和新批准的洪水调度方案，编辑印刷了《漳卫南运河防汛抗旱图集》，发放到局机关及局属各单位。配合有关单位开展了漳卫南运河洪水风险图的编印工作。配合海委开展了防指二期的建设工作。重新整理了“96·8”洪水资料汇编并印刷成册，发放局机关各部门及局属各单位。

10. 水文预报

按照局汛前准备工作有关要求，3—5月，部署局属有关管理局、河务局水文测站开展2016年水文测报汛前准备工作，对落实和完善安全生产规章制度、建立测洪及应急预案，以及水文测报设施设备运行等情况进行了全面自查。5月，按照《海委水文局关于开展2016年海委水文汛前准备工作及安全生产检查的通知》（水文〔2016〕13号）要求，进行水文汛前安全生产再检查，排查了安全生产隐患。汛前，漳卫南局水文处对水情信息交换系统、实时水情报汛系统、水情报文翻译入库系统，以及测验、测量设备进行了维护，送检了需要检定的仪器，重点检查了实验室水电线路及化学试剂安全存放。

【洪水过程与调度运用】

7月8—9日，卫河及漳河地区出现一次强降雨过程。7月8日夜间开始起出现降雨，8日23时，降雨面积进一步扩大。至9日凌晨，降雨强度增大。强降雨持续至9日中午前后，而后逐渐减弱。在此期间，卫河地区面雨量111.1mm，漳河地区面雨量44.3mm。暴雨中心在新乡辉县，两日降雨达到444mm，新乡市区降雨量也达到419mm，辉县最大1小时降雨量107mm。共渠上游黄土岗7月9日最大流量211m^3/s，卫河汲县7月10日最大流量66.7m^3/s。

受高空槽及冷涡系统的影响，7月18日起漳河及卫河局部地区出现降雨。7月19日，漳卫河上游普降大雨，卫河流域和漳河石匡观区间（石梁—匡门口—观台）普降大暴雨，局部特大暴雨，200mm降雨等值线覆盖邯郸—安阳—焦作—涉县大片区域，安阳市区6

小时降雨 236mm，磁县点雨量达到 770mm。

7 月 19 日 3 时开始，由主雨区至全河系陆续出现降雨，至 7 时降雨强度增大，强降雨持续至 20 日凌晨，而后逐渐减弱。在此期间，北贾壁最大 1 小时降雨量 174.4mm，安阳最大 1 小时降雨量 68.0mm。降雨于 20 日夜间结束。这是漳卫南运河水系自 1996 年以来出现的最大降雨过程。

漳河地区主雨区位于石梁、匡门口—岳城水库区间，面雨量 160.1mm。最大降雨量站北贾壁 496.6mm，其他如郝赵降雨量 351.2mm，观台降雨量 364.4mm。浊漳河石梁以上地区面雨量 71.2mm，清漳河匡门口以上地区面雨量 106.1mm。

卫河主雨区位于安阳河地区，面雨量 225.4mm。最大降雨量站小南海 297.5mm。合河以上地区面雨量 107.7mm，淇河新村以上地区面雨量 138.2mm，合河、新村—淇门地区面雨量 135.7mm，五陵、安阳—元村地区面雨量 167.0mm。卫河上游安阳、鹤壁等地平均降雨量 220mm，卫河多数站点 18、19 两日累计降雨量超过 100mm，安阳市林州东马鞍从 18 日 20 时到 19 日 20 时降雨量高达 679.50mm。

流域中下游地区也普降大雨，雨量在 70～100mm 左右。

由于卫河、漳河上游同时出现强降雨过程，降雨强度大、来势猛、范围广，加之 7 月 9 日漳卫南运河流域已经发生过一次较强降雨过程，河道土壤已接近饱和，漳卫南运河汛情远超出预期。

受降雨影响，卫河流域宝泉、彰武、小南海、盘石头等 14 座水库先后泄洪 7 月 19 日 23 时 30 分安阳河站最高洪水位 75.66m，超保证水位 0.48m，安阳河最大洪峰流量 1570m^3/s，崔家桥蓄滞洪区启用分洪。

漳河上游磁县陶泉乡 18、19 两日最大雨量达 771mm，岳城水库 19 日 8 时至 20 日 8 时一日雨量就高达 198mm，岳城水库入库流量短时间内暴涨，观台水文站入库流量由 19 日 11 时 50 分 44.3m^3/s、13 时 1025m^3/s、15 时 1490m^3/s 激增到 18 时 6150m^3/s，为“96·8”洪水以后近 20 年来的最大入库流量。7 月 19 日 8 时岳城水库水位 128.79m，18 时为 129.55m，19 时为 132.00m（起调水位），20 时为 133.37m，20 时 35 分涨到汛限水位 134.00m，并持续上涨，到 21 日 17 时，岳城水库水位已达 140.42m，超汛限水位 6m。7 月 24 日 23 时涨至最高水位 142.19m，该水位延续至 7 月 25 日 6 时后缓慢回落。

由于卫河、漳河上游同时出现强降雨过程，卫河、漳河先后出现洪峰，如果不采取适时调度，岳城水库下泄流量与卫河洪峰可能同时到达卫运河南陶站，届时洪峰流量叠加将造成滩地行洪，对漳卫南运河下游卫运河及漳卫新河造成严重灾害后果。

根据岳城水库上游来水及当前水库蓄水情况，7 月 21 日 13 时，漳卫南局与海委进行了水库调度紧急视频会商，会上确定了岳城水库近期调度原则和方案。利用卫河洪峰还在卫河演进的有限时间，先行减小岳城水库洪水压力，采取错时方式，在削峰的同时成功实现错峰，避免出现洪峰流量叠加，最大限度地保护下游人民群众的生命和财产安全。漳卫南局接到海河防总办《关于岳城水库调度的通知》后，立即向岳城水库管理局下达了泄洪调度令。岳城水库于 7 月 21 日 18 时开始泄洪，泄量为 100m^3/s；7 月 22 日 0 时下泄流量加大，为 200m^3/s；7 月 24 日 16 时增为 300m^3/s；25 日 23 时增至 307m^3/s，为最大下泄流量；27 日 14 时泄量降为 200m^3/s，28 日 12 时降为 100m^3/s，8 月 10 日 8 时结束泄洪。泄洪期间，泄流总量 2.39 亿 m^3。通过科学调控，此次成功削减洪峰 95%，将 $6150m^3/s$ 的较大洪水削减为下游河道安全行洪流量，确保了下游河道洪水不上滩，工程不出险。

为应对上游来水，优化各枢纽、水闸调度，在保证河道安全行洪的前提下，支持城区排涝和减少下游景区损失。7 月 23 日 8 时，祝官屯闸提出水面，四女寺枢纽自 7 月 19 日 16 时开始通过节制闸和南闸分别通过南运河和减河小流量泄洪，7 月 24 日 16 时，开启北闸，三闸同时泄洪。7 月 19 日至 8 月 9 日，期间根据上游来水及南运河、漳卫新河行洪情况，多次调整三闸开度，四女寺枢纽共动闸 40 次，四女寺枢纽最大泄水量出现在 7 月 31 日 12 时为 $462.3m^3/s$。7 月 26 日 7 时 40 分时，漳卫新河辛集防潮闸开闸泄洪入海。

【应对措施】

7 月 8—9 日卫河强降雨出现后，漳卫南局卫河组成员立即赶赴一线指导工作，卫河局各部门负责人和业务骨干马上到岗到位，密切关注上游雨、水情；定时召开会商会，分析、研判各节点洪水量级和传播速度；抢修雨毁工程，保证防汛道路畅通；提前封堵涵闸（管）和低凹路口，消除安全漏洞；下发橡胶坝调度令，在卫河上游淇门即将出现超过 $70m^3/s$ 洪水时，调度两座橡胶坝实施了塌坝运行，保证了洪水下泄通畅。

7 月 19 日下午，受国家防总委派，漳卫南局局长张胜红率海委工作组紧急赶赴河北邯郸市指导防汛抗洪工作。

19 时，漳卫南局党委书记张永明、总工徐林波召集由防办、水文及各河系组、职能组参加的防汛紧急会商会，对漳卫河雨情汛情进行通报，对全局防汛工作进行紧急部署。会议决定，根据汛情于 7 月 19 日 19 时紧急启动漳卫南局防汛应急Ⅱ级（橙色）响应，各二级局、三级局及机关各部门进入防汛实战状态；强化防汛值班和领导带班，各河系组（水库组）迅速赶赴一线，各职能组全部到位，全体人员 24 小时待命，密切关注水雨情发展趋势，及时掌握和通报汛情；责令涉河在建工程有关单位立即停止施工，清除河道障碍，确保河道行洪通畅；对防洪控制工程及水闸机械和机电设施进行再检查，确保顺利完成洪水调度任务。7 月 24 日上午 10 时，根据漳卫河汛情形势，经防汛会商后，漳卫南局决定自 7 月 24 日 13 时起由防汛Ⅱ级（橙色）应急响应降为Ⅲ级（黄色）应急响应，同时强调洪水将在漳卫河干流河道持续下泄很长时间，各单位要继续做好应对洪水的各项工作。

防汛橙色应急响应发布后，局党委组织机关各河系组、职能组及局属各单位，按照各自防汛职责迅速响应——岳城水库、漳河、卫河等局工作组连夜赶赴防汛一线；对水雨情查询、卫星云图、雨情分析等防汛应用系统进行全天 24 小时全面监视维护，确保正常运行。定期进行降雨和水情预报，预报结果及时通报并进行会商，为防汛决策提供参考。派出水文和水质专业队伍进行水情测量，提取水样，及时进行水质分析。为沿河各市县乡防指当好参谋，组织开展防汛工作，封堵穿堤涵闸管及较大路口 130 多处，清除阻水树障 13000 余棵，拆除违建房屋和违规养殖场。通知并现场督促涉河在建工程有关单位，立即停止施工并尽快清理影响行洪的阻水障碍，恢复了堤防断面，确保防洪安全。

根据防汛橙色应急响应工作规程，漳卫南局从 7 月 20 日开始每天会商雨情、水情、工情、灾情，组织局水文部门快速进行水情预报，要求局防办研究提出洪水调度方案，做好全局系统防汛组织协调工作，对下一步的防汛工作做出有针对性地安排部署。利用水雨情查询、卫星云图、雨情分析等防汛应用系统，全天不间断对水雨情信息进行监视，及时更新发布实时信息，保证局领导和前后方防汛工作人员对水雨情、工情信息的及时掌握，为防汛决策提供基础保障。充分利用计算机互联网和移动通信网，建立漳卫河信息微信群，提供信息共享平台，及时发布最新水雨情信息，各层各级主要负责同志及时沟通，实现了全局信息实时共享。观台水文站和岳城水库驻地两套卫星通信设备以通信卫星作为中继平台接入水利部防汛通信专网，确保了在恶劣天气条件下，水雨情信息的及时传输。及时配备了航拍设备，为全方位拍摄河道、工程影像提供了有力支撑。7月21日水文处安排人员赶赴安阳河、汤河进行应急监测。21日16时5分，安阳河口实测流量为130.34m^3/s，18时40分，汤河口实测流量为53.96m^3/s；22日8时20分，安阳河口实测流量为140.30m^3/s。

7月22日，漳卫南局印发《中共漳卫南局党委关于在防汛抗洪工作中推进“两学一做”学习教育的通知》，全局上下积极行动，局领导第一时间带队亲临一线检查指导防汛工作，各单位、各河系组连夜赶赴防汛第一现场指导抗洪，各职能组坚守岗位，恪尽职守。党员领导干部靠前指挥，以上率下，充分发挥表率带头作用。广大共产党员冲锋在前，吃苦在先，充分发挥先锋模范作用，在防汛抗洪工作中践行“两学一做”，以实际行动检验着学习教育成效。

在应对“7·19”洪水过程中，各单位加强同地方防汛部门的沟通交流和信息共享，在信息发布、防汛抢险、洪水调度、洪水资源利用等方面密切配合，实现了互联、互通、互动。综合调度、水情测报、通信信息、宣传报道、物资保障、督查、后勤保障等各职能组各司其职、充分发挥职能作用，树立全局一盘棋的思想，既立足职能做好分内工作，又相互协调，积极配合，保证了各项资源的统筹优化和整体工作的协调高效。在此期间，各单位（组）严格落实值班制度，加密检查巡查频次，加强宣传报道和信息共享，强化安全生产管理，及时与地方防指沟通协调，做好了抵御大洪水的“规定动作”。同时根据水情走势和影响行洪安全的突出问题，各单位（组）有针对性地开展了专项行动，如卫河局总结卫河洪水规律，编制了《卫河防汛工作口袋书》，发放至基层各水管单位防汛一线干部职工和有关地方防指手中；邯郸局24小时不间断巡堤，严管违法采砂，保障漳河河道安全行洪；岳城局对水库大坝、泄水建筑物等实现了封闭式管理，禁止机动车辆驶入工程管理区内，派驻专人进驻观台水文站及时掌握入库流量；四女寺局在开闸泄洪期间，积极协调地方政府，对枢纽实行道路交通管制，通过张贴警示标志、利用扩音器喊话，加装栏杆围挡等措施，劝阻疏散捕鱼人群和围观群众；多个单位开展了防汛知识培训和安全大检查，调研水资源利用现状，积极为落实最严格水资源管理做好准备；防办在降雨发生后，第一时间开展了水雨毁工程的统计工作，及时掌握水毁修复项目计划及资金需求并上报海委；水文处接收雨水情数据达28072条，水库水文站共进行水情发报239次，进行洪水预报60余次，先后派出水文巡测人员126人（次），完成51测次，共取得水质监测数据3400余个；各河系组（水库组）冒暴雨、踩泥泞、克酷暑，坚持一线，加强巡查；各职能组坚守岗位，统筹协调，保障到位。各单位（组）宣传报道人员第一时间赶赴防汛一线，对洪水及工作信息进行采集，现场收集防汛抗洪图片及视频信息，及时联系中国水利报社援助拍摄器材及人员，顺利完成了一线拍摄任务；安排专人值守，对上报稿件修改编辑，保证各防汛信息及时发布；利用微信、QQ、电子屏、宣传标语等发布防汛信息，营造了紧张有序的防汛抗洪氛围。洪水期间，共拍摄防汛抗洪照片1300余张，视频素材200余条，单日最多编发稿件25篇，外发稿件159篇。各单位充分利用电视、广播、条幅以及宣传单等形式，广泛宣传，加强安全教育，提高群众安全防范意识，使沿河人民群众意识上重视，行动上积极配合，为各项防汛抗洪工作的开展提供了有力的帮助。

【雨洪资源利用】

2016年汛期，漳卫河上游来水16.5亿m^3。“7·19”洪水发生之后，漳卫南局及时组织开展洪水沿河水文和水质监测，从单站洪水和沿河洪水传播过程来看，前期水质普遍较差呈劣Ⅴ类，COD 38～98mg/L，氨氮1.5～3.8mg/L。但后期水质不断改善，7月25日临清断面COD 19.4mg/L（Ⅲ类），氨氮为1.72mg/L（Ⅴ类）。

在洪水是资源、防洪工作变控制洪水为管理洪水的理念指引下，漳卫南局把握水资源量质齐升的有利时机，立足岳城水库蓄水条件和水资源立体调配流通条件，在保证防洪安全的前提下，最大限度地发挥雨洪资源的效益。自发生“7·19”洪水以来，漳卫南局组织召开专题会议，由局领导带队，到沿河各用水单位走访调研，了解用水需求，与用水单位磋商协调，争取最大限度地与用水单位达成用水意向。自7月29日至8月23日，岳城水库向沧州大浪淀水库饮用水源地输水，历时26天，大浪淀水库累计收水约3400万m^3。2016年12月29日上午10点，岳城水库通过卫运河和平闸经卫千干渠路线、四女寺节制闸经南运河两条线路向衡水湖和大浪淀水库输水，“引岳济衡”“引岳济沧”正式实施。2017年1月6日，水进入衡水湖，共为衡水湖补水1500万m^3；1月11日，大浪淀开闸引水，大浪淀水库、杨埕水库补水约7000万m^3。

落实最严格水资源管理制度示范项目

【基本情况】

2012年以来，漳卫南局认真贯彻中央1号文件和党的十八大、十八届三中全会精神，积极落实水利部和海委党组的要求，提出了“实现三大转变、建设五大支撑”工作思路，将管理观念上实现从工程管理向水资源管理转变作为全局思想观念转变的首位，将水资源立体调配工程系统建设、水资源监测管理系统建设、洪水资源利用及生态调度系统建设摆在全局工作的突出位置，通过完善各级水资源管理及水资源保护部门的设置，完善规章制度，形成了分级管理、制度完备、责任明晰的水资源管理与保护工作体系，有力地推进了水资源管理和保护工作。漳卫南局以《中共中央 国务院关于加快水利改革发展的决定》《国务院关于实行最严格水资源管理制度的意见》为指导，贯彻落实水利部《落实〈国务院关于实行最严格水资源管理制度的意见〉实施方案》《关于加快推进水生态文明建设工作的意见》《关于加快推进江河湖库水系连通工作的指导意见》，于2016年在漳卫南运河全面启动加快落实最严格水资源管理制度，以水资源配置、调度和保护管理为重点，通过三年时间，努力探索漳卫南运河实施最严格水资源管理制度的模式与方法，全面提升漳卫南运河的水资源调度、监测、监控能力，促进漳卫南运河水资源合理开发、高效利用和有效保护，以水资源可持续利用支持流域经济社会可持续发展。

漳卫南局加快落实最严格水资源管理制度项目实施阶段为2016—2018年，经费包括漳卫南局加快落实最严格水资源管理制度示范、突发水污染事件应急能力建设、水资源监测监控能力建设三部分。依据《关于印发水利规划编制工作费用计算办法（试行）的通知》（水规计〔2002〕371号），初步估算《漳卫南局加快落实最严格水资源管理制度实施方案》总投资为3259万元，其中加快落实最严格水资源管理制度示范投资1162万元，水资源监测监控能力建设投资1139万元，突发水污染事件应急能力建设投资958万元。

漳卫南局加快落实最严格水资源管理制度2016年批复投资预算592万元，其中落实最严格水资源管理制度示范预算362万元，包括取水总量控制和计划用水管理52万元，水功能区监督管理及污染源风险评估50万元，河流水生态监测和河湖健康评估（卫河）60万元，重点取水口、排污口水质水量监测、评价100万元，漳卫南运河“三条红线”指标研究100万元；水资源监控能力建设预算230万元，包括17处重点取水口监测系统建设（一期）161万元，安阳河口、汤河口水情自动测报系统建设59万元，信息采集、接收平台开发建设10万元。

【队伍建设】

漳卫南局为推进漳卫南运河加快落实最严格水资源管理制度，加快构建“五大支撑”体系，加强水资源监控能力建设和落实最严格水资源管理示范项目的管理，保障项目目标的实现，成立了落实最严格水资源管理制度领导小组，局长张胜红任组长，副局长李瑞江任副组长，领导小组下设综合组、水资源组、水资源保护和水文组、信息技术组，负责推进落实最严格水资源管理制度，审定项目年度实施计划，对项目实施情况进行监督和指导。

项目实施工作中，落实最严格水资源管理制度领导小组始终把队伍建设和人才培养放在重要的位置。2016年3月，落实最严格水资源管理制度领导小组办公室印发了《关于印发项目负责人、技术负责人及其职责的通知》（漳水资源项目办〔2016〕3号）、《关于增补漳卫南局水资源监控能力建设项目成员的通知》（漳水资源项目办〔2016〕4号）和《关于印发财务、计划采购和综合技术负责人及其职责的通知》（漳水资源项目办〔2016〕5号）。2016年4月，漳卫南局印发了《漳卫南局关于进一步明确2016年落实最严格水资源管理制度项目任务和职责分工的通知》（漳办〔2016〕5号）。同期，印发了《漳卫南局落实最严格水资源管理制度示范项目制度汇编》《招标采购法律法规制度汇编》《河流健康评估指标、标准与方法》《漳卫南局水资源监控能力建设项目管理制度汇编》《国家水资源监控能力建设项目标准（一）》《国家水资源监控能力建设项目标准（二）》《国家水资源监控能力建设项目标准（三）》等学习资料。组织项目管理人员通过自学、集中学习等形式认真学习，通过集中研究、修改标书和招标文件等方式，强化培养和锻炼队伍，做到政策理论水平和工作能力双提升。2016年6月，印发《落实最严格水资源管理制度培训教材》，在河海大学组织举办了《水功能区管理业务知识暨漳卫南运河"三条红线"指标体系业务培训班》，培训47人。另外，组织16人参加了水利部举办的节水标准管理培训班、基层水资源管理能力培训班。通过走出去、请进来的方式，不断提高培训水平，提升培训效果。

【制度建设】

为加强管理，建立了项目管理运行机制，先后制定了《漳卫南局落实最严格水资源管理制度项目办公室内部运行制度》《漳卫南局落实最严格水资源管理制度项目采购管理办法》《漳卫南局落实最严格水资源管理制度项目合同管理办法》《漳卫南局落实最严格水资源管理制度项目档案管理办法》《漳卫南局水资源监控能力建设项目质量管理与控制办法》《漳卫南局水资源监控能力建设项目验收办法》等制度。结合工作实际，建立了工作例会、专家咨询、文件督促等工作制度，使得项目管理规范、协调、高效，为落实最严格水资源管理制度顺利实施提供了制度保证。

【项目前期储备】

按照水利部、海委的工作要求，强化顶层设计，做好2017—2019年项目设计和储备申报工作，先后多次召开专家咨询会，严格论证，广泛征求意见，反复修改完善设计，完成2017—2019年项目申报，并通过了海委、水利部的初步审查。组织召开了《岳城水库遥测系统技术方案》专家咨询会，邀请海委水文局、河海大学等单位的水文预报专家，就遥测站网布设和调整、技术方案、设备选型等开展咨询，并按照专家咨询意见修改完善了设计，为项目实施做好了准备。

【项目管理】

2016年2月23日，漳卫南局召开了落实最严格水资源管理制度领导小组第一次全体工作会议，漳卫南局局长、落实最严格水资源管理制度领导小组组长张胜红出席会议并作动员讲话，副局长、落实最严格水资源管理制度领导小组副组长李瑞江主持会议并作总结讲话。张胜红作"开拓进取 扎实工作 推动漳卫南局水资源管理和保护工作再上新台阶"动员讲话，指出落实最严格水资源管理制度示范项目是漳卫南运河管理工作的一个机遇，从项目立项、储备建立了良好的工作基础，打了胜仗，项目启动极大地推动了漳卫南局各项业务工作的开展，作用非常大，强化了基础设施，建立了管理系统，培养一批人才，应抓好项目落实和管理。

根据水利部的预算批复意见，2016 年工作任务共包括 7 项，其中：漳卫南运河水资源监测、引水闸泄流曲线分析直接委托承担单位，漳卫南运河“三条红线”指标研究、卫河流域河湖健康评估、漳卫南运河水功能区管理、漳卫南运河水资源监控能力建设、漳卫南运河计划用水管理和取水总量控制研究等 5 个项目公开招标。2016 年 3 月，完成漳卫南运河水资源监测、引水闸泄流曲线分析 2 个项目合同签订。项目公开招标工作共分 3 批进行，2 月 29 日发布首条招标公告，4 月 21 日漳卫南运河水资源监控能力建设、漳卫南运河计划用水管理和取水总量控制研究最后 2 个项目评标结束。2016 年 5 月，完成落实最严格水资源制度示范项目中的漳卫南运河“三条红线”指标研究、卫河流域河湖健康评估、漳卫南运河水功能区管理、漳卫南运河水资源监控能力建设、漳卫南运河计划用水管理和取水总量控制研究等 5 个项目合同签订工作。2016 年 8 月，利用水资源监控能力建设项目招标结余开展漳卫南局信息系统服务器虚拟化软件购置与部署项目建设。2016 年 11—12 月，完成 7 个项目及漳卫南局信息系统服务器虚拟化软件购置与部署项目验收。

【项目设计与成果应用】

示范项目是漳卫南局有史以来最大的水资源专项，内容涵盖水资源监控能力建设、取水许可管理、水功能区管理、水源地保护、水量调度，以及流域水生态文明建设、生态需水、河湖健康评估、生态调度等重大问题和关键技术的研究应用。

1. 水功能区管理项目

完成了水功能区达标评估报告，开展了污染源风险评估工作，对全局管辖范围内排污口进行风险评估和排查，研究成果极具前瞻性、创新性，对于污染防治、突发水污染事故处置等工作具有很强的指导性；制定了《漳卫南运河管理局水功能区监督管理办法》，对水资源保护工作体制、机制进行了顶层设计，确立了水功能区监督检查和监测、信息共享、风险管理、限制排污管理、突发水污染事件应急管理等基本制度，明确了职责分工和工作要求，将对漳卫南运河水功能区管理和保护工作提供有力的技术支持。研究工作得到了海河流域水资源保护局、海河流域水资源保护科学研究所和漳卫南局机关相关部门的大力支持，获得相关部门的高度评价。

2. 用水总量控制和计划用水管理项目

构建了漳卫南运河主要控制断面来水量预测模型，在考虑生态流量需求基础上，根据主要控制断面来水量预测结果，提出了漳卫南运河分区域取水总量指标分配方案；贯彻落实了水利部取水许可管理、计划用水管理的工作要求，编制了《漳卫南局用水总量控制和计划用水管理办法》。

3. 卫河健康评估项目

卫河健康评估项目选择了卫河上、中、下游 10 个典型断面开展水文水资源、物理结构、水质、生物和社会服务功能五个准则层的调查、监测、评估，完成《卫河流域河湖健康评估报告》。这是漳卫南局首次对卫河进行“体检”，对于流域水生态恢复和保护工作具有里程碑意义。

4.“三条红线”研究项目

根据海河流域“三条红线”指标，统筹卫河分水方案、漳河水资源规划的要求，对漳卫南运河水资源总量控制指标按行政区域、取水口和控制断面进行了细化分解，形成漳卫南运河水资源管理“三条红线”指标体系，为落实最严格水资源管理制度提供了有力的技术支撑，这也是国内首次在流域层面进行“三条红线指标”分解的尝试。

5. 资源监测项目

结合漳卫南局管辖范围内设施老旧、计量困难、控制困难的实际，开展了重点取水口的全面调查，进行了泄流曲线分析和率定，建立了经验公式，为提高取水计量精度和水量监测自动化奠定了基础；实施了取水口水资源监测，实现主要取水口、排污口监测分析全覆盖，为实现水资源、排污口的精细化、科学化管理作出了有益的尝试。

6. 水资源监控能力建设项目

实现服务器虚拟化改造，建成漳卫南局服务器虚拟化管理平台，初步搭建了水资源监控系统平台，成功实施了水资源监控平台、电子政务系统以及趋势网络防毒墙服务器虚拟化，为全面提升漳卫南局信息化管理能力和水平奠定了基础；完成了漳卫南运河 17 处重点取水口监测系统和安阳河口、汤河口水情自动测报系统，实现水位、流量在线监测，为取水许可监督管理和水资源调度提供了基础保障。

漳卫南运河水环境与生态修复科技推广示范基地项目

【基本情况】

2015 年 7 月 8—9 日，水利部科技推广中心在山东省德州市组织召开专家评审会议，"漳卫南运河水环境与生态修复科技推广示范基地项目规划"通过评审。水利部科技推广中心批复同意以漳卫南局为承办单位，设立水利部科技推广中心漳卫南运河水环境与生态修复科技推广示范基地。示范基地批复名称：水利部科技推广中心漳卫南运河水环境与生态修复科技推广示范基地。基地位于四女寺枢纽工程管理局管理区。

【项目实施】

1. 组织领导

漳卫南局成立漳卫南运河水环境和生态修复科技推广示范基地建设领导小组，人员组成如下：

组　长：张胜红

副组长：徐林波

成　员：于伟东　李学东　陈继东　杨丹山　张军　刘晓光　裴杰峰　赵厚田　李勇

领导小组下设办公室，负责示范基地规划和建设工程的立项准备工作。

主　任：于伟东

副主任：张宇　韩朝光　何传恩

成　员：刘培珍　曹辉　刘勇　刘全胜　李燕　唐曙暇　李志林　武军　张淼

2. 建设规划

按照《水利部科技推广中心科技推广示范基地管理办法》的规定，组织编制完成《漳卫南运河水环境与生态修复科技推广示范基地建设规划》（以下简称《基地规划》），规划期为 2016—2025 年，总投资 7000 万元。2016 年完成基地规划论证；2016—2020 年完成基础设施、水环境和保护试验区、农业生态与节水试验和示范区建设，初步建立科研基地科持续发展机制；2021—2025 年完成水文化教育展示区，全面建成国内领先的科技推广示范基地和水利部科研试验基地。基地规划为水环境修复和保护试验区、农业生态和节水试验区、水情和水文化教育展示区、生态保护区、文物保护区和办公区等 6 个功能区域，主要建设内容包括 1 个水生态与水环境实验室、1 个河流综合治理试验场、2 个野外观测场（水生态实验观测场、水文气象综合观测场）和水文化展馆（运河博物馆、船闸保护与展示长廊），以及配套生活基础设施。

2016 年 1 月，漳卫南运河水环境与生态修复科技推广示范基地规划和建设正式列入《海委水利科技发展与国际合作"十三五"规划》。漳卫南局完善机制、加强管理、规范运作，充分发挥示范基地的科技推广、技术示范与带动辐射作用，将示范基地建设成为科技创新和人才培养的摇篮，全面推进更多优秀科技成果与先进实用技术在漳卫南运河水环境与生态修复领域的推广与转化。

【项目验收】

2016 年 11 月 8 日，海委在山东德州组织召开《基地规划》验收会议，与会专家在听取汇报、查看资料后一致认为，《基地规划》综合考虑水环境和生态修复科学技术研究与示范推广、农业生态和节水试验、水情教育和水文化宣传展示等目标，内容全面，资料翔实，分区布局合理，符合相关技术要求，同意通过验收。

工 程 管 理

【制度建设】

先后完成海委委托的河道工程技术管理工作标准和《漳卫南局水利工程建设与管理廉政风险防控责任清单》的编写工作。为深入贯彻落实水利部《贯彻落实质量发展纲要2016年行动计划》，制定《漳卫南局贯彻落实水利部〈贯彻落实质量发展纲要2016年行动计划〉工作方案》。

【标准化管理】

组织完成水闸局、沧州局部分管理范围划界试点项目的申报工作，水利部共安排以上两局划界试点经费150余万元。部署水闸局、沧州局自7月全面开展划界确权工作，至年底，划界试点工作基本完成。

制定并印发《漳卫南局关于印发2016年工程管理工作要点的通知》，明确了2016年工作思路和重点工作。8月，开展了第一次日常维修养护飞检工作。10月，开展了第二次日常维修养护飞检工作，飞检期间，进行了专项维修养护检查，对存在的问题提出了整改意见，并对检查情况进行了通报。在11月24日至12月4日开展了一次专项维修养护检查工作。

完成馆陶、临清、盐山河务局和吴桥闸管理所海委示范单位的复核验收工作，以上4个单位都通过了复核验收。12月7—13日，组织开展2016年度工程管理考核和安全生产考核工作，根据考核结果，授予水闸管理局、聊城河务局、沧州河务局“2016年度工程管理先进单位”荣誉称号；授予岳城水库管理局、祝官屯枢纽管理所、吴桥闸管理所、清河河务局、临清河务局、馆陶河务局、冠县河务局、夏津河务局、东光河务局、汤阴河务局“2016年度工程管理先进水管单位”荣誉称号。

【专项维修养护】

2015年11月，海委批复漳卫南局2016年专项维修养护项目共计42项，总投资2440.61万元。至2016年年底已全部完成。漳卫南运河管理局水管单位2016年水利工程专项维修养护项目详见表1。

【科技管理】

10月，根据《漳卫南运河管理局业务成果奖励办法》规定，对2015年漳卫南局所属单位（部门）和职工取得的38项业务成果（其中论文37篇、专著1部）进行奖励（详见表2）。根据《漳卫南运河管理局技术创新及推广应用优秀成果评审办法》规定，组织开展了2016年度技术创新及推广应用优秀成果评审工作，评选出2016年技术创新及推广应用优秀成果35项（详见表3）。

【安全生产】

1. 安全生产责任体系建设

组织召开安全生产领导小组扩大会议，印发《漳卫南局关于进一步加强安全生产管理和开展安全生产大检查的通知》和《漳卫南局2016年安全生产工作要点》；根据安全生产责任书确定的目标任务，逐条分解落实。召开全局安全生产工作会议，布置安全生产工作，进一步明确安全生产工作要求和目标。完善安全生产责任体系，探索了完善建立网格化管理体系，落实安全生产责任，梳理修订了各项应急预案，及时更新责任人名单，明确了全局范围内安全生产领导责任、直接责任、主体责任和监管责任。

表1　漳卫南运河管理局水管单位2016年水利工程专项维修养护项目统计表

编号	项目名称	工程位置	主要工程量	工程投资/万元	备注
	合计			2440.61	
一	卫河河务局			412.60	
（一）	浚县河务局			215.65	
1	共渠左堤白寺堤防整修	共渠左堤，堤防桩号17+900～23+100	堤顶顶面整修10320m³；机械削坡6985m³；堤坡整修26675m³；防汛道路整修4160m³；植防护林带42100棵；界桩105个	200.06	堤防整修
2	浚县备防石整修	卫河左堤，堤防桩号7+300、25+300；卫河右堤，堤防桩号2+400、18+700	人工码放99m³；面层浆砌686.22m³	15.59	4处备防石整修
（二）	滑县河务局			26.82	
1	滑县粮食仓库至煤建路段堤防整修	卫河右堤，堤防桩号33+717～34+387	堤肩整修260.8m³；堤肩草砖1304m²；堤坡整修3475m³；备防石面层浆砌305.04m³；杂树清除150棵	26.82	堤防整修
（三）	内黄河务局			90.23	
1	内黄王庄堤防整修	卫河左堤，堤防桩号112+700～116+890	堤顶整修2704m³；堤肩整修1750m³；堤坡整修土方6646m³；护堤地、弃土整修6704m³；界埂、畦田埂整修3520m³；宣传牌8个，禁行墩、警示牌一组，界桩151个	60.00	堤防整修
2	内黄王营至马固桥堤顶整修	卫河右堤，堤防桩号95+540～101+275	堤顶整修9176m³	30.23	堤顶整修
（四）	汤阴河务局			26.10	
1	汤阴北五陵堤防整修	卫河左堤，堤防桩号74+970～76+920	清基1560m³；堤顶整修3120m³；界埂整修1092m³；堤坡整修2236m³；机械削坡3612m³；界桩70个	26.10	堤防整修

续表

编号	项 目 名 称	工 程 位 置	主 要 工 程 量	工程投资/万元	备 注
（五）	清丰河务局			13.36	
1	清丰苏堤村北堤防整修	卫河右堤，堤防桩号125＋230～125＋700	清基 99.2m^3；灰土基层133.9m^3；C25 混凝土路面124m^3；堤肩整修310m^3；堤坡整修371m^3；界埂、畦田埂整修395m^3；护堤地、弃土整修376m^3；界桩17个	13.36	堤防整修
（六）	南乐河务局			40.44	
1	南乐张浮丘堤防整修	卫河右堤，堤防桩号141＋035～143＋000	泥结石路面9825m^2；路沿石88.4m^3；堤肩整修795.8m^3；界埂整修1064m^3；界桩75个	40.44	堤防整修
二	邯郸河务局			460.82	
（一）	临漳河务局			173.69	
1	漳河左堤21＋750～23＋550 堤顶硬化	漳河左堤，堤防桩号21＋750～23＋550	路面拆除6300m^2，清基1800m^3，二灰土9900m^2，碎石基础1188m^3，干砌砖灌缝1131.8m^3，堤肩垫土720m^3	95.09	堤顶路面干砌砖灌缝硬化
2	漳河左堤38＋160～40＋720 和漳河右堤37＋300～41＋712 堤顶包胶	漳河左堤，堤防桩号38＋160～40＋720；漳河右堤，堤防桩号37＋300～41＋712	清基1871m^3，土方填筑5613m^3	35.20	堤顶整修
3	张看台至砚瓦台村堤顶局部硬化整修	漳河左堤，堤防桩号25＋940～37＋300	清基1031.7m^3，干砌砖825.36m^3	36.41	堤顶整修
4	漳河堤顶限高限行设施整修	漳河左堤25＋940、35＋200、35＋300；漳河右堤34＋600、34＋700；漳河左堤40＋620、38＋160；漳河右堤37＋400、41＋712	限高杆5个，拦路墩4处	6.99	堤顶限高设施整修
（二）	魏县河务局			107.13	
1	漳河左堤57＋830～59＋200 野胡拐至郭枣林堤顶硬化	漳河左堤，堤防桩号57＋830～59＋200	碎石水稳层540m^3，混凝土986.4m^3，堤肩垫土411m^3	73.50	堤顶路面硬化
2	漳河左堤40＋720～48＋000 堤顶包胶	漳河左堤，堤防桩号40＋720～48＋000	清基2184m^3，土方填筑5460m^3	33.63	堤顶整修

续表

编号	项目名称	工程位置	主要工程量	工程投资/万元	备注
（三）	大名河务局			131.13	
1	卫河左堤171＋060～174＋000段堤防整修	卫河左堤，堤防桩号171＋060～174＋000	堤肩土方2664.5m³，堤顶土方2064.0m³，堤肩草皮补植22204m²，堤坡草皮补植50037m²，堤坡土方开挖5381.5m³，堤坡土方填筑8557m³	91.67	堤防整修
2	卫河护堤地界梗整修	卫河左堤147＋038～185＋309；卫河右堤148＋645～181＋45	护堤地边界梗22744.4m³	39.46	界埂整修
（四）	馆陶河务局			48.87	
1	漳河和卫运河堤防整修	漳河左堤，堤防桩号95＋670～99＋891，卫运河左堤，堤防桩号0＋000～40＋508	堤顶整修6172.6m³，堤防护堤地边界梗4154.7m³，戗台界梗整修3396.2m³	48.87	堤防整修
三	聊城河务局			129.63	
（一）	冠县河务局			76.21	
1	王安堤至焦庄堤防整修工程	卫运河右堤0＋000～3＋000	堤坡整修土方3700m³、戗台整修土方3450m³、弃土机械削坡11800m³、弃土填坡土方11800m³、弃土畦田埂整修土方1540m³、护堤地整修土方3420m³、护堤地界埂整修2470m³、界桩加密200根	76.21	堤防整修工程
（二）	临清河务局			53.42	
1	冯圈至李圈堤防整修工程	卫运河右堤41＋000～44＋000	堤坡整修土方1650m³、戗台整修土方1380m³、戗台畦田埂整修1520m³、弃土机械削坡9460m³、弃土填坡土方9460m³、弃土畦田整修850m³、护堤地整修土方1760m³、护堤地界埂整修1900m³、界桩190根	53.42	堤防整修工程
四	邢衡河务局			226.34	
（一）	临西河务局			92.74	

续表

编号	项目名称	工程位置	主要工程量	工程投资/万元	备注
1	马村城乡结合部建设	卫运河左堤，堤防桩号59+185～59+980	堤坡整修回填292.6m³，土方开挖4861.4m³，戗台整修回填土方124.4m³、土方开挖1028.1m³，护堤地平整土方1272m³、护堤地界埂整修土方445.2m³，弃土整修回填土方4537.9m³、土方开挖1622.6m³，浆砌砖护砌1057.4m³，三七灰土821.4m³，畦田埂整修1196m³，界桩18根、护堤地宣传牌18个、堤防宣传牌3个	92.74	堤防整修工程
(二)	故城河务局			133.60	
1	芦圈至西第三堤段堤防整修	南运河左堤，堤防桩号6+450～11+022	堤顶整修土方7218m³、堤坡整修开挖土方6091m³、堤坡回填土方7711m³、护堤地平整土方7315.2m³、护堤地界埂整修土方2560.3m³、界桩188根、护堤地宣传牌230个、堤防宣传牌9个、树木清理3050棵，国槐种植3050棵，柳树种植6100棵	133.6	堤防整修工程
五	德州河务局			565.10	
(一)	夏津河务局			29.43	
1	卫运河右堤白庄村新筑灰土界埂	起点卫运河右堤74+520	新筑灰土界埂1680m³，界桩180个	29.43	临背河界埂长各3000m
(二)	武城河务局			172.64	
1	陈公堤上孙至新孙、户王庄至S318公路桥堤防整修	陈公堤16+000～16+590、21+000～23+000	清基1455m³，土方开挖1872m³，土方填筑1009m³，拆砖沿石37m³，拆沥青混凝土面层420m³，修补三七灰土基层60m³，沥青混凝土面层15540m²，混凝土路缘石104m³，限宽墩1组（2个），警示牌2个	172.64	堤防整修

续表

编号	项目名称	工程位置	主要工程量	工程投资/万元	备注
（三）	德城河务局			182.50	
1	减河左三十里铺堤防整修	减河左堤5＋850～7＋570	堤顶清基172m³，堤顶土方开挖523m³，堤顶土方填筑1340m³；堤坡清基258m³；堤坡土方开挖2229m³，堤坡土方填筑801m³，浆砌砖挡土墙3399m³；回填土411m³；上堤坡道土方填筑200m³	182.50	堤防整修
（四）	宁津河务局			86.34	
1	漳卫新河右堤楼子李至刘庄新筑灰土界埂	终点漳卫新河右堤82＋000	新筑灰土界埂4928m³，界桩528个	86.34	临背河界埂长各8800m
（五）	乐陵河务局			40.23	
1	漳卫新河右堤旧县桥至郝桥新筑灰土界埂	起点漳卫新河右堤118＋050	新筑灰土界埂2296m³，界桩246个	40.23	临背河界埂长各4100m
（六）	庆云河务局			53.96	
1	漳卫新河右堤卞家至程家新筑灰土界埂	起点漳卫新河右堤134＋886	新筑灰土界埂3080m³，界桩330个	53.96	临背河界埂长各5500m
六	沧州河务局			315.81	
（一）	吴桥河务局			92.32	
1	张集至吴桥闸堤防整修	岔河右堤桩号33＋200～37＋000	清基土方3040m³，堤顶整修土方7600m³，堤顶整修外购土料7600m³，堤坡整修土方4489m³，戗台整修土方7920m³，畦田界埂整修4961.6m³，上堤坡道土方440m³，灰土基层264m³，干砌砖硬化176m³，界桩152个，百米桩39个，大型警示牌5个	92.32	堤防整修
（二）	东光河务局			35.47	
1	东光河务局漳卫新河左堤堤顶硬化道路维修	漳卫新河左堤桩号66＋850～67＋100、68＋050～68＋400	拆除基层1650m²，二灰土1650m²，沥青混凝土路面3000m²	35.47	堤顶道路维修

续表

编号	项目名称	工程位置	主要工程量	工程投资/万元	备注
(三)	南皮河务局			28.00	
1	前王至罗寨段堤防整修	漳卫新河左堤94+500~95+500	清基土方800m^3，堤顶整修土方2000m^3，堤顶整修外购土料2000m^3，堤坡整修土方1435m^3，戗台整修土方1560m^3，畦田界埂整修1118.1m^3，护堤地整修2400m^3，上堤坡道土方99m^3，灰土基层59m^3，干砌砖硬化40m^3，界桩20个，百米桩10个，大型警示牌1个	28.00	堤防整修工程
(四)	盐山河务局			57.53	
1	盐山河务局漳卫新河左堤堤顶硬化道路维修	漳卫新河左堤桩号114+600~117+700	拆除基层2588m^2，二灰土2588m^2，沥青混凝土路面4903.25m^2	57.53	堤顶硬化路面维修
(五)	海兴河务局			102.49	
1	海兴河务局漳卫新河左堤堤顶硬化道路维修	漳卫新河左堤桩号147+800~162+900	拆除基层2350m^2，二灰土2350m^2，沥青混凝土路面6861m^2	75.22	堤顶硬化道路维修
2	海兴河务局漳卫新河左堤堤防獾洞处理	漳卫新河左堤148+840~148+950、155+700~155+810	土方开挖5942.2m^3，土方回填5942.2m^3	27.27	獾洞处理
七	岳城水库管理局			121.62	
1	岳城水库大坝变形监测系统维护	岳城水库大坝	单基站1套、主机天线1套、单基站管理软件1套、监测基准站GNSS 3套、监测软件1套、其他安装设备1套	121.62	
八	四女寺枢纽工程管理局			23.52	
1	四女寺枢纽南闸防护栏、节制闸护坡等管护设施维护	四女寺枢纽南闸、三角洲管理区	铁栏杆130m，预制混凝土板17.2m^3，浆砌石81.6m^3，勾缝2400m^2，基础清理1143m^3，三七灰土374.5m^3	23.52	

续表

编号	项目名称	工程位置	主要工程量	工程投资/万元	备注
九	水闸管理局			185.17	
（一）	袁桥闸管理所			8.86	
1	袁桥闸闸门防腐	漳卫新河，中心桩号25＋526	闸门除锈刷漆 785m^2	8.86	
（二）	吴桥闸管理所			3.97	
1	吴桥闸检修桥检修楼梯维修	岔河，中心桩号37＋114	C30混凝土1.5m^3，钢楼梯制作安装2.5t，金属防腐2.5t，铁门2套	3.97	
（三）	王营盘闸管理所			3.33	
1	王营盘闸检修桥检修楼梯维修	漳卫新河，中心桩号62＋270	C30混凝土1.5m^3，楼梯制作安装2.0t，金属防腐2.0t，铁门2套	3.33	
（四）	罗寨闸管理所			19.89	
1	罗寨闸闸门防腐	漳卫新河，中心桩号95＋550	闸门除锈刷漆 1764m^2	19.89	
（五）	庆云河务局			30.43	
1	庆云闸闸门刷漆及机架桥排架柱维修	漳卫新河，中心桩号132＋100	闸门除锈刷漆 2404m^2，排架柱维修8根	30.43	
（六）	无棣河务局			118.69	
1	堤顶沥青道路维修	漳卫新河右堤，大堤桩号182＋000～183＋000	拆除沥青路面1000m^2，拆除基层500m^2，C20混凝土基层50m^3，喷沥青结合油6200m^2，修补6cm厚沥青混凝土路面1000m^2，加铺3cm厚沥青混凝土路面5200m^2	43.06	堤顶道路维修
2	辛集闸交通桥维修	漳卫新河，河道中心桩号165＋120	帽梁裂缝处理15处，桥墩空鼓处理13处，机架桥排架柱维修16根，伸缩缝处理6道，连续缝处理28处，桥面维铺装层修84m^2，桥面铺沥青混凝土3603m^2，交通桥栏杆维修640m，栏杆刷漆1186m^2，人行道板复位4处，人行道板面层维修444.24m^2，排水管88个	75.63	

表 2 漳卫南运河管理局2015年度业务成果统计表

序号	成果获得人	成果获得人单位（部门）	成果名称	成果类别	获奖或发表情况
一	发表论文				
1	吴晓楷	水文处	漳卫南局水文站网规划分析	论文	发表于《海河水利》2015年第4期，刊号ISSN1004－7328
2	王丽苹	四女寺局	如何做好水利部门青年工作	论文	发表于《企业导报》2015年第1期
3	张森	水文处	四女寺枢纽工程管理若干问题的思考	论文	发表于《海河水利》2015年第5期，刊号ISSN1004－7328
4	吕笑婧	计划处	浅谈如何加强卫河流域综合管理	论文	发表于《建筑科技与管理》2015年第8期
5	刘恩杰	防汛机动抢险队	大名滞洪区分洪口门位置的确定	论文	发表于《中国水利》2015年2月刊
6	王青	防汛机动抢险队	基于有效促进水利经济快速发展的策略	论文	发表于《财经界》2015年第11期
7	王青	防汛机动抢险队	水利投融资平台发展现状和风险防范和控制建议	论文	发表于《中国经贸》2015年4月第8期
8	魏玉涛	防汛机动抢险队	GPS－RTK技术在卫运河治理工程中的应用	论文	发表于《海河水利》2015年第2期
9	王振华	邯郸河务局	水利工程工期影响因素分析	论文	发表于《中华建设科技》2015年第2期，刊号ISSN1619－2737，被评为优秀论文
10	王振华	邯郸河务局	河流治理的设计建议	论文	发表于《建筑科技与管理》2015年第10期，刊号ISSN1006－7619，被评为优秀论文
11	阎永强	邯郸河务局	邯郸河务局经营改革的初探	论文	发表于《中华建设科技》2015年第2期，刊号ISSN1619－2737，被评为优秀论文
12	阎永强	邯郸河务局	水利工程3S测量技术分析	论文	发表于《建筑科技与管理》2015年第10期，刊号ISSN1006－7619，被评为优秀论文
13	孟庆黎	邯郸河务局	建立合理水价机制，促进节水型社会建设	论文	发表于《中华建设科技》2015年第2期，刊号ISSN1619－2737，被评为优秀论文
14	崔晓	德州水电集团公司聊城分公司	水利工程渠道测量方法分析	论文	发表于《中华建设科技》2015年第10期，被评为优秀论文

续表

序号	成果获得人	成果获得人单位（部门）	成果名称	成果类别	获奖或发表情况
15	崔晓	德州水电集团公司聊城分公司	水利工程高边坡加固措施技术实践论述	论文	发表于《建筑科技与管理》2015年第10期，被评为优秀论文
16	黄英明	德州水电集团公司聊城分公司	防汛抗旱风险管理的几点思考	论文	发表于《中华建设科技》2015年第10期，被评为优秀论文
17	黄英明	德州水电集团公司聊城分公司	水工建筑设计目标与施工特点分析	论文	发表于《中华建设科技》2015年第10期，被评为优秀论文
18	刘桂英	德州水电集团公司工程部	水利工程灌注桩施工工艺流程和控制措施分析	论文	发表于《建筑科技与管理》2015年第9期，被评为优秀论文
19	刘桂英	德州水电集团公司工程部	小型水库现状和存在问题及设计措施分析	论文	发表于《中华建设科技》2015年第9期，被评为优秀论文
20	刘红艳	德州水电集团公司	水利施工测量影响因素和测量方法的实践应用	论文	发表于《建筑科技与管理》2015年第11期，被评为优秀论文
21	刘红艳	德州水电集团公司	水闸特点和施工关键技术分析和应用	论文	发表于《中华建设科技》2015年第11期，被评为优秀论文
22	刘敏	德州水电集团公司聊城分公司	渠道防渗实践方法解决措施分析	论文	发表于《建筑科技与管理》2015年第10期，被评为优秀论文
23	刘敏	德州水电集团公司聊城分公司	水利土石方工程施工质量控制措施研究	论文	发表于《中华建设科技》2015年第10期，被评为优秀论文
24	刘志军	德州水电集团公司	漳卫南局水利工程维修养护新模式探讨	论文	发表于《海河水利》2015年第4期（总第194期）
25	马泽旺	德州水电集团公司四女寺分公司	绩效工资在企业管理中的作用	论文	发表于《现代经济信息》2015年第8期
26	万军	德州水电集团公司	对水利工程施工技术要点分析	论文	发表于《房地产导刊》2015年第14期
27	王振鹏	德州水电集团公司聊城分公司	水利水电施工中现代新技术应用浅谈	论文	发表于《陕西水利》2015年第6期
28	张鹏	德州水电集团公司聊城分公司	生态河道护岸型式建设分析	论文	发表于《建筑科技与管理》2015年第10期，被评为优秀论文

续表

序号	成果获得人	成果获得人单位（部门）	成果名称	成果类别	获奖或发表情况
29	张鹏	德州水电集团公司聊城分公司	水利工程施工组织设计措施方案分析	论文	发表于《中华建设科技》2015年第10期，被评为优秀论文
30	温荣旭	德州河务局	水利工程维修养护资料规范化之我见	论文	发表于《建筑科技与管理》2015年第7期
31	许琳	清河河务局	浅议河道堤防工程的养护与维修	论文	2015年7月发表于《城市建设理论研究》
32	许琳	清河河务局	堤防工程养护管理实践与思考	论文	2015年7月发表于《城市建设理论研究》
33	刘全胜、雷冠宝	综合事业处、德州河务局	农田水利工程规划设计存在的问题及注意事项	论文	2015年3月发表于《工程技术》
34	刘全胜、雷冠宝	综合事业处、德州河务局	议水利工程质量管理中的问题及解决措施	论文	2015年9月发表于《建筑工程技术与设计》
35	李增强	防汛抗旱办公室	漳卫南运河水量调度实践的若干思考与认识	论文	发表于《工程管理前沿》2015年第1期
36	柴广慧	沧州河务局	论思想政治工作中的情感牵引	论文	2015年11月发表于《青年时代》
37	刘虎	岳城水库管理局	浅谈水库除险加固投资风险分析	论文	发表于《中华建设科技》2015年第2期，刊号ISSN1619－2737，被评为优秀论文
二	专著				
1	李瑞江、于伟东、石评杨、尹法、刘跃辉、孙建义、于延成、李靖、杨利江、谢吉亭、刘凌志、宋善祥、段立峰、秦何聪、马国宾	漳卫南局	岳城水库除险加固工程建设管理综述	出版著作	2015年7月，黄河水利出版社出版，书号：ISBN 978－7－5509－1168－0

表3　　2016年技术创新及推广应用优秀成果统计表

序号	审定后名称	成果完成人	证书编号	备注
1	卫河共渠堤防绿化数据库系统	张倩倩、王建设、杨利江、张仲收、崔永玲、李海长、刘洪亮、刘佳、姜卫华、韩彦美、刘东升	ZWNJT2016－G01－1～11	
2	谷歌地球在工程管理中的应用	刘庆斌、宋鹏、李雅芳	ZWNJT2016－G02－1～3	
3	地质雷达和高密度电法在堤防隐患物探中的应用	刘庆斌、宋鹏、李雅芳	ZWNJT2016－G03－1～4	

续表

序号	审定后名称	成果完成人	证书编号	备注
4	岳城水库大坝GPS基站3位数据观测技术在大坝位移观测中的应用	王小川、蔡秀峰、倪文战	ZWNJT2016－G10－1～3	
5	多重止水在岳城水库进水塔廊道透水处理中的应用	王小川、于江怀	ZWNJT2016－G11－1～2	
6	漳卫南运河卫运河治理工程小型无人机航拍技术	石评杨、田伟	ZWNJT2016－G12－1～2	
7	卫运河治理工程——郑口险工雷诺护垫应用工程	石评杨、田伟	ZWNJT2016－G13－1～2	
8	移动式模板台车技术	魏杰、宋雅美	ZWNJT2016－G14－1～2	
9	土工格栅	魏杰、宋雅美	ZWNJT2016－G15－1～2	
10	钢筋直螺纹机械连接技术	魏杰、宋雅美、孙炎渤	ZWNJT2016－G16－1～3	
11	硅粉混凝土抗磨蚀剂	魏杰、宋雅美	ZWNJT2016－G17－1～2	
12	混凝土振动台在预制混凝土块中的应用	潘岩泉、张森林、宋雅美	ZWNJT2016－G18－1～3	
13	大面积商品混凝土桥面铺装层裂缝控制的施工技术创新	孙炎渤、靳德营、刘桂英	ZWNJT2016－G19－1～3	
14	水利安全生产标准化达标应用	刘桂英、宋雅美、王振锋	ZWNJT2016－G20－1～3	
15	雷诺护垫护坡施工要点及质量控制	潘岩泉、魏玉涛、刘敏	ZWNJT2016－G21－1～3	
16	植筋工艺技术要点及质量控制	潘岩泉、靳德营、宋雅美	ZWNJT2016－G22－1～3	
17	漳卫南运河历史水文数据库建设（一期）	魏凌芳、徐宁、朱志强、李志林、上官慧、霍伟、耿晶晶、杨照龙	ZWNJT2016－G23－1～8	
18	漳卫南运河水文信息统一分析平台建设	魏凌芳、徐宁、朱志强、上官慧、贺小强、耿晶晶	ZWNJT2016－G24－1～6	
19	漳卫南运河水情信息移动查询系统	魏凌芳、徐宁、朱志强、李志林、贺小强、霍伟、杨照龙、耿晶晶	ZWNJT2016－G25－1～8	
20	反馈模拟实时校正技术在洪水预报中的应用	魏凌芳、徐宁、朱志强、李志林、霍伟、耿晶晶	ZWNJT2016－G26－1～6	

续表

序号	审定后名称	成果完成人	证书编号	备注
21	连续流动分析技术在水环境监测中的应用	李志林、魏凌芳、谭林山、韩朝光、唐曙暇、高园园、杨苗苗、贺小强	ZWNJT2016－G27－1～8	
22	高效固化微生物综合治理河道污水技术的示范与推广	张宇、韩朝光、裴杰峰、刘晓光、李志林、谭林山、唐曙暇、高翔、高园园、杨苗苗、姜荣福、魏荣玲、郭玉雷、吴晓楷、杨照龙、高迪、魏凌芳、耿晶晶	ZWNJT2016－G28－1～18	
23	《涉河建设项目监督管理手册》实践应用	杨治江、解士博、尹璞、范文勇、张亚东	ZWNJT2016－G4－1～5	
24	清河河务局堤防绿化养护技术	许琳、王亚倩、姚红梅、王荣海、解士博、高丽辉、初秀云、尹璞、王一、王宁宁、范文勇、张亚东	ZWNJT2016－G5－1～12	
25	水文自动测报系统在牛角峪退水闸的应用	上官慧、武军、李红霞、陈兆明、李晓红、范张衡、祝云飞	ZWNJT2016－G6－1～7	
26	牛角峪“外包钢加固法和构件外部粘钢加固法”技术应用	上官慧、雷冠宝、范张衡、王森	ZWNJT2016－G7－1～4	
27	混凝土裂缝化学注胶技术的推广应用	雷冠宝	ZWNJT2016－G8－1	
28	“常规＋plc＋触屏”门机电气控制系统	王小川、倪文战	ZWNJT2016－G8－1～2	
29	U形管流量计渗流量观测技术	王小川、倪文战	ZWNJT2016－G9－1～2	
30	漳卫南运河水利工程管理数据库系统（德州部分）	上官慧、雷冠宝、范张衡、王森	ZWNJT2014－G01－5～8	
31	异形混凝土预制块的推广应用	祝云飞、范张衡	ZWNJT2014－G09－6～7	
32	漳卫南运河牛角峪退水闸除险加固工程一孔闸CFG桩基础处理工程	石评杨、田伟	ZWNJT2014－G11－1～2	
33	漳卫南运河水利工程管理数据库系统（岳城水库部分）	王小川	ZWNJT2014－G16－1	
34	喷微灌技术在德州河务局的推广应用	雷冠宝、上官慧、范张衡、郭玉雷	ZWNJT2014－G3－4～7	
35	冷再生技术在堤顶路面硬化项目中的应用	祝云飞、上官慧、范张衡	ZWNJT2015－G8－5～7	

2. 安全生产检查

组织开展汛前、汛期安全生产检查，确保了今年行洪期间及整个汛期的安全。开展直属水利工程度汛安全生产检查和深刻吸取天津港“8·12”特别重大事故教训、集中开展危险化学品安全生产专项整治行动。

3. 安全生产月活动

制定《漳卫南局2016年安全生产月活动实施方案》，在全局认真开展了以“强化安全发展观念，提升全民安全素质”为主题的“安全生产月”活动。各单位根据实际，广泛开展了基层职工喜闻乐见的文化宣传活动。利用宣传展板、宣传栏、电子屏幕、横幅、标语等大力宣传各种安全知识、预防事故的方法和自我保护的相关知识；组织观看2016年全国安全生产月主题片《筑基——强化安全发展观念提升全民安全素质》《全面提升安全生产法治能力——新〈安全生产法〉释义》等警示教育片；通过安全知识讲座、安全知识答卷、生产操作人员安全知识比武和考试、播放录像片、印发安全知识手册、安全生产征文等形式，普及安全生产法律、法规。活动月期间，全局共举办知识竞赛4场、安全咨询4次、受众290余人次、安全展览9场；安全生产教育培训班10次/696人、警示教育12期/8400人；张贴、发放宣传画标语612块（张），发放宣传资料110余份；开展应急救援演练9次，参与人数270余人；隐患排查治理次数24次、排查出隐患数21处、隐患整改率100％。

4. 安全生产日常管理

各单位严格执行了领导带班和安保24小时值班制度，及时掌握安全生产动态；坚持定期召开安全生产会议，研究布置相关工作；加大监督检查力度，组织开展水利安全生产日常检查；及时做好相关记录、总结和存档；各安全生产领导小组对本单位水利工程建设与运行、消防安全、通信塔、车辆运行等方面开展检查，局安全生产领导小组结合工作实际，按照有关要求进行监督检查。从加强领导、组织培训、规范指导三方面入手，先后开展了水利安全生产信息网上填报工作业务培训、信息录入、重点抽查等工作，全年各单位均能及时通过网报系统上报月安全生产报表等信息。

先后制定印发《漳卫南局安全生产标准化建设工作实施方案》《漳卫南局关于扎实推进安全生产标准化建设工作的通知》，对全局安全生产标准化建设工作提出了明确要求。各单位对照评分标准对安全生产工作进行了全面梳理，以“标准”规范管理行为，对照“标准”查缺补漏，结合单位实际和安全生产台账，逐步建立起安全生产标准化建设工作基本框架。

在全局范围内认真开展了危险源登记清查工作，建立了危险源清单，注明数量、存放位置，明确安全责任人等，同时着手编制应急预案和现场处置方案，落实防范措施，整合形成安全风险防控手册。实验室、辛集交通桥及刘庄闸安全风险防控手册已初步整合形成。

工程建设

【前期工作】

1. 四女寺枢纽北进洪闸除险加固工程

2016年1月10日，水利部水规总院在北京主持召开会议，对四女寺枢纽北进洪闸除险加固工程可行性研究报告进行审查。海委副主任户作亮，漳卫南局副局长李瑞江出席会议。与会专家听取了设计单位汇报，进行了分组讨论，基本同意四女寺枢纽北进洪闸除险加固工程可行性研究报告，一致认为四女寺枢纽北进洪闸进行除险加固是必要的。同时建议设计单位根据专家审查意见对报告进行修改和完善。3月，完成地灾评估，6月，武城县人民政府出具社会稳定风险评估意见，7月，四女寺枢纽北进洪闸除险加固工程水土保持方案通过水利部审查。

8月30日至9月1日，环境保护部环境工程评估中心在山东省德州市主持召开了《漳卫南运河四女寺枢纽北进洪闸除险加固工程环境影响报告书》技术评估会。漳卫南局副局长韩瑞光出席会议。与会专家和代表查勘了工程区现场，听取了关于工程立项背景和前期工作进展情况汇报和评价单位关于“报告书”编制内容的情况汇报。经过质询，专家组一致认为，工程采取必要的施工期保护措施和生态恢复措施，从环境保护角度分析，该项目建设可行。漳卫南局副总工，计划处、水保处负责人，四女寺枢纽工程管理局负责人，海委水资源保护科研所、山东省环境工程评估中心、德州市环境保护局、中水北方勘测设计有限责任公司、中国水利水电科学研究院等单位代表参加会议。

9月，山东省住建厅完成选址意见书核发，11月，《漳卫南运河四女寺枢纽北进洪闸除险加固工程环境影响报告书》通过环保部审查。11月14—15日，受国家发改委委托，中国水利水电科学研究院在山东省德州市组织召开四女寺枢纽北进洪闸除险加固工程可行性研究报告评估会。海委副主任户作亮，漳卫南局领导张胜红、韩瑞光出席会议。专家组勘察了工程现场，听取了设计单位汇报，经过讨论和审议，基本同意该项目报告书的内容，认为四女寺枢纽北进洪闸存在着闸底板裂缝和工程老化等诸多问题，不能满足防洪规划的要求，对该闸进行除险加固是十分必要的。专家组要求设计单位根据会议讨论意见对报告进行必要的补充和修改。海委规划计划处负责人，漳卫南局副总工，计划处、建管处、信息中心及四女寺局负责人，中水北方勘测设计研究有限责任公司负责人等参加会议。11月，《漳卫南运河四女寺枢纽北进洪闸除险加固工程可行性研究报告》通过国家发改委组织的立项评估。

2. 卫河干流（淇门—徐万仓）治理工程

卫河干流治理范围为卫河自淇共汇合口（含淇共汇合口以下淇河约1.19km）至徐万仓处，河道长约183km，以及淇共汇合口以下的共产主义渠44.2km。治理内容包括河道清淤、加高加固堤防、险工险段整治、穿堤建筑物加固、河道和坡洼控制工程。2012年9月，项目可研报告通过水规总院审查。2014年12月，卫河干流（淇门—徐万仓）河道治理工程可研报告通过国家发改委评估。2016年4月，完成河南、河北、山东三省的地质灾害评估；6月，环保部批复卫河干流（淇门—徐万仓）治理工程环境影响报告书；12月，完成河南省压覆矿产评估；12月，山东省住建厅核发卫河山东段选址意见书。

【卫运河治理工程】

工程于2014年10月开工，批复工程总投资41399万元，施工总工期36个月。根据投资计划安排，2014 年已完成投资 8000 万元，2015 年已完成投资 13000 万元，2016 年度完成投资 13000 万元。截至 2016 年年底，已累计完成投资 34000 万元，占工程总投资的 82%。

【岳城水库通信危塔及配套设施改造】

2015 年 11 月，海委批复岳城水库通信危塔及配套设施改造工程项目建议书。2015 年 12 月，海委批复《岳城水库通信危塔及配套设施改造初步设计报告》，批复工期 12 个月，批复工程总投资 340 万元。2015 年 12 月底，岳城水库管理局成立岳城水库通信危塔及配套设施改造项目管理办公室，负责该项目的管理工作。2016 年 6 月开工建设，截至 2016 年年底，工程已全部完成，完成投资 340 万元。

【防汛机动抢险队建设】

2015 年 11 月，水利部批复防汛机动抢险队建设的项目建议书；12 月，海委批复《防汛机动抢险队初步设计报告》，批复工期 13 个月，批复工程总投资 1414 万元。2016 年 5 月开工建设，截至 2016 年年底，防汛物资基地基础设施建设已基本完成，完成部分抢险设备设施购置，根据投资计划安排，共完成投资 800 万元。

【辛集水文巡测设施设备建设工程】

辛集水文巡测设施设备建设工程为海委水文基础设施 2013—2014 年度应急建设工程，总投资 388 万元。2016 年 1 月 14 日，海委在山东德州对该工程进行了竣工验收。2016 年 1 月 25 日，印发了《海委关于印发海委水文基础设施 2013—2014 年度应急建设工程辛集水文巡测设施设备建设工程竣工验收鉴定书的通知》（海水文〔2016〕1 号）。工程通过竣工验收后，将袁桥、吴桥、王营盘、罗寨、辛集 5 处水位站水文设施设备移交水闸管理局运行管理。2016 年 4 月，按照技术档案归档要求，整理完成了工程档案资料，形成设计、施工、招（投）标、质检、竣工等方面的档案 7 卷，移交漳卫南局档案室。

水政水资源管理

【水法规宣传与普法】

2016年，按照部委要求积极开展水法宣传与普法依法治理工作。在第二十四届“世界水日”第二十九届“中国水周”之际，围绕“落实五大发展理念，推进最严格水资源管理”宣传主题，组织开展了形式多样的宣传活动，为推进水利改革营造了浓厚的社会氛围和良好的法治环境。“中国水周”期间，组织职工学习陈雷部长、任宪韶主任、张胜红局长的署名文章，通过组织职工观看水法宣传片、设立水法宣传栏、张贴宣传画、发放节水倡议书和向沿河取用水户致信等形式开展系列宣传活动。局属各单位也开展了形式多样的宣传教育活动。活动期间，设立宣传站、咨询站（台）14个，出动宣传车辆30次，悬挂横幅标语46条，发放宣传材料34000余份，张贴标语、宣传画400余条（张），制作永久性宣传牌、警示牌12个，宣传专栏14个，借助广播、电视、网络、微信、手机短信等宣传渠道丰富宣传内容，在漳卫南运河网设专栏配合宣传工作，刊登了宣传活动的照片，及时报道宣传活动开展情况，地方电视台、报社对部分单位的宣传活动进行了采访报道。

“12·4国家宪法日”期间，下发专题宣传活动通知，组织干部职工观看宪法日献礼影片，设立“国家宪法暨全国法制宣传日”宣传专栏，积极探索推进法制宣传教育长效机制，建立漳卫南局水政水资源普法微信群，利用现代化媒体手段向局属各河务局、管理局水政监察人员进行法律知识宣传，各单位根据工作实际，组织开展了形式多样的宣传活动。

根据部委“七五”普法规划的部署，结合漳卫南局实际，制定印发了《漳卫南局法制宣传教育第七个五年规划实施意见》（办政资〔2016〕2号），按照法制宣传教育规划的要求，开展一系列法制宣传教育工作。

【水政监察队伍建设】

1. 水政监察人员管理

完成了2016年各级证件的颁发、换发、审验工作。按照山东省人民政府法制办公室的要求，进行了执法主体、行政执法依据梳理工作，完成了山东省行政执法证件审验工作以及申领新增人员行政执法发证工作。根据《海委办公室关于转发水利部办公厅关于组织开展流域管理机构水政监察人员清理工作的通知》（办政资〔2016〕2号）要求，7月，对现有各级队伍人员情况进行全面梳理，开展了水政监察人员清理工作，按时填写了《海委系统水政监察人员基本情况表》和《海委系统水政监察队伍基本情况表》，并及时上报。经统计，本次共清理水政监察人员78名，其中退休8人，去世1人，调离执法岗位69人，目前全局共有水政监察人员240名。

2. 水政监察人员培训

结合工作实际以及针对新形势下水政执法工作的突出问题，全局开展了12期水政监察人员培训。3月27—29日，局总队组织开展了《水利部水行政执法统计直报系统》《漳卫南局水行政执法办案系统（网络版）》操作应用培训。为进一步提高水行政执法水平，加强水资源管理能力，9月12—14日，局总队在山东行政学院举办2016年水行政执法暨水资源管理培训班，培训班邀请有关专家针对新形势下行政执法和管理形势，就突发事件的舆论引导与舆情管理及应急处置等进行了解析。

3. 水政监察队伍考核

按照海委水政监察队伍考核要求，漳卫南局总队于 11 月 28 日至 12 月 1 日，开展了 2016 年度水政监察工作考核。本次考核对局属各水政监察支队年度水法规宣传、水行政执法、队伍建设和执法保障工作开展情况进行考核，并对各支队推荐的优秀水政监察大队进行复核。11 月 20—27 日，各支队分别组织了对所属水政监察大队的考核工作。根据考核结果，经局总队推荐，委总队复核，邢衡支队、沧州支队为 2016 年度优秀水政监察支队，邯郸支队直属采砂大队、南乐大队、临清大队、夏津大队和无棣大队等 5 支水政监察队伍为 2016 年度优秀水政监察大队。

4. 执法装备更新

完成了 2016 年局总队采砂支队、德州支队、卫河支队、聊城支队、邢衡支队及所属大队、四女寺支队、岳城支队等 27 支水政监察队伍调查取证能力建设，本年度投资 213.57 万元，设备购置已完成，均列入单位固定资产管理。通过本项目实施，保证了水政监察队伍执法所需调查取证设备配置齐全，达到了“执法装备系列化，水事热点地区和重要河段队伍的装备适当增强、执法手段更为先进”的目标。

5. 制度建设

结合新形势下的水行政执法要求，开展了《漳卫南局水行政执法巡查制度》《漳卫南局重大水事违法案件处置预案》修订工作和《漳卫南局水事违法行为处置细则》《漳卫南局水行政执法文书管理办法》《漳卫南局水行政执法自由裁量权标准》调研制定工作。

【水行政执法与监督管理】

1. 加强执法巡查

坚持把水行政执法巡查作为一项重要制度，通过执法巡查及时发现和处置各类水事案件。各基层单位结合工程养护，严格落实水行政执法巡查制度，对特殊时段、重点违法行为、在建涉河建设项目，强化不定时的巡查。各级执法巡查做到了有措施、有落实、有记录，对每次巡查情况发现的问题、处理案件结果专门记录，年终归入执法档案。上级对下级存在的问题及时纠正，强化了巡查制度的落实，全局开展水行政执法巡查 1700 余次。

5 月下旬漳卫南局总队开展了 2016 年度年中执法检查，重点围绕漳卫南局部分直管河道、堤防、重点取水工程以及管辖范围内涉河建设项目进行执法巡查和检查，重点排查了部分省界断面以及水事纠纷敏感区域，并与部分基层管理单位就当前水政监察工作存在问题进行了座谈。11 月 28 日至 12 月 1 日，结合水政监察工作考核，开展了年终执法检查，对重点工作及部分基层单位、重点河段进行检查。

2. 组织开展专项执法

根据《海委关于开展 2016 年河道管理专项执法检查的通知》（海建管〔2016〕1 号）要求，3 月，组织局属各河务局、管理局开展河道管理情况自查，并对漳河采砂、漳卫新河河口、部分涉河建设项目进行了重点检查。专项执法检查结束后，及时将检查结果、采取主要措施、存在问题及下一步工作计划正式行文报委。

2016 年，局属有关单位结合工作实际和存在问题，相机开展了清理河道树障及违章建筑的专项执法活动。3 月，邯郸河务局联合地方政府组织开展了河道新植树障专项清理，对魏县管辖范围内 100 余亩新植树障进行清除，10 月上旬，分别对漳河右堤 3 处违章建筑约 400m^2 进行清除；聊城河务局在主汛期前，清除管辖范围内河道阻水树障 2300 余亩 86000 余棵；邢衡河务局结合故城县湿地公园建设，拆除了堤防上各类违章建筑 2000m^2，解决了多年来城乡结合部堤防面貌脏乱差的问题；沧州河务局联合地方防指、水务局和沿河乡镇政府清理河道阻水树障 140 余亩，拆除堤防违章建筑 3 处 400 余 m^2，清理砂石料 700 余 m^3；岳城水库管理局协调地方政府成立了由公安、环保、城管等部门参加的联合巡逻小组，加大打击坝上旅游餐饮等违法行为力度。

3. 查处水事案件

2016 年全局共查处各类水事违法案件 23 起（当场查处水事违法案件 15 起，立案查处水事违法案件 8 起），从数量上看各类水事违法行为呈下降趋势。

【涉河建设项目管理】

在涉河建设项目监督管理工作中，始终坚持以《水法》《防洪法》《河道管理条例》为依据，以海河流域防洪规划和河道治理规划为指导，认真落实海委行政许可各项技术要求，以水政监察执法为保障，坚持定期巡查，建立档案，对管理范围内的涉河建设项目严格监督。2016 年，协调处理了新建郑州至济南铁路跨卫河、济南至乐陵高速公路跨漳卫新河特大桥、沧州市李家岸引黄漳卫新河倒虹吸工程等 10 余项涉河建设项目前期工作。对德商高速公路卫运河特大桥及德州支线六五河大桥、石济高铁岔河、减河大桥等 10 余项在建项目实施日常监督管理。河道行洪前，重点部署了管辖范围内涉河建设项目安全度汛工作。另外，指导邢衡河务局开展了《邢衡河务局涉河建设项目监督管理手册》制定工作。

【漳河河道采砂管理】

全面加强指导漳河违法采砂行为打击专项行动。2016 年邯郸局、岳城局联合市公安局组成督导组，多次深入临漳、磁县、漳河生态园区对专项行动开展情况进行检查督导。对督导中发现的个别砂场夜间盗采和私自拆封条行为，立即责成属地公安机关和漳卫南局采砂管理大队加强夜间调查取证，依法严厉打击。漳河采砂管理大队联合磁县公安局对砂场夜间停电措施落实情况进行突击检查，对检查发现的盗采或损毁封条情况当即查处，防止了非法采砂行为的反弹。

在专项整治之外，积极开展了日常打击非法采砂活动，配合视频监控系统，坚持每天上堤巡查。3 月，临漳河务局和采砂大队联合临漳县政府开展了为期一个月的“严厉打击漳河非法采砂、保护漳河文物突击月”活动，共清除河道内违法板房 4 处，扣押砂场铲车 10 辆、筛砂机 5 台，并要求立即停止影响河势稳定的所有非法采砂行为，在规定时间内自行拆除采砂、运砂、取土等所有设备设施，对砂坑进行回填整平；4 月 20 日，邯郸河务局、岳城水库管理局又联合邯郸市公安局、邯郸市漳河公安分局等单位，对岳城水库以下漳河无堤段上七垣附近两处非法采砂行为进行了严厉打击，此次行动出动水政执法人员和公安干警共 60 余人，执法车 6 辆，拘传 3 人，暂扣违法运砂车 3 辆；7 月中旬，邯郸河务局、岳城水库管理局联合磁县、安阳县和漳河生态园区管委会开展了“严厉打击非法采砂行为，确保漳河河道行洪安全”的跨省联合执法专项行动，共出动执法人员 600 余人次，执法车 150 余辆，拆除非法采砂和石料加工企业 23 家。2016 年 1 月 5 日和 9 月 20 日，《中国水利报》分别以“依法惩处清河道——漳河打击非法采砂行为纪实”“跨省联合执法、打击非法采砂”为题对严厉打击漳河非法采砂行为开展情况进行了专题报道。

【漳卫新河河口管理】

年初，下发了《关于全面加强河口管理工作的意见》的通知，突破原有管理模式，积极推进两岸联合执法，进一步加强漳卫新河河口管理工作，旨在解决漳卫南局基层管理单位在处置省际边界河口管理工作中的协调配合问题，9月8日，组织召开第一次河口管理联席会议，并开展了漳卫新河河口联合执法检查专项活动，探索建立河口联合执法模式。海兴河务局、无棣河务局不断加大巡查力度，每天安排专人开展不间断巡视，并利用河口视频监控系统对重点部位进行监视，发现问题及时进行处理，进一步强化河口管理。

【岳城水库周边采煤监管】

继续加强对岳城水库库区及周边地区采煤的监督管理，开展汛前有关煤矿的监督检查，加强采煤安全影响监测系统运行，并根据岳城水库库区及周边采煤对水库安全运行影响监测系统建设进展，做好现场实测、数据分析、资料整编等工作。8月，总结了岳城水库库区及周边采煤基本情况、开采现状、监督管理等有关情况并及时上报海委。为确保岳城水库安全运行，岳城局行文通知各采煤业主单位加强岳城水库库区采煤监测工作。

【浮桥等临时交通设施管理】

2016年，漳卫南运河河系普降大雨，出现了流域性洪水，河道行洪前，漳卫南局立即部署管辖范围内浮桥安全度汛工作，要求各有关单位紧急通知地方防指和浮桥管理单位，按照汛前签订的安全度汛协议，立即组织浮桥拆除工作，并加强监督检查，拆除通知下发后，所有浮桥均在规定时间内全部拆除，未发生一起因浮桥影响防洪安全的事件。

【预防调处省际水事纠纷】

继续认真落实预防和调处水事纠纷预案，通过水法规宣传、水行政执法、与地方政府及有关部门的沟通协调，掌握河系水事动态，预防水事纠纷，加强了河南、河北省界水利工程管理，积极做好水资源开发工程前期工作。

【水资源管理工作】

1. 落实取水许可制度，加强监督管理

在漳卫南局管辖范围内，对已颁发取水许可证120各取水口进行取水许可监督管理。2015年年底，及早下发通知，督促取水户报送年度取水总结和下一年度取水计划，2016年年初，依据《取水许可管理办法》等有关法律法规，结合漳卫南运河2016年来水预测、各取水单位用水需求，完成2016年度取水计划审核工作。

2. 注重计划用水管理

年初，在取水户上报取水计划基础上，根据来水预测，结合取水许可水量以及取水户近三年取水情况，对取水计划进行了核定，下发各取水户。印发《漳卫南局关于加强计划用水管理的通知》（漳政资〔2016〕5号），对计划用水执行、日常监督检查、水量调度、取水计量等方面做出了明确要求。

3. 加强水资源管理宣传工作

大力加强水资源管理宣传工作，结合“世界水日”“中国水周”，通过各种方式宣传水资源管理相关法律法规，除以往宣传形式外，今年活动还有以下主要特色：开展以“惜水、节水、护水从我做起”为主题的水利科普知识进校园宣传活动；组织学习局长署名文章《落实五大发展理念 推进最严格水资源管理 奋力推动漳卫南局水利事业再上新台阶》；向全体职工发出《漳卫南局节约用水倡议书》，增强大家节水意识，强化节水责任；印发《致广大取用水户的一封信》，倡议依法用水、计划用水、节约用水，在沿河社会形成水资源可持续利用的良好环境。

4. 探索水资源多种有偿使用机制

基于当前水资源严峻形势和管理需求，为贯彻落实最严格水资源管理制度以及《水利部关于深化水利改革的指导意见》，有力促进漳卫南局水利事业更好更快发展，2016 年，印发《漳卫南局关于进一步严格水资源管理有关问题的通知》（漳政资〔2016〕8 号），在文件中指出要发挥市场在水资源配置中的决定性作用，对主管范围内取用漳卫南运河的水资源一律实行有偿使用，积极探索水资源多种有偿使用机制，充分发挥水资源效益。

5. 规范取水工程建设

为规范取水工程建设，2016 年，漳卫南局印发了《漳卫南局关于规范取水工程建设有关问题的通知》（漳政资〔2016〕11 号），对新改扩建取水工程、取水工程修缮、取水工程建设监督管理等方面做了明确要求，促进取水工程规范建设。

6. 编制《漳卫南局水资源管理廉政风险防控手册》

在全局开展水资源管理廉政风险防控机制建设工作，扎实推进党风廉政建设和反腐败工作，按照“标本兼治、综合治理、惩防并举、注重预防”的方针，编制《漳卫南局水资源管理廉政风险防控手册》，从源头上加强预防和监督，建立漳卫南局水资源管理领域有效预防腐败的廉政风险防控机制，实行岗位廉政风险防范管理，确保水资源管理资金安全、质量安全、干部安全。

7. 全面调查管辖范围内取水口

2016 年，漳卫南局对管辖范围内所有取水口（扬水站、引水闸、管道、水井等）进行全面调查，切实做到全面掌握漳卫南局管辖范围内取水口一手资料，为实施取水许可制度和水资源有偿使用制度、加强取用水管理、落实最严格水资源管理制度奠定基础。

8. 做好《漳卫南局加快落实最严格水资源管理制度示范实施方案》建设管理工作

《漳卫南局加快落实最严格水资源管理制度示范实施方案》于 2016—2018 年实施，是近三年漳卫南局水资源管理的重点工作，2016 年度项目已基本完成。作为业务主管部门和主要参与部门，积极做好建设管理工作，重点做好水资源管理项目文本编报、招投标、项目管理、方案审查等工作。

9. 继续加强水资源基础技术工作

为加强水资源基础技术工作，2016 年安排 10 万元，对漳卫新河拦河闸水位-蓄水曲线进行复核，对今后加强水资源管理以及提高拦河闸蓄水量数据准确性有重要指导作用。

10. 水资源管理月报制度

2016 年，共编制月报 12 期，并及时上网公布。月报制度的实施，使漳卫南局对全流域的水资源基本情况和开发利用情况有了较全面掌握，为领导决策提供科学依据。

水 文 工 作

【制度建设】

为加强水文处安全生产管理，结合工作实际，建立了安全管理制度、仪器操作规程，编制了《实验室安全事故应急预案》《机房安全突发事件应急预案》等。安全生产制度包括安全生产目标管理制度、识别和获取适用的安全生产法律法规标准规范管理制度、安全教育制度、文件管理制度、安全例会制度、水文设备安全管理制度、实验室危险源管理制度、安全事故报告和调查处理制度，机房安全管理制度等。

【项目前期工作】

1. 可行性报告编制

参加《海河流域大江大河水文监测工程（一期）可行性研究报告》编写，提交了《漳卫南局大江大河水文监测系统建设工程（一期）可行性研究报告》。漳卫南局大江大河水文监测系统建设工程（一期）总投资 493.98 万元，包括：漳卫南局水文巡测设备购置 276.64 万元；穿卫枢纽水文站改建 164.79 万元；西郑庄水位站建设 52.55 万元。项目依托漳卫南局巡测基地和直属水文站，进一步完善现有水文站网功能，提升水文测报水平；新建西郑庄水位站水文基础设施，为恩县洼滞洪区分洪提供水文信息。

2. 项目建议书编制

收集了卫运河主要险工、控制断面基本资料，编写完成了卫运河水位监测体系建设、水资源监测设备配置项目建议书，估算投资 188.90 万元。

3. 项目储备

根据水利部"关于水利投资运营三年滚动规划"的要求，完成部门预算中期财政三年规划水文测报项目、水质监测项目入库储备。

【落实最严格水资源管理制度示范项目】

按照漳卫南局加快落实最严格水资源管理制度工作任务要求，参与完成《漳卫南局水资源监控能力建设》项目设计、招标文件编写，17 处重要取水口测验断面选址，设备到货验收等工作；承担汤河口、安阳河口水情自动测报系统建设的有关工作，完成汤河口、安阳河口选址断面及其上游、下游分析断面的大断面测量，汤河口、安阳河口河道比降测量工作；完成汤河口、安阳河口水文测站站牌、水准点设计。汤河口选址断面附近埋设 3 个水准点，编号分别为 001、002、003，安阳河口选址断面附近埋设 3 个水准点，编号分别为 004、005、006，并按照相关规范以三等高程测量方法从国家二等水准点引测了水准点高程。水准点标志图如下：

参与完成漳卫南运河计划用水管理和取水总量控制研究、引水闸泄流曲线分析项目中期检查；漳卫南局水资源监控能力建设项目招标结余资金建设漳卫南局信息系统服务器虚拟化软件购置与部署项目评审；漳卫南运河"三条红线"指标体系研究、引水闸泄流曲线分析项目成果验收；漳卫南局水资源监控能力建设项目完工验收。参与完成《岳城水库自动遥测系统技术方案》编写。参与《漳卫南运河落实最严格水资源管理制度研究》著作编写。

【水文统计】

1月，按照水利部制定、国家统计局批准的新的《全国水文情况报告制度表》，审查并汇总填报了漳卫南局2015年度水文测站、报送水文信息测站、水文观测项目类别、水文测验设施设备、水质检测设施设备、通用设备、水文自动测报系统、房屋和固定资产、水文机构人员、水文经费等情况表，核实统计水文固定资产总额2105.99万元，在职人员58人，离退休人员6人，主管部门核拨事业费797.31万元，填报成果真实反映了漳卫南局水文发展现状，并通过了海委审核。

按照《海委水文技术装备编码的规定》，3月，对全局2015年新增水文技术装备划分装备类型，区分资金来源，核查购置价格，以及产品型号、序列号、生产厂商等信息，并进行统一编码，统计新增水文技术装备55台，资产金额238.81万元。同时，核查岳城水库报废交通工具1辆，并申请注销了编码。

12月，按照水利部水文局《关于开展水文工作计量器具统计的通知》（水文测〔2016〕179号），部署和指导漳卫南局直属水文测站进行水文工作计量器具统计填报。同期，完成水文处水文计量器具统计，审查了局直属水文测站水文计量器具统计表，汇总报送了漳卫南局水文计量器具统计表。

3月，根据《漳卫南局关于印发〈漳卫南局国有资产清查工作方案〉的通知》（漳财务〔2016〕4号）要求，漳卫南局水文处制定并报送了《漳卫南局水文处国有资产清产方案》。按照进度安排，水文处完成了国有资产清理、核对和查实，委托社会中介机构进行了专项审计。7月，完成资产清查报告报送漳卫南局。

【站网管理】

按照《海委办公室关于开展新建（迁建）水文测站考证工作的通知》（办水文〔2016〕1号）及有关要求，布置漳卫南局直属水文测站开展水文测站考证工作，完成岳城水库、穿卫枢纽国家基本水文站，新建的辛集水文站及袁桥、吴桥、王营盘、罗寨水位站考证资料，包括测站说明表、测验河段平面图、测站以上主要水利工程基本情况表，测站以上主要水利工程分布图，水面蒸发场说明表及平面图，站房、水位自记平台、水尺、水文缆道、降水蒸发观测场现状照片等资料的收集、制作、整理工作。

测站任务书是水文测站开展各项水文业务工作的依据，结合辛集水文站实际，向海委提出该站工作任务、观测项目与观测方法，以及辛集拦河闸过闸流量、辛集引水闸引水量测验断面布设位置建议，提供了测验断面大断面图等信息。2016年6月，《海委关于印发辛集等水文测站任务书的通知》（海水文〔2016〕4号），明确了辛集水文站测验任务。

7月，按照水利部、海委部署的国家基本水文站信息向社会公布的要求，完成了岳城水库、穿卫枢纽2个国家基本水文站包括设站时间、经纬度、基面、高程、监测项目、流量测验方式、多年平均年径流量、多年平均输沙量、多年平均年降水量、最大年径流量及出现时间、最小年径流量及出现时间、最大流量及出现时间、最小流量及出现时间、最高水位及出现时间、最低水位及出现时间、测站位置特点、测验河段特性等基础信息、任务作用及历史沿革的审核填报工作。

8 月 30—31 日，海河流域水环境监测中心漳卫南运河分中心开展了质量体系内部审核，内审组对分中心各主要部门及管理体系全部要素的逐一审查，形成内审意见如下：通过对《评审准则》和体系文件的学习和贯彻，对体系文件的理解进一步提高，根据《质量手册》《程序文件》和《作业指导书》规定的要求对体系要求的各个控制环节进行了有效控制；如各检测组的检测项目均处于有效控制状态，各部门的文件控制已基本到位，使用的标准、规程均为现行有效，处于受控状态，试验仪器均按规定的检定/校验周期进行了检定或校验，对试验仪器的状态也作了正确的标识。质量体系总体运行状况良好，其中发现不符合项 3 项，为一般不符合项。依据质量管理体系文件所规定的职责，内审组要求各责任部门对不合格项进行整改并在 9 月 30 日之前纠正完毕。质量负责人对纠正措施进行跟踪监督验收，内审组长签字确认。

11 月 14—15 日，海河流域水环境监测中心漳卫南运河分中心开展了实验室质量体系管理评审，评审结论为：2016 年度质量管理体系运行基本正常，结合本年度质量管理体系内部审核的结果，认为质量管理体系基本适合实验室管理工作。

12 月，为保障"引岳济沧""引岳济衡"应急调水水量水质监测，及时、准确地掌握调水期水量水质情况，水文处编制了《2016 年引岳济衡、济沧水量监测方案》《2016 年引岳济衡、济沧水质监测方案》，明确了工作原则、各单位工作任务与分工、监测频次和监测方法等。同期，履行水文行业管理职责，协调局直属测站做好监测断面布设、监测设备维护与监测准备。

【水文测验】

4 月，对漳卫新河岔河张集桥、减河东方红公路桥、沟店铺公路桥、埕口公路桥 4 处巡测断面设施设备进行了水文巡测与查看。9 月，完成沟店铺、埕口公路桥测验断面缺失的水准点补设，以及 4 处巡测断面水准点、水尺零点高程、水文大断面复核测量。

漳卫南局直属水文测站按照相关标准和要求分别进行水位、水温、降水量、蒸发量、冰凌观测，流量、泥沙测验，以及水文大断面测量、水文巡测与查勘等，完成水文要素监测 10590 次，包括：水位观测 8794 次、水温观测 628 次、降水量观测 229 次、蒸发观测 365 次、冰凌观测 4 次、流量测验 312 次、泥沙测验 252 次，大断面测量 6 次；完成水文巡测与查勘 47 次。

加强应急调水水文测验管理，切实落实输水责任，参与完成潘庄引黄线路应急调水倒虹吸出口四女寺引黄水文站测验断面、省界第三店水文站测验断面的水文测验；承担向大浪淀水库调水水量监测；承担水文应急巡测工作。依据《声学多普勒流量测验规范》（SL 337—2006），采用走航式 ADCP 施测断面流量，圆满完成了各项测验任务。

【水质监测】

按照海河流域水环境监测中心《2016 年水质监测任务书》要求，完成 24 个常设断面（包括 11 个省界断面、2 个水源地断面、11 个水功能区断面）29 个监测项目的例行监测工作；完成漳河上游局 11 个省界断面的水质监测任务，共检测样品 399 个，取得 9583 个监测数据，形成水质监测报告 12 份。

开展了岳城水库水源地生物和入河排污口水质监测工作；完成了海河南系漳卫南局管

辖范围以外9个水功能区断面监督性监测；完成2016年度引黄入冀应急调水水质监测工作；完成观台、岳城水库坝前、龙王庙水质自动站的比对实验。

7月11—29日，实施了洪水期水质监测，共检测样品58个，取得1272个监测数据。8月1—23日，完成向大浪淀水库供水水质监测，共检测样品285个，取得4464个监测数据。

【水文资料整编】

2月，组织开展了漳卫南局直属水文测站2015年度水文资料整编与审查工作，对岳城水库、穿卫枢纽、四女寺引黄、第三店水文站和祝官屯、袁桥、吴桥、王营盘、罗寨、辛集、牛角峪、西郑庄水位站的水文资料进行了整编，成果符合《水文资料整编规范》（SL 247—2012）。按照海委水文资料整编工作整体安排，参加了2015年度海委水文资料整编审查，提交了国家基本水文站岳城水库水文站和穿卫枢纽水文站水文资料整编成果。

按照《海河流域水质资料整编规定》开展了2015年度水质资料整编，参加了2015年度海委水质资料整编审核，完成海河流域水环境监测中心漳卫南运河分中心2015年度水质资料整编工作。

【漳卫南运河水情信息移动查询系统】

为在移动终端实现漳卫南运河水情信息实时查询并分析雨水情信息、气象信息等，开发了“漳卫南运河水情信息移动查询系统”。该系统通过移动终端的无线网络访问数据源，可以随时了解天气、雨情、水情、预警、基础资料等信息，解决了工作人员在移动工作时不能了解雨水情信息的问题，提高了工作效率。

【水资源监测】

1. 引黄入冀位山线路应急调水

2016年度，引黄入冀位山线路应急调水实施了两期。

第一期自2016年4月11日14时开始至2016年4月27日17时结束，历时16天，累计过水总量0.4359亿m^3。期间，穿卫枢纽水文站完成水位观测32次，流量测验15次，泥沙测验15次，实测最高水位29.90m、最低水位27.96m、最大测点流速1.03m/s、最大含沙量1.43kg/m^3，报送水情报文16份。

第二期自2016年6月21日21时开始至2016年7月18日18时结束，历时28天，累计过水总量1.225亿m^3。期间，穿卫枢纽水文站完成水位观测56次，流量测验29次，泥沙测验25次，实测最高水位30.67m、最低水位28.45m、最大测点流速1.32m/s、最大含沙量0.750kg/m^3，报送水情报文29份。

2. 引黄入冀潘庄线路应急调水

2016年，引黄入冀潘庄线路向沧州市应急调水实施了两期。

第一期调水自2015年11月23日15时倒虹吸出口闸提闸过水至2016年1月16日8时关闸，历时55天，倒虹吸出口断面累计过水量1.36亿m^3，省界第三店断面累计过水量1.34亿m^3。期间，在倒虹吸出口断面进行水位观测230次、流量测验108次、泥沙测验55次，实测最高水位18.54m、最低水位17.03m、最大流量98.2m^3/s、最小流量9.39m^3/s、最大含沙量1.121kg/m^3，报送水情报文108份；在第三店断面进行水位观测

226 次、流量测验 109 次、泥沙测验 55 次，实测最高水位 15.89m、最低水位 14.40m、最大流量 43.4m^3/s、最小流量 11.4m^3/s、最大含沙量 0.640kg/m^3，报送水情报文 109 份。

第二期调水自 2016 年 3 月 7 日 15 时倒虹吸出口闸提闸过水至 2016 年 4 月 11 日 16 时关闸，历时 36 天，倒虹吸出口断面累计过水量 0.45 亿 m^3，省界第三店测验断面累计过水量 0.41 亿 m^3。期间，在倒虹吸出口断面进行水位观测 149 次、流量测验 71 次、泥沙测验 36 次，实测最高水位 18.27m、最低水位 17.02m、最大流量 80.0m^3/s、最小流量 4.10m^3/s、最大含沙量 1.128kg/m^3，报送水情报文 71 份；在第三店断面进行水位观测 151 次、流量测验 71 次、泥沙测验 36 次，实测最高水位 15.37m、最低水位 14.32m、最大流量 34.1m^3/s、最小流量 5.94m^3/s、最大含沙量 0.538kg/m^3，报送水情报文 71 份。

3. 雨洪资源利用

2016 年 8 月 4—23 日，利用雨洪资源，通过四女寺枢纽节制闸经南运河为沧州市大浪淀水库调水，历时 20 天，累计过水量 0.389 亿 m^3。测验断面为代庄节制闸、代庄引水闸。代庄节制闸完成流量测验 5 次，代庄引水闸完成流量测验 45 次。

4. 岳城水库供水

2016 年，岳城水库向邯郸、安阳两市供水 2.2768 亿 m^3，其中邯郸 2.0918 亿 m^3（管道 0.1818 亿 m^3、渠道 1.910 亿 m^3），安阳 0.185 亿 m^3（管道 0.1343 亿 m^3，渠道 0.0507 亿 m^3），完成水位观测 466 次，流量测验 60 次，报送水情报文 1389 份。

5. 应急监测

7 月 19 日，漳卫南运河流域出现了强降雨过程，局部特大暴雨，流域发生“96・8”以来最大洪水过程。为了掌握安阳河、汤河入卫河水量，为防洪调度提供支撑，7 月 21 日水文处安排人员赶赴安阳河、汤河进行应急监测。21 日 16 时 5 分，安阳河口实测流量为 130.34m^3/s，18 时 40 分，汤河口实测流量为 53.96m^3/s；22 日 8 时 20 分，安阳河口实测流量为 140.30m^3/s。

【水文情报预报】

1. 水情报汛

加强报汛工作管理，漳卫南局直属水文测站严格按照《海委办公室关于下达的 2016 年报汛任务的通知》（办水文〔2016〕3 号）要求开展报汛工作。截至 12 月 31 日，局直属水文测站报送水情报文 2262 份，向部委报送 2 个国家基本水文站水情信息 1472 份，30 分钟内信息到达率为 100%，无错报、漏报。

2. 水文预报

汛期，密切监视漳卫南运河流域雨情、水情，关注台风信息，根据雨水情报汛数据开展实时水情分析预报。针对“7・9”卫河流域洪水、“7・19”漳卫南运河流域洪水，增加水情分析和预报频次，主要采用反馈模拟实时校正技术，对预报洪水的峰值、洪形进行校正；适时调整预报方案，提高预报精度。“7・19”洪水发展后期，为满足雨洪资源合理利用，开展了漳卫南运河中下游退水过程预报。6 月 1 日至 9 月 30 日，水文预报作业 90 余次，发布《漳卫南运河水情信息》122 期、《岳城水库纳雨能力分析》1 期。

【水文项目管理】

1月，按照漳卫南局统一部署，对海河流域水文测报项目、海河流域水质监测项目2015年度执行情况进行了自查和全面总结，1月8日，项目通过了漳卫南局组织的行政事业类项目自验。2月26日，海河流域水文测报项目、海河流域水质监测项目通过海委组织的行政事业类打捆项目总体验收。3月3日，水利部对海河流域水文测报项目支出绩效目标批复完成情况进行了审查，绩效产出各项指标均按照批复完成。

7月，按照水利部、海委部门预算编制要求，指导局属有关管理局、河务局完成了2017—2019年水文测报项目、水质监测项目预算文本，包括项目申报书、支出计划、绩效目标申报表的编制工作。同期，完成水文处2017—2019年水文测报项目85万元、水质监测项目82万元，以及防汛费项目5万元预算文本编报；完成漳卫南局2017—2019年水文测报项目182.40万元、水质监测项目190万元预算文本编报。

8月，按照水利部财务司《关于开展2016年度水利部项目支出绩效目标执行监控试点工作的通知》（财务预〔2016〕127号）要求，指导局属有关管理局、河务局完成了2016年度绩效评价试点项目水文测报、水质监测预算项目财政支出中期绩效报告的编制。同期，完成了水文处2016年度水文测报、水质监测预算项目财政支出中期绩效报告，以及项目支出绩效目标监控表的编报；完成漳卫南局2016年度水文测报、水质监测预算项目财政支出中期绩效报告，以及项目支出绩效目标监控表的编报工作。

12月，按照上级预算安排，2017年度各预算项目年经费均调减5%，另外，水文测报项目依据新定额标准核增了业务经费。水文处结合局属有关管理局、河务局水文测报项目、水质监测项目开展实际，进一步梳理工作内容，分解了项目工作经费，同期，完成了2017年度水文处水文测报项目85.38万元、水质监测项目98万元、防汛费项目5万元预算实施方案编报；完成漳卫南局水文测报项目191.28万元、水质监测项目180.5万元预算实施方案编报。

【高效固化微生物综合治理河道污水技术的示范与推广】

“高效固化微生物综合治理河道污水技术的示范与推广”项目为水利部科技推广项目。该项目利用四女寺枢纽节制闸下南运河665m河道作为试验基地，以生物工程技术、生态工程技术、环境工程水污染控制工程技术为基础，构建了一个“水面（纳污生态岛）＋水体（人工水下森林＋生物调节）＋底质（生物调控）”的水体生态系统，大幅度提升了河道的净化能力。为保证项目的顺利完成，漳卫南局专门成立了由局长任组长、分管局领导任副组长的领导小组，负责项目的组织协调和实施监督。在为期两年试验期里，各级领导和专家深入现场、靠前指导，积极帮助解决遇到的困难和问题，有关部门和单位通力合作，严格执行项目实施方案，圆满完成了项目任务书规定的各项考核指标。2016年8月2日，项目在北京通过了水利部国际合作与科技司组织的评审验收，项目综合评价为A。12月，项目成果荣获2016年海河水利委员会水利科学技术进步二等奖。

【漳卫南运河流域下垫面现状调查】

受人类活动影响，漳卫南运河流域下垫面情况变化较大，导致降雨产流规律产生一定变化，为此，开展了漳卫南运河流域下垫面现状调查。重点调查了流域引水、取水、蓄水等工程情况，漳河、卫河流域水资源开发利用情况，分析了人类活动对下垫面变化产生的影响等，编制了漳卫南运河流域下垫面现状调查报告。

【水文队伍建设】

2016年，局水文处举办了水文测报新技术新设备应用培训、藻类检测技术培训、水质采样技术培训，局属有关管理局、河务局分别举办了水文常规测验培训、水文测报技术及方法应用培训，以及水文仪器设备操作及养护培训等，培训170人次。组织人员参加了海委系统水文基建管理培训、海河流域省界断面水文测验技术及资料汇编培训、洪水预报技术培训、2016年检验检测机构资质认定/认可内审员培训、漳卫南运河水资源监测系统业务知识培训、基层水资源能力培训、漳卫南局2016年预算（资产）管理培训等专题培训。6月，组织人员在岳城水库进行了突发性水污染事件应急监测演练；组织人员参加了水利部水文局组织的2016年水利系统水质监测能力验证考核，考核项目为氨氮和汞。8月，参加国家认监委组织的实验室能力验证工作，测试项目为溶解性总固体。11月，参加了海河流域水环境监测中心组织的海河流域实验室质量控制考核和比对试验，考核项目为总磷。

水资源保护

【制度建设】

为适应国家提出的水资源保护新理念、新要求，大力推动制度创新建设，按照相关要求起草了《关于进一步加强漳卫南运河入河排污口监督管理工作的指导意见》，制定了《漳卫南运河管理局水功能区管理办法（试行）》并于2017年1月印发实施。

【水功能区监督管理】

组织开展了水功能区、入河排污口、饮用水源地的监督管理和水功能区、省界断面的水质评价工作；完善水功能区巡查制度，定期对水功能区水质状况进行了检查和评价，编制《漳卫南运河水功能区水质状况通报》，通过漳卫南运河网公开发布；完成了漳卫南运河水系水功能区达标评估工作；参与海河水保局资料整编及年报编制工作。

【入河排污口管理工作】

继2011年海河流域入河排污口调查与监测、2013年重要水功能区入河排污口监测后，漳卫南局再次组织开展漳卫南运河水系入河排污口全面调查和重要入河排污口监测工作。完成了漳卫南运河水系、徒骇马颊水系、黑龙港运东地区的入河排污口调查监测工作，全面掌握了漳卫南运河水系入河排污口的布设及主要污染物入河量等情况，并编制完成《2016年漳卫南运河水系入河排污口监督性监测成果报告》，为水资源保护工作提供了技术支撑。

【饮用水水源地保护】

组织岳城局与地方政府有关部门沟通，完成《2015年度岳城水库饮用水水源地安全保障达标建设状况自评报告》。开展岳城水库集中式生活饮用水地表水源地特定项目（三氯甲烷、四氯化碳等80项）检测，全面掌握了岳城水库的水质状况，为岳城水库水资源开发利用和经营创收提供基础资料。

【推进建立协作机制】

为落实好最严格水资源管理制度和“水污染防治行动计划”等政策，积极与流域内各地政府有关部门沟通协调，推进建立漳卫南运河水资源保护与水污染防治协作机制。与德州市水利局、德州市环保局、临清市环保局、滑县环保局等单位建立联系，并就信息共享、建立联系机制、妥善处理应急突发事故等问题进行了沟通。11月29日，组织了与德州市水利局首次联合检查工作，实地查看了沙王沟、大雁岛、七里庄泵站等入河排污口，为落实最严格水资源管理制度提供了支持。

【抗洪供水保障工作】

参与汛期调水工作，对重要断面的水质进行评价，为洪水资源利用和生态调度提供决策依据。针对今年来水情况，制定了洪水期水质监测方案，加强了对库区的巡查和监测力度，组织开展了洪水期水质监测工作，增加了藻类等富营养化项目的监测，为洪水资源化利用工作提供支撑。

在“引岳济衡、引岳济沧”供水工作中，全力做好了沿河排污口门的管理，保障了水质安全。派员对南运河、卫运河进行督导检查，并同临清市分管环保副市长会面，协调解决临清市排污水质问题。对卫河支流硝河口、汤河口进行了专项督查，针对临清入卫闸、红旗渠、邯郸魏大馆排水闸、小引河排水闸等重点排污口分别提出巡查或封堵方案。起草并以漳卫南局明传电报形式给安阳市、新乡市、聊城市人民政府办公室、德州市环保局分别发送了《关于严格控制入河排污的函》，请这些单位和部门采取有效措施，加强对入卫河及支流、卫运河、渠道及排污口等的排污管理。供水后程，南运河水质不稳定，加强了南运河巡查，协调德州市市政工程处对桥口闸进行了封堵，控制了污水泄漏；到德州环保局进行沟通协商，开启南运河污水管抽水泵，减少了管道污水渗漏；协调封闭第三店排灌闸，严禁污水入河。

【突发水污染事件防范】

负责组织海河水保局在岳城水库开展的突发性重大水污染应急演练，此次演练是海河水保局首次委托委属单位具体承办，海委及委属其他单位观摩指导。通过演练，进一步熟悉了处置突发性水污染事件的预案与流程，提高了协作能力和应急监测设备使用熟练程度，增强了应对水污染事件的快速反应和应急监测能力，积累了宝贵经验。

完成《漳卫南局2015年突发水污染事件防范和处置工作总结报告》，并与有关地方环保部门就水系内典型的突发性水污染事件进行了沟通交流。组织开展水污染隐患排查，积极应对突发性水污染事件。做好管辖范围内水污染事件月报和节假日零报告工作，对本辖区当月的突发性水污染事件进行统计分析和上报。1—5月，在漳卫新河沧州市南皮、东光段、德州市宁津段发现非法丢弃化工废弃物，及时进行了报告，并向环保部门报案，相关市县进行了处理。

【科研工作】

完成的水利部科技推广计划项目“高效固化微生物综合治理河道污水技术的示范与推广”通过了水利部国际合作与科技司组织的项目验收，获得A等级的好成绩，并获得海委2016年科技进步二等奖。与海委水科所、中国科学院共同合作完成的“海河流域典型河流生态水文效应研究”项目（三年）获得海委2016年科技进步二等奖。

综合管理

【政务管理】

1. 目标考评

完善目标管理考核制度，对部分考核内容进行整合，将年度重点工作、督查督办事项、一票否决项进行了单列，明确了各项考核内容的成果要求和完成时间，进一步加强指标的可操作性。

2. 会议、培训及接待管理

年初，督促机关各部门（单位）上报全年会议并进行汇总。严格贯彻上级厉行节约有关要求，认真执行公务接待审批制度，严格公务接待标准，有效地避免了铺张浪费。建立了事前审批、事后签报的管理体制。做好政务内网运行维护工作，保障机关工作顺利进行。

3. 政务内网管理

根据人事调整情况，及时对政务内网平台人员进行调整和完善。进一步完善政务内网流程，对各部门使用情况进行规范。

4. 局系统办公室工作调研

对局属各单位办公室工作开展情况进行了摸底，对具体业务工作进行了指导，并派员对邯郸局、四女寺局等单位开展业务培训。

5. 规章制度和临时机构管理

组织对信访工作领导小组等 23 个临时机构进行了调整并印发各单位。对部分规章制度进行了梳理，准备整编成册。

6. 文件收发与督办

从程序上完善公文审核，发文实行三核三校，确保质量。2016 年，在网上处理收发文件 590 件。通过政务内网、现场督办、电话督办等多种形式进行督查督办，参与事业单位发展、水资源管理、落实领导决策部署等方面多项跟踪督办。

7. 信访工作

2016 年，共办理群众来信来访 19 件次。“1·13”集体上访事件发生后，以源头预防、矛盾化解、舆情管理、应急处置为重点，不断完善信访工作机制。

【宣传工作】

年内，先后开办了“巡礼十二五”“建功十三五”“两学一做”学习教育及 2016 年防洪宣传专题，共组织编写稿件 94 篇。编印完成 16 期《漳卫南运河信息》。“7·19”洪水期间，共拍摄防汛抗洪照片 1300 余张，视频素材 200 余条，外发稿件 159 篇，是 2015 年同期的 16 倍，单日最多编发稿件 25 篇，制作多媒体幻灯片、视频汇报材料各一部。撰写的《“峰”起“峰”落，运筹帷幄》等纪实稿件被《中国水利报》刊发，在中国水利网、海委门户网站等部委网站刊发宣传信息稿件 68 篇。中国水利报等媒体对漳卫南局积极应对“7·19”洪水的做法及成果进行了广泛宣传。截至 12 月底，漳卫南局微信公众平台“漳卫南运河”共编发微信信息 28 期、稿件 67 篇。为上级及时了解和掌握基层动态、正确决策提供了参考依据。据不完全统计，2016 年漳卫南局全年共外发稿件 618 篇，日均发稿 1.8 篇。

【保密工作】

实现行政和党委公章的分别专人管理，保证公章的安全和正确使用。对2009年至今的电子档文件进行了登记造册。对涉密岗位进行了分类管理，在全局实行了保密工作责任制。专门设立了涉密档案、文件阅览室，实现了存阅分离。建立健全了保密文件管理台账，对保密文件实行点对点交接管理。

【档案及年鉴、史志编纂】

做好在建工程文件资料收集整理的监督指导，开展了档案汛期安全自查活动。完成2015年局机关各部门、事业单位文件资料归档。全年为工作查考、调解纠纷、职称评定等提供档案利用325人次、档案498卷（件）。完成《漳卫南年鉴（2016）》编纂工作，全书28.5万字，由中国水利水电出版社出版。完成《海河年鉴（2016）》漳卫南局部分的组稿工作。完成《岳城水库志》（初稿）审稿并提出修订意见。

【人事管理】

1. 人事任免

2015年12月，中共漳卫南局党委决定，解聘裴杰峰的水文处处长职务（漳任〔2016〕1号）。任命裴杰峰为直属机关党委书记、中国农林水利工会海委漳卫南局委员会副主席（漳任〔2016〕9号）。

2015年12月，中共漳卫南局党委决定，任命边家珍为直属机关党委调研员（漳任〔2016〕2号）。

2016年1月，中共漳卫南局党委决定，免去张玉东的岳城水库管理局调研员职务，自2016年1月31日起退休（漳人事〔2016〕1号）。

2016年3月，中共漳卫南局党委决定，免去刘绪华邢台衡水河务局调研员职务，自2016年3月31日起退休（漳人事〔2016〕14号）。

2016年5月，国中华达到法定退休年龄，自2016年5月31日起退休（漳人事〔2016〕15号）。

2016年5月，经试用期满考核合格，任命段百祥为中共防汛机动抢险队委员会书记（漳党〔2016〕14号）。

2016年5月，经试用期满考核合格，聘任刘恩杰为防汛机动抢险队队长（漳任〔2016〕4号）。

2016年7月，水利部文件（部任〔2016〕54号）通知，任命韩瑞光、王永军为水利部海委漳卫南运河管理局副局长（漳任〔2016〕6号）。

2016年7月，中共漳卫南局党委决定，任命王炳和为防汛抗旱办公室调研员，免去其防汛抗旱办公室副主任职务（漳任〔2016〕15号）。

2016年7月，中共漳卫南局党委决定，聘任赵厚田为信息中心主任，聘任何宗涛为综合事业处处长；解聘徐晓东信息中心主任职务，解聘何宗涛信息中心副主任职务，解聘赵厚田综合事业处处长职务（漳任〔2016〕18号、漳任〔2016〕20号）。

2016年7月，中共漳卫南局党委决定，聘任李孟东为水文处处长（漳任〔2016〕19号），免去李孟东的水政水资源处副处长职务（漳任〔2016〕17号）。

2016年7月，中共漳卫南局党委决定，免去张德进中共邯郸河务局委员会副书记、邯郸河务局局长职务（漳党〔2016〕26号、漳任〔2016〕14号）。

2016年7月，冯贵庆达到法定退休年龄，自2016年7月31日起退休（漳人事〔2016〕22号）。

2016年8月，陈连顺达到法定退休年龄，自2016年8月31日起退休（漳人事〔2016〕27号）。

2016年8月，经任职试用期满考核合格，任命潘岩泉为德州水利水电集团公司副总经理（漳任〔2016〕10号）。

2016年8月，经任职试用期满考核合格，任命祁锦为防汛抗旱办公室副主任（漳任〔2016〕11号）。

2016年8月，经任职试用期满考核合格，任命赵宏儒为岳城水库管理局副局长（漳任〔2016〕12号）。

2016年8月，经任职试用期满考核合格，任命于清春为水闸管理局副局长（漳任〔2016〕13号）。

2016年9月，中共漳卫南局党委决定，免去王国杰四女寺枢纽工程管理局副局长职务，自2016年9月30日起退休（漳任〔2016〕16号）。

2016年9月，中共漳卫南局党委决定，免去边家珍的直属机关党委调研员职务，自2016年9月30日起退休（漳任〔2016〕23号）。

2016年11月，中共漳卫南局党委决定，任命李增强为水政水资源处副处长，免去其防汛抗旱办公室水调科科长职务；任命田术存为防汛抗旱办公室副主任，免去其水政水资源处水政科科长职务；任命王孟月为直属机关党委副书记，免去其办公室（党委办公室）秘书科主任科员职务；任命王丽为直属机关党委副调研员，免去其办公室（党委办公室）宣传科科长职务；任命王丽君为人事处（离退休职工管理处）副调研员，免去其人事处（离退休职工管理处）教育科科长职务（漳任〔2016〕25号）。

2016年11月，中共漳卫南局党委决定，任命闫国胜为卫河河务局调研员，免去其中共卫河河务局委员会委员、卫河河务局副局长职务（漳党〔2016〕36号、漳人事〔2016〕50号）。

2016年11月，中共漳卫南局党委决定，任命段忠禄为监察（审计）处调研员，免去其监察（审计）处副处长职务（漳人事〔2016〕48号）。

2016年11月，中共漳卫南局党委决定，任命涂纪茂为沧州河务局调研员，免去其中共沧州河务局委员会委员、沧州河务局副局长职务（漳党〔2016〕37号、漳人事〔2016〕49号）。

2016年11月，刘东康达到法定退休年龄，自2016年11月30日起退休（漳人事〔2016〕44号）。

2. 临时机构设置与调整

（1）2016年1月12日，漳卫南局印发《漳卫南局关于成立落实最严格水资源管理制度领导小组的通知》（漳人事〔2016〕5号），人员组成如下：

组　长：张胜红

副组长：李瑞江

成　员：于伟东　李学东　张启彬　杨丹山　刘晓光　张晓杰　杨丽萍　裴杰峰　徐晓东　赵厚田

领导小组下设办公室，具体负责组织项目实施，落实领导小组有关工作要求和意见。人员组成如下：

主　任：于伟东

副主任：李孟东

1）综合组：

组　长：仇大鹏

副组长：刘　群

成　员：王　丽　张艳茹　韩　斌　张　淼　耿晶晶

2）水资源组：

组　长：李孟东（兼）

成　员：戴永翔　李增强　马国宾

3）水资源保护和水文组：

组　长：韩朝光

成　员：吴晓楷　谭林山　李志林

4）信息技术组：

组　长：何宗涛

成　员：贾　文　高　垚　刘卫国

（2）2015年3月10日，漳卫南局印发《漳卫南局关于成立国有资产清查领导小组的通知》（漳人事〔2016〕11号），决定成立国有资产清查领导小组，确保漳卫南局国有资产清产工作顺利开展。人员组成如下：

组　长：张胜红

副组长：靳怀堔　李　捷

成　员：李学东　杨丹山　姜行俭　杨丽萍

领导小组下设办公室，承担领导小组日常工作。办公室设在财务处，主任由杨丹山兼任。

（3）2016年6月7日，漳卫南局印发《漳卫南局关于成立辛集闸交通桥维修加固工程领导小组的通知》（漳人事〔2016〕17号），人员组成如下：

组　长：张胜红

副组长：张永顺　李　捷

成　员：李怀森　陈继东　杨丹山　张　军　赵厚田　张朝温

领导小组下设办公室，由王炳和任主任，具体负责组织项目实施，落实领导小组有关工作要求和意见。人员组成如下：

1）综合组：

组　长：杨金贵

成　员：张伟华

2）计划合同组：

组　长：马元杰

副组长：张玉书

3）技术质检组：

组　长：薛善林

副组长：雷冠宝　于晓青

4）财务组：

组　长：秦宇伟

成　员：贺鑫鑫

（4）2016年7月14日，漳卫南局印发《漳卫南局关于调整2016年防汛抗旱组织机构的通知》，对2016年防汛抗旱组织机构调整如下：

1）局防汛抗旱工作领导小组：

组　长：张胜红

副组长：张永明　李瑞江　徐林波　张永顺　韩瑞光

王永军　李　捷

成　员：于伟东　李怀森　李学东　陈继东　张启彬　杨丹山　姜行俭　张　军
　　　　张晓杰　刘晓光　杨丽萍　裴杰峰　何宗涛　赵厚田　周剑波

2）河系（水库）组及职能组：

①河系（水库）组。

·卫河组

组　长：陈继东

副组长：曹　磊

成　员：主要由计划处人员组成

·漳河组

组　长：张启彬

副组长：李孟东

成　员：主要由水政水资源处人员组成

·卫运河组

组　长：姜行俭

副组长：王　军　李才德　王德利

成　员：主要由人事处（离退处）人员组成

·南运河、漳卫新河（含四女寺枢纽）组

组　长：刘晓光

副组长：仇大鹏　张　宇

成　员：主要由水资源保护处人员组成

·岳城水库组

组　长：张　军

副组长：张保昌　张润昌　刘纯善

成　员：主要由建设与管理处人员组成

②职能组。

·综合调度组

组　长：张晓杰

副组长：王炳和　祁　锦　梁文永

成　员：主要由防汛抗旱办公室人员组成

·情报预报组

组　长：裴杰峰（代）

副组长：孙雅菊　韩朝光

成　员：主要由水文处人员组成

·通信信息组

组　长：何宗涛

副组长：刘　伟　冯贵庆

成　员：主要由信息中心人员组成

·物资保障组

组　长：杨丹山

副组长：王建辉　刘　群　李焊花　赵爱萍

成　员：主要由财务处人员组成

·宣传报道组

组　长：李学东

副组长：刘书兰　任重琳　陈　萍

成　员：主要由办公室人员组成

·督察组

组　长：杨丽萍

副组长：段忠禄　耿建国

成　员：主要由监察（审计）处人员组成

·后勤保障组

组　长：周剑波

副组长：史纪永　杨增禄

成　员：主要由后勤服务中心人员组成

3）专家组：

组　长：徐林波（兼）

副组长：于伟东　李怀森　赵厚田

成　员：主要由综合事业处人员组成

4）顾问组：

组　长：宋德武

副组长：史良如　毛庆玲

成　员：由有经验的退休领导、职工组成

（5）内部控制建设领导小组。2016 年 9 月 12 日，漳卫南局印发《漳卫南局关于成立内部控制建设领导小组的通知》（漳人事〔2016〕31 号），领导小组负责漳卫南局内部控制的管理工作，研究、协调、解决漳卫南局内部控制基础性评价、制度建设、内控体系运行等工作中的重大问题，负责漳卫南局内部控制风险评估工作。

领导小组定期召开联席会议。会议由领导小组组长或副组长主持，领导小组成员及相关部门人员参加。人员组成如下：

组　长：张胜红

副组长：李瑞江　李　捷

成　员：李学东　陈继东　杨丹山　姜行俭　张　军　杨丽萍

领导小组下设办公室，负责领导小组的日常工作。办公室设在财务处，主任由杨丹山兼任。

（6）2016 年 11 月 11 日，漳卫南局印发了《漳卫南局关于调整“信访工作领导小组”等临时机构成员的通知》（漳人事〔2016〕43 号），将漳卫南局“信访工作领导小组”“保密工作领导小组”等 23 个临时机构成员调整如下：

1）信访工作领导小组：

组　长：张胜红

副组长：张永顺

成　员：李学东　陈继东　张启彬　杨丹山　姜行俭　张　军　张晓杰　刘晓光
　　　　杨丽萍　裴杰峰　李孟东　赵厚田　何宗涛　周剑波

信访工作领导小组办公室设在局办公室，负责日常工作的组织开展，主任由李学东兼任。

2）保密工作领导小组：

组　长：张永顺

成　员：李学东　陈继东　姜行俭　张晓杰　杨丽萍　赵厚田

保密工作领导小组办公室设在局办公室，负责日常工作的组织开展，主任由任重琳兼任。

3）计划生育工作领导小组：

组　长：张胜红

副组长：张永顺

成　员：李学东　姜行俭　杨丽萍　罗　敏　刘书兰

计划生育工作领导小组办公室设在局办公室，负责日常工作的组织开展，主任：刘书兰（兼）；副主任：张立群。

4）档案工作突发事件应急处置领导小组：

总指挥：张永顺

成　员：李学东　姜行俭　杨丹山　周剑波

档案工作突发事件应急处置领导小组办公室设在局办公室，负责局档案工作突发事件处置指导工作。

5）普法工作领导小组：

组　长：李瑞江

成　员：李学东　张启彬　杨丹山　姜行俭　杨丽萍　裴杰峰　何宗涛

普法工作领导小组办公室设在水政水资源处，负责日常工作的组织开展，主任由张启彬兼任。

6）国有资产清查领导小组：

组　长：张胜红

副组长：李瑞江　李　捷

成　员：李学东　杨丹山　姜行俭　杨丽萍

7）公务用车制度改革领导小组：

组　长：张胜红

副组长：张永明　李瑞江　王永军

成　员：李学东　杨丹山　姜行俭　杨丽萍　周剑波

8）预算管理领导小组：

组　长：张胜红

副组长：李瑞江　李　捷

成　员：李学东　陈继东　张启彬　杨丹山　姜行俭　张　军　张晓杰　刘晓光
　　　　杨丽萍

9）安全生产领导小组：

组　长：王永军

副组长：李学东　张　军

成　员：陈继东　张启彬　杨丹山　姜行俭　张保昌　张晓杰　刘晓光　杨丽萍
　　　　裴杰峰　李孟东　赵厚田　何宗涛　周剑波

安全生产领导小组办公室设在建设与管理处，负责日常工作和安全生产事故调查评估工作的组织开展，主任由张保昌兼任。

10）安全生产标准化建设工作领导小组：

组　长：王永军

副组长：张　军　张保昌

成　员：张如旭　倪文战　王玉哲　王海军　陈俊祥　肖玉根　张建军　于清春
　　　　何传恩　刘恩杰　刘志军　孙雅菊　刘　伟　何宗涛　杨增禄　曹　磊

11）安全事故应急救援指挥部：

总 指 挥：张胜红

副总指挥：张永明　李瑞江　徐林波　张永顺　韩瑞光　王永军

12）科学技术进步领导小组：

组　长：张胜红

副组长：张永明　李瑞江　徐林波　张永顺　韩瑞光　王永军

成　员：于伟东　李怀森　李学东　陈继东　张启彬　杨丹山　姜行俭　张　军
　　　　张晓杰　刘晓光　杨丽萍　裴杰峰　李孟东　赵厚田　何宗涛　周剑波
　　　　尹　法　张安宏　张　华　王　斌　刘敬玉　饶先进　张同信　李　勇

张朝温　段百祥　刘志军

13）度汛应急及水毁项目管理领导小组：

组　长：徐林波

成　员：李怀森　李学东　陈继东　杨丹山　张　军　张晓杰　赵厚田

度汛应急及水毁项目管理领导小组办公室设在防汛抗旱办公室，负责度汛应急工程、水雨毁工程、信息化建设、防汛物资储备以及局交办的其他临时性建设项目的管理，主任由张晓杰兼任。

14）反恐怖工作领导小组：

组　长：张胜红

副组长：徐林波

成　员：李学东　陈继东　张启彬　杨丹山　姜行俭　张　军　张晓杰　刘晓光
杨丽萍　裴杰峰　李孟东　赵厚田　何宗涛　周剑波　尹　法　张安宏
张　华　王　斌　刘敬玉　饶先进　张同信　李　勇　张朝温　段百祥

反恐怖工作领导小组设在防汛抗旱办公室，负责日常工作的组织开展，主任由张晓杰兼任。

15）精神文明建设工作领导小组：

组　长：张胜红

副组长：张永顺

成　员：李学东　陈继东　张启彬　杨丹山　姜行俭　张　军　张晓杰　刘晓光
杨丽萍　裴杰峰　李孟东　赵厚田　何宗涛　周剑波

精神文明建设工作领导小组办公室设在机关党委，负责日常工作的组织开展，人员组成如下：

主　任：裴杰峰

成　员：王　丽　田　伟　吕笑婧　马国宾　王丽君　杜　平　李增强　张明月
杨照龙　潘　云　李　华　王　颖　杨乐乐　杨泳凌　毛贵臻　吕元伟
王传云

16）关心下一代工作委员会：

主　任：张永顺

副主任：裴杰峰

成　员：李学东　杨丹山　姜行俭　周秉忠　武步宙　韩君庆

17）水文建设项目管理办公室：

主　任：李孟东

副主任：孙雅菊　韩朝光

成　员：陈　萍　刘培珍　位建华　史振华　吴晓楷　魏凌芳　段信斌　范馨雅
高　翔　张　森　徐　宁　朱志强　杨泳凌　程　芳　唐曙暇　魏荣玲
李志林　高园园　杨苗苗　高　迪

18）网络与信息安全工作领导小组：

组　长：徐林波

副组长：李学东　赵厚田

网络与信息安全工作领导小组办公室设在信息中心，负责日常工作的组织开展，人员组成如下：

主　任：刘伟（兼）

成　员：任重琳　曹　磊　戴永翔　李焊花　李才德　张润昌　王炳和　张　宇
孙雅菊　石评杨　张如旭　李永宁　刘长功　赵轶群　魏　强　梁存喜
肖玉根　石　屹　刘恩杰　陈俊祥　贾　文　高　垚　杨　晶

19）水利风景区建设与管理工作领导小组：

组　长：李瑞江

成　员：于伟东　李怀森　李学东　陈继东　张启彬　杨丹山　姜行俭　张　军
张晓杰　刘晓光　杨丽萍　裴杰峰　李孟东　赵厚田　何宗涛　周剑波
尹　法　张安宏　张　华　王　斌　刘敬玉　饶先进　张同信　李　勇
张朝温　段百祥

领导小组办公室设在综合事业处，负责具体工作，主任由何宗涛兼任。

20）社会治安综合治理领导小组：

组　长：张永明

副组长：王永军

成　员：李学东　姜行俭　杨丽萍　裴杰峰　周剑波

社会治安综合治理领导小组办公室设在后勤服务中心，负责日常工作的组织开展，人员组成如下：

主　任：周剑波（兼）

副主任：史纪永

成　员：荆荣斌　王传云　穆自庆

21）爱国卫生运动委员会：

主　任：王永军

成　员：李学东　陈继东　张启彬　杨丹山　姜行俭　张　军　张晓杰　刘晓光
杨丽萍　裴杰峰　李孟东　赵厚田　何宗涛　周剑波

爱国卫生运动委员会办公室设在后勤服务中心，负责日常工作的组织开展，人员组成如下：

主　任：周剑波（兼）

副主任：史纪永

成　员：王传云　杨小康

22）节能减排工作领导小组：

组　长：王永军

成　员：李学东　陈继东　杨丹山　姜行俭　刘晓光　杨丽萍　裴杰峰　赵厚田
何宗涛　周剑波

节能减排工作领导小组办公室设在后勤服务中心，负责节能减排监督管理、节能制度和节能措施的组织实施、能耗统计等具体工作。

23）房改领导小组：

组　长：张永顺

成　员：李学东　杨丹山　姜行俭　杨丽萍　裴杰峰　周剑波

领导小组下设办公室，设在后勤服务中心，人员组成如下：

主　任：周剑波（兼）

副主任：杨增禄

成　员：杨小康　戚　霞　穆自庆　王丽君　李　清　李　华　孙　玲

3. 职工培训

2016 年漳卫南局共举办培训班 24 期，组织 958 人参加中国水利教育培训网网络学习，全年累计参加培训 5680 人次。选送 200 余人次参加水利部、海委及地方举办的各类培训班。选派 1 名局级干部参加全国水利系统司局级领导干部法治专题培训班，1 名处级干部参加法国、瑞士“水资源综合管理与地下水监测技术交流团”学习，1 名处级干部参加水利部党校 2016 年春季学期处级干部进修班学习。选派 28 名专业技术骨干参加海委专业技术人员培训班。选派 6 名局级干部和 47 名到中国延安干部学院参加了处级以上领导干部党性教育专题培训班。

4. 人员变动

漳卫南局行政执行人员编制 596 名。2016 年，招录参照公务员法管理人员 7 人，从其他参照公务员法管理的机关调入 2 人（韩瑞光、王永军），从事业单位调入 1 人（裴杰峰），退出 21 人，其中 15 人退休（谢翠祥、张玉东、刘绪华、邵之春、王国杰、孙宝生、边家珍、张立恩、任玉华、苏炳祥、杜新清、程榕、苏瑞清、李琳、史振国），2 人调任其他参照公务员法管理的机关（靳怀堾、张德进），3 人调出（李孟东、王轶、薛荣淮），1 人死亡（张才君）。截至 2016 年 12 月 31 日，漳卫南局参照公务员法管理人员 452 人。

5. 职称评定

2016 年 8 月 31 日，漳卫南局印发《漳卫南局关于公布、认定专业技术职务任职资格的通知》（漳人事〔2016〕30 号）。

经水利部职改办批准（职改办〔2016〕9 号），自 2016 年 7 月 6 日起，王永军具备教授级高工任职资格，仇大鹏、李燕具备政工师任职资格；经海委高级工程师任职资格委员会批准（海人事〔2016〕34 号），自 2016 年 6 月 21 日起，阮仕斌、刘亚峰、徐明德、王玉娜具备高级工程师任职资格，吕笑婧、阮荣乾、杨乐乐、张北、刘凌志、高俊刚、孙洪涛、朱俊、孙继乐、郝卫国、周东明、许琳、温荣旭、周素花、张森、徐明明、张耀中、王婷婷、霍保雷具备工程师任职资格。经漳卫南局认定，自 2016 年 7 月 1 日起，杨苗苗、刘阳、苏伟强具备工程师任职资格，李佩瑶、曲俊雷、王琳琳、段树民、张雨、郭远、纪情情、耿书迪、张元军、杨瑞霞、任天翔、高迪、高翔、黄婷、张涤卉、潘增翼、杨睿、王如金、廖贵凯、刘丽丽、潘艳萍、王朝辉、赵珂福、李宇轮、张金具备助理工程师任职资格，朱秀美、蒋玉涵、贺鑫鑫具备助理会计师任职资格，夏宇航具备助理政工师任职资格，鲁晓莹具备助理经济师任职资格。

6. 表彰奖励

（1）2016 年 2 月 3 日，漳卫南局印发《漳卫南局关于表彰 2015 年度优秀机关工作人员的决定》（漳人事〔2016〕7号），对于伟东等参照公务员法管理的人员进行奖励。于伟东、姜行俭、张润昌、张晓杰、王炳和、刘晓光、杨丽萍、张立群、马元杰、位建华、王丽君、杨乐乐2015年度考核确定为优秀等次，予以嘉奖。

王孟月、戴永翔连续三年年度考核被确定为优秀等次，记三等功一次。

（2）2016年2月3日，漳卫南局印发《漳卫南局关于公布直属事业单位职工2015年度考核优秀结果的通知》（漳人事〔2016〕8号），优秀等次人员（按单位顺序）：裴杰峰、韩朝光、高园园、徐宁、贾文、李红、毛贵臻、石评杨、安艳艳、刘勇、赵琳琳、王艳红、耿晶晶、荆荣斌、许尚明、霍雪丽。

高迪、高翔、任天翔、贺鑫鑫不定考核等次，其他参加考核的人员均为合格。

（3）2016年2月3日，漳卫南局印发《漳卫南局关于公布局属各单位、德州水电集团公司2015年度考核优秀结果的通知》（漳人事〔2016〕9号），李靖、张如旭、张安宏、张德进、张华、王斌、赵轶群、刘敬玉、饶先进、陈俊祥、张同信、陈正山、张建军、李勇、张朝温年度考核确定为优秀等次。根据《公务员奖励规定（试行）》，对上述优秀等次人员嘉奖一次。倪文战连续三年年度考核被确定为优秀等次，记三等功一次。

段百祥、刘恩杰、刘志军年度考核被确定为优秀等次。

【财务管理】

1. 预算编制

加强预算编制的前瞻性研究，围绕单位中心任务，完成了2017—2019年三年规划项目储备工作。2016年，申报了17个存量项目及16个增量项目入库。

2. 预算批复及编制

5月，海委批复漳卫南局2016年部门预算，核定漳卫南局2016年预算收入51039.77万元（含财政拨款37696.53万元）；预算支出51039.77万元（含财政拨款37696.53万元），其中：基本支出22406.63万元（含财政拨款12995.88万元），项目支出28633.14万元（含财政拨款24700.65万元）。7月和12月，编制完成漳卫南局2017年“一上”和“二上”部门预算。

3. 规范津贴补贴测算

7月，根据漳卫南局各单位驻地出台的规范津贴补贴文件，对参公在职人员和离退休人员2017年规范津贴补贴新增经费需求以及补发以前年度经费需求进行了测算。12月，规范津贴补贴新政策全部到位，驻鲁单位补发以前年度经费得以追加。

4. 资金支付

2016年漳卫南局积极采取措施，在确保资金安全的情况下加快资金的支付进度，全年各时间节点资金支付均达到序时进度要求，年末财政资金支付率100%，较好地完成了财政资金支付工作。

5. 项目绩效考评及验收

2月，完成了漳卫南局承担的2015年“海河流域防汛”“海河流域水质监测”“海河流域水文测报”及“水利信息系统运行维护费”4个水利部绩效考评项目的验收及绩效考评工作；10月，组织完成了非水利部绩效考评行政事业类项目的自验并通过了海委组织的验收。

6. 财务检查

4月，对所属单位预算执行情况进行了检查、对资产管理进行了调研，配合监察审计处对局本级2013—2015年会议费、培训费进行了专项检查。6月，对所属单位基建财务基础工作进行检查。8月，对所属单位进行了资金资产专项检查。10月，配合水利部完成了局本级住房改革支出专项检查。11月，对所属单位财经纪律执行情况进行了专项检查并配合监察审计处完成了局本级专家咨询费专项检查。

7. 人员培训

6月，举办预算（资产）管理培训班，局直属各单位分管财务负责人、财务科长及业务骨干60余人参加培训，提升了预算、资产管理水平，提高了财务人员业务素质。9月，举办内部控制基础性评价工作培训班，机关有关部门、局直属各单位40余人参加培训，推进了全局内部控制建设，促进了各单位科学有序开展内部控制基础性评价工作。

8. 政府采购

加强建设项目管理，对达到限额标准的工程、货物和服务，严格履行公开招标、邀请招标或其他政府采购规定的程序。对日常公用经费和事业类项目政府采购行为，加强政府采购预算管理，切实履行政府采购程序，杜绝违规采购现象发生。

9. 资产管理

加强资产管理，完成了2016年全局行政事业单位国有资产清查工作，完成局系统资产处置的审核上报工作。汛前完成局系统防汛物资的账实核对工作。积极探索资产保值增值途径，避免资产闲置浪费。

10. 内部控制基础性评价

积极开展漳卫南局内部控制基础性评价工作，查找、梳理、评估业务及管理中的风险，找出风险点和薄弱环节，通过制定、完善一系列的制度、流程和方法，对风险进行事前防范、事中控制、事后监督和纠正，有效防控业务和管理风险，进一步提高单位内部管理水平。

11. 财务信息系统建设

积极开展水利财务管理信息系统运行工作。按照水利部要求，2016年漳卫南局及所属预算单位实行了财务信息新旧双系统并行工作，运行期间新系统运行基本稳定，各模块使用有了一定基础，通过与旧系统的数据对比，没有发现重大问题。

【水费水价】

根据岳城水库上报的近三年供水成本费用，对供水价格进行了核算，完成了岳城水库供水《成本核算方案》。对邯郸生态水网进行了调研，完成了《岳城水库实施“两水分供”的可行性研究》。4月，向各河务局下发通知，要求漳卫南运河水资源一律实行有偿使用，加强计划用水管理，严格控制用水总量。

【价格收费】

2016年2月，经山东省物价局批准，同意漳卫南局辛集、四女寺继续收取闸桥维护费以及山东一岸上堤车辆收取堤防养护费，期限五年。

【信息系统管理】

1. 运行维护

对信息系统进行冬季、汛前、汛后三次例行检修，测试并记录各类设备运行指标，检查机房、供电、空调、铁塔、接地等状况，及时排除故障隐患，并形成检修记录存档。维修改造魏县至馆陶段微波传输设备，提升了该段传输带宽及可靠性。完成上游局微波链路被阻挡后上游局、岳城局、邯郸局及所属临漳局、大名局、魏县局、馆陶局等单位语音、计算机网络等信息业务恢复工作。完成沧州局机关及南皮局、东光局、吴桥局、吴桥闸、庆云闸、罗寨闸、王营盘闸、辛集闸所、庆云局等单位语音交换系统由程控交换向软交换的升级改造。完成卫河局、岳城局路由器、交换机等老旧计算机网络设备的更新，对网管及杀毒相关软件系统进行了升级，完成网络服务器虚拟化工作，确保了全局计算机网络系统的安全性与可靠性。对邯郸局、临漳、盐山、宁津、冠县5站信息机房进行维修，对吴桥闸、宁津、寨子、盐山4站老旧通信蓄电池组进行更新，对内黄站、魏县站等13个微波站的微波铁塔塔脚螺栓进行了除锈、防腐混凝土封堵加固，逐步完善信息系统基础环境。“7·19”洪水期间及时解决了岳城水库网络中断、卫河局卫星站通信故障、邯郸局及岳城办公基地通信故障等突发问题，通过远程网管确保观台卫星站正常运行，保证了抗洪减灾工作中的信息畅通。

2. 队伍能力建设

组织局属各单位信息化技术骨干人员进行了软交换、视频监视等技术培训。

【机关党建】

1. “两学一做”学习教育

根据中央统一部署，漳卫南局认真开展，积极推进“两学一做（学党章党规、学系列讲话，做合格党员）”学习教育。4月29日，召开“两学一做”学习教育动员部署大会，传达上级会议精神，部署漳卫南局“两学一做”学习教育工作。成立了“两学一做”学习教育协调小组，制定印发了“两学一做”实施方案、具体方案及党委及班子成员带头参加“学党章党规、学系列讲话，做合格党员”学习教育工作方案。

5月12—13日，局党委书记张永明在局办公室、直属机关党委负责人陪同下，到部分局属单位调研指导“两学一做”学习教育开展情况。

局党委中心组分别于5月31日、7月22日、9月28日、11月17日开展了四个专题的集中研讨，集体学习了《中国共产党章程》《党委会的工作方法》《中国共产党廉洁自律准则》《中国共产党纪律处分条例》《习近平谈治国理政》《习近平总书记系列重要讲话读本》等，局领导分别围绕专题进行重点发言和交流发言。

7月1日，为纪念建党95周年，结合“两学一做”学习教育安排，举办主题党日活动，局长张胜红讲授了题为“不忘初衷，献身水利”的主题党课，并对机关直属各党组织优秀党员和基层优秀党支部进行了评选表彰。

7—8月，根据安排，各级党组织书记联系实际讲授了党课，在“7·19”流域暴雨引发洪水的抗洪抢险中，印发了《中共漳卫南局党委关于在防汛抗洪工作中推进“两学一做”学习教育的通知》，有条件的支部书记在抗洪一线讲了现场党课。

9月29日，举办局系统“两学一做”学习教育知识竞赛，内容主要涵盖《中国共产党章程》《中国共产党廉洁自律准则》《中国共产党纪律处分条例》和习近平总书记系列重要讲话精神等内容。

2. 党的基层组织建设

年初，印发《2016年直属机关党建工作要点》（漳机党〔2016〕5号），对一年工作进行了安排部署。5月，结合工作需要，对机关及直属事业单位党支部进行了重新划分，由原来的6个党支部划分为14个党支部。6月份在机关办公楼八楼增设一间党员活动室，并进行了氛围布置，做到了制度上墙；对道德讲堂、一楼大厅、食堂等场所的党建制度牌进行了更新；对图书室进行了完善，购置了一批图书，并配备了管理人员。12月21日，直属机关党委完成换届选举工作，新一届中共漳卫南局直属机关委员会组成人员为：裴杰峰、王孟月、李学东、杨丹山、杨丽萍、王丽、赵厚田、何传恩、于清春、刘恩杰、潘岩泉，其中裴杰峰同志任书记，王孟月同志任副书记。2016年有2名预备党员转正，新发展党员3名。漳卫南局直属机关党委荣获德州市“市级先进基层党组织”荣誉称号。

【精神文明建设】

4月，通过水利部文明办复审组对局机关“全国水利文明单位”复审考核。11月，完成省级文明单位复核工作。截至2016年12月，全局系统中，有13个单位保持了省级文明单位荣誉称号，23个单位保持了市级文明单位荣誉称号。在德州市2016年度“文明科室”复查中，漳卫南局办公室宣传科、办公室秘书科、财务处预算管理科、人事处组织干部科、水文处行业管理科、水文处水情科、四女寺局办公室7个文明科室复查合格（德直党发〔2017〕2号）。

年内，先后举办了“建功十三五”第十届“读书月”活动、“放飞梦想　献身水利”道德讲堂、“助力中国梦，湿润漳河行”主题骑行、“建功十三五”主题演讲比赛、“走出诚信危机——诚信的理念与实践”社会主义核心价值观专题视频讲座、“健康与预防”第二期社会主义核心价值观讲座等活动。

【工会工作】

9月，漳卫南局代表队参加德州市直机关乒乓球比赛，获得男子团体冠军；在海委系统2016年羽毛球比赛中，获得三等奖。元旦春节期间，走访慰问了局属各单位和水电集团公司的离退休老干部、困难职工和基层一线职工；在“7·19”抗洪供水工作中，工会先后多次赶赴抗洪一线，送去慰问品，并陪同海委领导、德州市总工会领导慰问一线抗洪抢险职工；7月29日，局工会组织人员到卫运河治理工程工地开展“夏送清凉”活动；10月，为卫河局大病职工申请救助款1000元，送去工会组织的关怀和问候。组织完成机关全体职工的健康查体工作；组织机关全体职工为德州市武城县农民工子弟小学的留守儿童捐赠各类读物4500本；11月初开展“慈心一日捐”活动，机关及直属事业单位捐款11200元。

【党风廉政建设】

年初，在全局范围推行“两个责任”清单管理，对党风廉政建设责任目标、责任要求、责任内容及完成时限进行了细化分解，明确局党委56项主体责任、主要负责人29项责任、党委书记 26 项责任、其他班子成员 100 项责任、纪检监察部门 31 项责任。单位党政主要负责人认真履行党风廉政建设第一责任人责任，全年同班子成员约谈 2 次，同各单位、各部门党政负责人进行集体约谈 2 次；班子成员认真履行“一岗双责”，与分管部门和联系单位共开展廉政约谈 17 次。全年共开展提醒约谈 4 次。在机关各部门、各直属事业单位党支部设立纪检联络员。邀请中纪委驻水利部纪检组和德州市纪委有关领导就水利反腐倡廉形势和监督执纪“四种形态”进行专题教育；组织开展了“建功十三五”演讲比赛和党规党纪学习教育知识竞赛；组织收看专题片《永远在路上》，坚持每月编印一期《廉文荐读》，截至 2016 年年底共编印 72 期。制定印发《漳卫南局水利工程建设与管理廉政风险防控责任清单》。对全部二级单位开展了督察，下发督察建议书 10 次。

【机关建设与后勤管理】

5 月，协助“局车改领导小组”做好车辆信息的核实、登记工作；做好机关事业单位车辆封存和部分车辆的上交拍卖工作。“7·19”洪水期间，后勤中心按照工作职责做好并圆满地完成了后勤保障工作。12 月，按照局党委要求，完成机关 1 号、2 号宿舍楼房产证的办理工作。

局属各单位

卫河河务局

【防汛抗旱】

完成卫河、共产主义渠汛前检查并及时上报汛前检查报告。5月，调整了防汛工作领导小组和防汛职能组。召开2016年防汛抗旱工作会议并分别参加了鹤壁、安阳、濮阳三市召开的2016年防汛抗旱工作会议。6月15日，开始实施24小时防汛值班。修订了防洪预案、抢险预案，集中学习了《防洪法》《漳卫河洪水调度方案》《河南省主要河道防洪任务》等防汛法规。完善《水位报汛工作实施方案》，对管理范围内的15个水位报汛站点进行全面维护。

7月，卫河流域发生两次强降雨过程，形成“96·8”以来最大洪水。卫河河务局立即行动，启动防汛橙色（Ⅱ级）应急响应，下发橡胶坝调度令，增加防汛技术值班，及时派出工程技术人员赶赴防汛一线查看水情、工情，配合各级防指检查280人次，督促配合封堵涵洞、低凹路口147处，协助抢险87次。督促浚县、滑县、内黄等地清除树障2.1万棵、阻水房屋75间、滩地养殖场13处。开展了“抢修水雨毁工程、确保堤防度汛安全”专项活动，完成堤顶路面修复279km，临时修复水雨毁工程隐患80处。通过全局上下共同努力，实现了所辖河道堤防安全度汛，被漳卫南局评为“抗洪供水先进集体”。

【水利工程建设与管理】

春季，开展了“堤防违章种植、垦植集中清理专项活动”，清除违章垦植140处50余亩、违章种植7处，清除堤坡植树310多棵。重点做好共渠弃土专项段堤防绿化工作，共完成堤防绿化6.57km，种植树木4.24万棵，完成病虫害防治315km。

按照漳卫南局工作意见，在全局范围内开展维修养护物业化管理，物业化管理长度150km。加强工程管理考核工作，每季度对各水管单位工程管理情况进行一次考核。结合季节特点，在秋季组织开展了“消垦堤，守边界”专项活动，完成堤防堆积清除180km，整修界埂150km，清除垦堤、堤坡种植20余亩，巩固了工程边界，保持了堤防工程完整。

2016年，日常维修养护完成堤防整修355km，堤顶、堤坡、上堤路口整修土方4.9万m^3，护堤地界埂、畦田埂整修1.4万个工日，养护石方1.7万m^3，草皮养护46.82万m^2、补植6.63万m^2，水闸闸门维修养护230m^2、设备检修维护675个工日。

8个专项维修养护工程项目从3月开始到11月底全部完成，共完成堤顶养护土方2.3万m^3，堤坡、弃土、护堤地整修养护土方7.7万m^3，泥结石路面9825m^2，混凝土路面124m^3，宣传牌8个，禁行墩、警示牌一组，界桩418个，工程面貌得到全面保持和提升。

【水政监察】

“世界水日”“中国水周”期间，组织水政人员和志愿者40多人，通过出动宣传车、散发传单、张贴标语、悬挂横幅、骑行活动等多种形式开展水法规宣传活动。

落实《卫河河务局水政执法巡查制度》，开展水政巡查12次，涉河建设项目巡查4次，共现场处理水事违法行为3起，立案3起、结案3起。

加大涉河建设项目监管力度，每季度末向漳卫南局报送涉河建设项目监督管理情况统计表。认真履行监督管理职能，严格要求施工单位按照有关批复要求进行施工。汛前，对施工单位度汛方案及度汛措施的落实情况进行专门检查，对影响防汛的有关问题要求施工方立即整改。

加强对浮桥等临时交通设施的监督管理力度，督促局属各单位与浮桥业主或管理人签订安全生产和度汛协议，进一步落实防汛与安全生产责任。

【水资源管理与保护】

按时报送了2015年取水总结及2016年度取水计划表。

加强入河排污口的监督管理工作，每季度组织一次入河排污口巡查。配合漳卫南局完成6个入河排污口水质监测各2次、水功能区监测12次。根据漳卫南局水质污染评价工作要求，积极做好管理范围内8个断面的水样取送工作。

积极配合漳卫南局开展汤河、安阳河口水文自动监测站建设和4个取水口计量设施安装工作。

【综合经营工作】

为提高堤防绿化信息化管理水平，经过前期充分调研，卫河河务局建成了堤防绿化数据库应用系统，为堤防绿化部署、经营创收指标、领导经济决策等提供数据支持。

2015年开展堤防"所有林"模式试点工作以来，在堤防和弃土上已发展11.5km，植树6万余棵。

认真落实《卫河河务局2013—2017年经济发展规划》，加强对临街房门市、内黄大棚等项目的管理利用工作，提高效益。通过努力，利用浚县县城卫河局原旧址及浚县局原旧址在浚县工业集聚区置换一块5.39亩土地兴建防汛仓库。

【人事管理】

1. 人员变动

招录公务员1人（刘丹），退休4人（谢翠祥、吉宪启、吕万照、杜新清）。

截至2016年12月31日，全局在职人员86人，其中参照公务员法管理人员53人，事业人员33人；离退休人员51人，离休2人，退休49人。

2. 人事任免

7月29日，经试用期满考核合格，任命夏宇航为办公室科员，李佩瑶为水政水资源科科员。

8月4日，经卫河局党委研究决定，任命：段峰为水政科科长；阮仕斌为卫河河务局工会副主席（正科级、试用期一年）；杨利明为滑县河务局局长；刘彦军为浚县河务局局长（试用期一年）；李根生为汤阴河务局局长；孙洪涛为内黄河务局局长（试用期一年）；耿建伟为清丰河务局局长；焦松山为南乐河务局局长（试用期一年）。

免去：阮仕斌的工管（防办）科副科长（正科级）职务；刘彦军的人事（监察审计）科主任科员职务；焦松山的水政科副科长职务；孙洪涛的滑县河务局副局长职务；江松基

的浚县河务局局长职务；耿建伟的汤阴河务局局长职务；杨利明的内黄河务局局长职务；李根生的清丰河务局局长职务；段峰的南乐河务局局长职务。

8月4日，经卫河局党委研究决定，聘任李安文为后勤服务中心副主任（试用期一年，聘期三年）。

9月28日，经卫河局党委研究决定，任命：朱俊为浚县河务局副局长（试用期一年）；段立峰为内黄河务局副局长（试用期一年）；李海长为财务科副科长（试用期一年）；关海宾为人事（监察审计）科副科长（试用期一年）；刘凌志为水政水资源科（水政监察支队）副科长（试用期一年）；张北为工程管理科（防汛抗旱办公室）副科长（试用期一年）；耿建民为办公室（党委办公室）主任科员；朱旭为工程管理科（防汛抗旱办公室）主任科员。

免去：耿建民的浚县河务局主任科员职务；朱旭的内黄河务局主任科员职务。

11月17日，经卫河局党委研究决定，任命：邱会艳为卫河河务局人事（监察审计）科副主任科员；周海军为浚县河务局副主任科员；白红亮为内黄河务局副主任科员；雷利军为南乐河务局副主任科员。

12月12日，漳卫南局任命闫国胜为卫河河务局调研员，免去其卫河河务局副局长职务（漳人事〔2016〕50号）。12月14日，中共漳卫南局党委免去闫国胜同志的中共卫河河务局委员会委员职务（漳党〔2016〕36号）。

3. 职称评定和工人技术等级考核

经海委高级工程师任职资格评审委员会评审通过，《海委关于批准高级工程师、工程师任职资格的通知》（海人事〔2016〕34号）批准，阮仕斌具备高级工程师任职资格，张北、刘凌志、高俊刚、孙洪涛、朱俊、孙继乐具备工程师任职资格，专业技术职务任职资格取得时间为2016年6月21日。

《漳卫南局关于公布、认定专业技术职务任职资格的通知》（漳人事〔2016〕30号）认定，刘阳具备工程师任职资格，李佩瑶具备助理工程师任职资格，夏宇航具备助理政工师任职资格，专业技术职务任职资格取得时间为2016年7月1日。

12月28日以卫人〔2016〕122号文件《卫河局关于张南等专业技术岗位聘任的通知》聘任：张南为滑县河务局专业技术九级，任立强为浚县河务局专业技术十级，高俊岗为南乐河务局专业技术十级，聘任时间自2016年12月起，聘期三年。

4. 机构设置及调整

（1）成立“两学一做”学习教育协调小组：

组　长：尹　法

副组长：李　靖

成　员：闫国胜　任俊卿　张如旭

协调小组下设办公室，设在局党委办公室，具体负责学习教育的综合协调、宣传信息和督导检查。

主任：查希峰

成员：鲁广林　张卫敏　夏宇航

（2）成立国有资产清查工作领导小组：

组　长：尹　法

副组长：李　靖　闫国胜　任俊卿　张如旭

成　员：查希峰　张仲收　杜立峰　关海宾

领导小组下设办公室，设在财务科，承担领导小组日常工作，办公室主任由张仲收兼任。

（3）调整防汛抗旱工作领导小组：

组　长：尹　法

副组长：李　靖　闫国胜　任俊卿　张如旭

成　员：查希峰　焦松山　张仲收　杜立峰　杨利江　王建设　吕万照　阮仕斌　崔永玲

防汛抗旱工作领导小组办公室设在工管科。

主　任：张如旭

副主任：杨利江　阮仕斌

（4）成立网络文明传播志愿服务小组：

组　长：李　靖

副组长：查希峰

成　员：张卫敏　夏宇航　刘凌志　李佩瑶　耿晨乐

（5）成立内部控制建设领导小组：

组　长：尹　法

副组长：李　靖　闫国胜　任俊卿　张如旭

成　员：查希峰　张仲收　杜立峰　杨利江　关海宾

领导小组下设办公室，承担领导小组的日常工作。办公室设在财务科，主任由张仲收兼任。

（6）成立滑县西环路卫河大桥河道防护工程建设管理办公室：

主　任：李　靖

成　员：段　峰　张仲收　李海长　杨利明　刘彦军　刘东升　朱　俊

（7）调整安全生产领导小组：

组　长：尹　法

副组长：张如旭

成　员：查希峰　段　峰　张仲收　杜立峰　杨利江　崔永玲　阮仕斌　王建设　李安文

安全生产领导小组下设办公室，设在工管科，具体承办领导小组的日常工作，主任由杨利江兼任。

（8）成立水利工程日常管理考核小组：

组　长：张如旭

成　员：杨利江　张　北　朱　旭

（9）成立特大防汛补助费项目建设管理领导小组：

组　长：张如旭

成　员：杨利江　张仲收　张　北　李海长

领导小组下设工程技术与安全、预算与财务管理两个职能部门，人员组成如下：

工程技术与安全部：杨利江　张　北

预算与财务管理部：张仲收　李海长

5. 考核及奖惩

卫河河务局机关2016年继续保持河南省文明单位、卫生先进单位称号。

1月26日，漳卫南局印发《关于表彰2015年度工程管理先进单位、先进水管单位的决定》（漳建管〔2016〕4号），授予汤阴河务局“2015年度工程管理先进水管单位”荣誉称号。

3月29日，中共濮阳市委市直机关工委以濮直工〔2016〕14号文件《关于表彰2015年度先进基层党组织的决定》，表彰卫河河务局党委为2016年度先进党委。

11月1日，漳卫南局印发《关于表彰抗洪供水先进集体和先进个人的通报》（漳人事〔2016〕41号），表彰卫河河务局为抗洪供水处级先进集体。

根据综合考评和民主评议，经局长办公会研究，滑县河务局、浚县河务局被评为“卫河河务局2015年度先进单位”；办公室、水政科被评为“卫河河务局2015年度先进集体”；南乐河务局、汤阴河务局被评为“2015年度水利工程管理先进单位”。

按照2016年度考核情况，经漳卫南局党委研究决定：尹法年度考核确定为优秀等次。根据《公务员奖励规定（试行）》，对尹法嘉奖一次。李靖、张如旭连续3年考核被确定为优秀等次，记三等功一次。

经民主评议和考核委员会审定，2015年度参照公务员法管理优秀等次人员：李靖、张如旭、查希峰、张仲收、张新国、耿建伟、刘凌志、朱俊、王轶、周海军；周海军连续3年被定为优秀等次，记三等功一次。事业单位优秀等次人员：王建设、李安文、邱慧刚、刘东升、刘阳。

6. 教育培训

认真贯彻落实《水利部2014—2017年水利干部教育培训规划》和《干部教育培训工作条例》，按照《卫河河务局2016年干部培训计划》安排，先后举办了“十八届五中全会精神培训班”“文明礼仪知识培训班”“干部能力提升培训班”“工会知识培训班”“安全生产知识培训班”“防汛抢险知识培训班”“工程资料整理培训班”“水行政执法培训班”“水资源管理与保护培训班”“党风廉政建设教育培训班”“十八届六中全会精神专题培训班”等11期脱产培训班，培训人员472人次。同时，通过网络答题、网络学习、党员学习等方式，全员教育培训时间都达到了上级要求，培训率100%。

【综合管理】

深入推进目标管理，修订完善了目标管理办法并加强日常督查和考核；不断规范公文行为和会议管理，精减文件、简报；制定印发了《卫河河务局2016年宣传工作要点》，加强政务信息宣传管理；进一步完善各项规章制度，积极推进工作平台建设。

及时完成了2015年度决算和2017年度部门预算“一上”“二上”的编报。认真做好增收节支工作，严格“三公经费”预算管理，确保“四个零增长”。严格执行国库集中支付手续，完成了财政资金支付序时进度每阶段的工作。积极推进政府采购，加强国有资产和防汛物料管理。成立领导小组、制订实施方案，完成了资产清查工作。按照漳卫南局和财政部驻河南省专员办要求，积极开展公务用车改革工作。

进一步完善内控制度，制定了内部审计计划，对局属各单位负责人进行了离任审计和对 2016 年维修养护工程资金管理使用情况进行了审计。

【安全生产】

层层签订安全生产责任书，将安全生产纳入年度目标管理考核内容。召开了 2016 年安全生产工作会议，对年度安全生产工作进行全面安排部署。每月重点对所管辖水利工程、在建工程项目及机关日常管理工作安全生产情况、各项责任制落实情况和应急管理进行全面自查，发现问题及时整改。加强水利工程维修养护项目的安全生产监督管理，确保了维修养护工程项目施工安全。在 6 月“安全生产月”活动中开展了《安全生产法》宣传教育、安全生产知识培训等活动。修订完善了综合应急预案、专项应急预案和现场处置等预案，针对刘庄闸重大安全隐患，编制了《安全风险防控手册》，建立以安全生产责任制为核心的安全规章制度体系。2016 年，完成了各项安全生产目标，无事故发生。

【党群工作与精神文明建设】

按照《中国共产党章程》和《基层组织工作条例》，卫河河务局机关设立党办为局党委日常办事机构，不断加强基层党组织建设，对党支部进行优化组合，设立 7 个党支部，并进行了换届选举。制定党委中心组（扩大）学习计划，制定印发《2016 年党组织活动计划》《2016 年党建目标管理考核指标体系》，每月分专题进行理论学习。在“两学一做”学习教育中，成立领导组织、制订实施方案，推动“两学一做”学习教育有序开展；召开专题部署会议，对开展“两学一做”学习教育进行了全面部署发动；购买学习资料，保证学习教育顺利开展；落实党委中心组和各党支部学习教育，读原著、学原文、悟原理，联系思想和工作实际撰写学习感言和心得体会；组织党员上街开展文明交通志愿服务、“周末奉献日”、关爱留守儿童等活动参加防汛抗洪，践行“两学一做”要求；党委中心组和各党支部结合专题要求，认真进行心得交流和学习研讨。

制定了《卫河河务局 2016 年精神文明建设计划》，明确了各部门创建工作职责，组织开展了职工运动会、道德讲堂、“我们的节日”等活动；开展了文明创建活动进科室、进家庭活动；积极参加社会公益事业，开展了献爱心活动和“慈善一日捐”；积极开展文明单位“社区奉献园”，开展了文明交通、清洁家园、关爱空巢老人留守儿童等活动。坚持把环境建设纳入单位总体规划中，机关环境建设不断美化、净化、亮化。2016 年，保持省级文明单位称号。

【党风与廉政建设】

全面落实从严治党主体责任，按照濮阳市要求认真开展“全面从严治党主体责任深化年”活动。加强党员干部廉洁从政教育和警示教育，使每一名党员干部牢固树立规矩和法纪意识，强化担当、责任意识，筑牢拒腐防变的思想防线。制定印发了《卫河河务局 2016 年党风廉政建设和反腐败工作实施意见》《2016 年党风廉政建设目标管理考核指标体系》，对全年党风廉政建设重点工作进行层层分解，并签订责任书。组织开展廉政恳谈、任前廉政谈话、常规约谈和党风廉政建设责任制落实情况专项督导检查、年度考核活动，加强党员干部廉洁从政教育管理。进一步完善廉政风险防控制度建设，制定责任清单，落实“两个”责任，深入推进廉政文化示范单位建设。

邯郸河务局

【工程管理】

1. 馆陶河务局海委示范单位复核

明确馆陶河务局工程管理指导思想和阶段目标任务，对堤防、工程进行摸底普查，对工程管理档案和工程考核资料进行认真梳理。安排技术人员进驻馆陶河务局，与馆陶河务局技术人员一起整理工程管理考核内业资料。馆陶河务局成立了迎接海委级水利工程示范单位复核小组，将复核任务分解，倒排工期，年底以885.4分顺利通过了海委级示范单位复核。

2. 维修养护工作

召开了工程管理专题会，落实漳卫南局2016年工程管理工作要点工作任务，认真选取物业化开展堤段和落实物业人员，共选取物业堤段165.548km，实行维修养护月报制度，落实维修养护工作的三级检查考核。调整“邯郸局维修养护考核组”“日常维修养护工作组”和“专项维修养护工作组”，明确了各小组工作职责，及时对日常和专项维修养护工程进行统筹安排、跟踪检查和业务指导，对质量、工期、验收等工作进行安排和部署。按时完成专项维修养护工程项目和应急度汛工程项目。成立了建设管理办公室，严格按照规定对工程进行了招标，确定施工队伍，同时委托监理单位进行施工过程的建设管理。共完成专项维修养护项目工程9处和应急度汛工程3处。

3. 春季绿化

共种植树87450棵，其中法桐6000棵、柳树2800棵、杨树78650棵。

【水政水资源管理】

1. 水政人员培训

制订年度培训教育计划，编印《水政监察人员执法手册》和《水资源廉政风险防控手册》，制定和修订了相关行政执法制度。

2. 水法宣传

积极在“世界水日”“中国水周”及“国家宪法日”期间开展普法宣传，在沿河显要位置悬挂大型宣传条幅，并出动水法宣传车10余辆，印发水法规宣传彩页5000份。

3. 水政执法

以打击非法采砂为突破口，积极推进行政执法工作。对侵占堤防建房进行经营活动的现象进行了分类摸底调查，拆除了卫河龙王庙、漳河左堤邯大公路路口、马时庄村等多处违法建筑。清除魏县方里集村100余亩约4000余棵新植树障。

4. 禁止河道采砂

落实海委关于河道禁止采砂精神，联合邯郸市政府，加大对非法采砂行为的打击，开展了三次大的联合执法活动。3月，联合临漳县人民政府开展了为期一个月的“严厉打击漳河非法采砂、保护漳河文物突击月”活动，共清除河道内违法板房4处，扣押砂场铲车10辆，筛沙机5台。4月，联合邯郸市公安局、邯郸市漳河公安分局等单位，对岳城水库以下漳河无堤段上七垣附近两处非法采砂行为进行了严厉打击，共出动水政执法人员和公安干警共60余人、执法车6辆，拘传3人，暂扣违法运砂车3辆。7月，联合岳城水库管理局、磁县、安阳县和漳河生态园区管委会开展了“严厉打击非法采砂行为，确保漳河河道行洪安全”的跨省联合专项执法行动，共出动执法人员600余人，执法车150余辆，强行拆除采砂、采石、石料加工企业23家。《中国水利报》分别在2016年1月5日和9月20日以《依法惩处清河道——漳河打击非法采砂行为纪事》《跨省联合执法、打击非法采砂》为题对严厉打击漳河非法采砂行为的开展情况进行了专题报道。

5. 涉河建设项目监督管理

主动为企业服务，及时办理开工手续，并加强施工过程管理，在漳河过水期间，及时向涉河企业通报过水信息，督导做好防洪准备。国网河北省电力公司上海庙-山东省特高压线路工程业主项目部将印有“预警保安全　心系特高压”的锦旗送到邯郸河务局，感谢为项目部及时提供雨洪信息，保证了人员安全，避免了财产损失。

6. 水费征收工作

邯郸局管辖范围内共有军留扬水站、窑厂、岔河嘴和幸福闸4处取水口。根据漳卫南局《关于进一步严格水资源管理有关问题的通知》精神，成立了专门领导小组，制定了《邯郸局水费征收实施方案》，对管辖范围内的取水口进行了全面调查。召开座谈会集思广益，并以魏县军留扬水站为突破口，大名、馆陶同时进行，目前大名水利局已完成水费征收工作，魏县水利已签订供水合同。

【防汛抗旱】

认真开展汛前检查，落实防汛责任制，修订了《漳卫河防洪预案》并由邯郸市防指下发沿河各县执行，及时召开防汛工作会议，制定《漳卫河重点险工应急预案》，举办防汛抢险技术培训班，强化汛期防汛值班，当好地方参谋。

按照防汛工作地方首长制原则，明确防汛责任，制定河道树障清除方案。在沿河乡镇大力开展宣传活动，制造声势，把魏县境内约新植树障及零散树障作为清除重点，并在地方政府的配合下对方里集村100余亩4000余棵树障进行了清除。

7月，华北平原连降大雨，岳城水库开闸泄洪，邯郸河务局召开紧急动员会，启动橙色应急响应机制，全力做好抗洪准备工作。包堤段、包险工的技术人员紧急赴向分管河道加强巡查，24小时跟踪水头，查看险工靠溜情况及主流位置，同时记录过水水头传播的精确时间。防汛值班人员实行24小时值班，及时准确地统计水情、工情、险情。各县局也积极行动起来，驻守各险工险段，检查工程过水情况，及时汇报工程状况，确保行洪安全。洪水过后，及时收集整理过水资料，进行了洪水传播时间分析和工情、水情技术分析，并组织对严重影响堤防安全的水沟浪窝等进行了恢复，对堤顶路面进行了填垫。

【人事管理】

2016年3月20日，经中共邯郸局党委研究，任命：李曙光为临漳河务局局长；郭兴军为魏县河务局局长；孙忠新为大名河务局局长；李学明为馆陶河务局局长。

8月15日，中共漳卫南局党委免去张德进邯郸河务局局长职务。

9月5日，根据工作需要，任命：李曙光为水利部海委漳卫南运河邯郸河务局直属临漳水政监察大队大队长；郭兴军为水利部海委漳卫南运河邯郸河务局直属魏县水政监察大队大队长；孙忠新为水利部海委漳卫南运河邯郸河务局直属大名水政监察大队大队长；李学明为水利部海委漳卫南运河邯郸河务局直属馆陶水政监察大队大队长。免去：李曙光水利部海委漳卫南运河邯郸河务局直属馆陶水政监察大队大队长职务；郭兴军水利部海委漳卫南运河邯郸河务局直属大名水政监察大队大队长职务；孙忠新水利部海委漳卫南运河邯郸河务局直属临漳水政监察大队大队长职务；李学明水利部海委漳卫南运河邯郸河务局直属魏县水政监察大队大队长职务。

【党群工作与精神文明建设】

1月26日，根据《中共漳卫南局党委转发关于开好“三严三实”专题民主生活会的通知》（漳党〔2015〕42号）要求，召开了以践行“三严三实”为主题的民主生活会。会议通报了党委民主生活会整改措施落实情况，并就践行“三严三实”活动情况进行了对照检查。党委班子5名成员根据各自的思想实际、工作实际和生活实际，对党委班子及个人在践行“三严三实”方面存在的问题进行了深刻剖析，开展了批评和自我批评，提出了整改措施和今后的努力方向，并及时向漳卫南局进行了报告。

按照上级要求，积极安排“两学一做”教育实践活动，成立“两学一做”学习教育协调小组，印发了《中共邯郸局党委关于在全体党员中开展“学党章党规、学系列讲话，做合格党员”学习教育实施方案》，组织党员干部积极开展学习教育活动。

举办道德大讲堂，邀请知名专家系统讲解社会主义核心价值观的内容、意义，将社会主义核心价值观内化于心、外化于行。深化公民道德素质教育，提升职工文明素质。组织学习《邯郸局职工文明手册》，加强文明志愿者服务队和网络文明志愿者队伍的管理和引导，积极开展网络文明传播活动和文明志愿者服务活动，积极推动正能量的传播。组织开展多项业余文体活动，陶冶职工情操。加强了局属县级河务局文明创建工作指导，临漳、馆陶、大名、魏县河务局文明创建工作取得了一定成绩。

【安全生产】

落实安全生产责任制，召开安全生产工作会议，与局属各河务局和相关科室签订了2016年度安全生产责任书，将安全责任进行了层层分解。制定了《邯郸河务局2016年安全生产工作要点》；梳理、编制完成《邯郸局安全生产管理制度汇编》，并装订成册。调整了安全生产组织机构，成立了以局长为组长的安全生产工作领导小组和由工管科、办公室、后勤中心组成的安全生产办公室，并制定了安全生产领导小组及安全生产办公室工作职责。

召开2016年安全生产工作会议，安排部署全局安全生产工作。以“强化安全发展观念、提升全民安全素质”为主题，召开“安全生产月”宣传活动动员会，制定“安全生产月”宣传活动实施方案。加强安全生产宣传教育，组织学习观看2016年全国安全生产月主题片《筑基——强化安全发展观念提升全民安全素质》《全面提升安全生产法治能力

——新〈安全生产法〉释义》《致命的有限空间》《责任》以及《水利生产安全事故案例集（2009—2015年）》等警示教育资料，组织开展“6·16”全国安全生产宣传咨询日活动。开展了以安全生产法律法规以及交通安全、消防、安全生产操作规程为主要内容的安全生产知识培训和竞赛，提高职工安全生产管理意识和水平。

开展消防知识培训，6月14日，特邀请邯郸市消防支队开展消防知识培训，了解消防知识，提高安全防范意识和安全自救能力，为做好安全消防工作奠定了基础。

结合汛期安全生产工作，按照《邯郸局关于做好2016年汛期水利安全生产工作的通知》要求，组织开展在建水利工程等领域安全隐患排查治理工作。加强化验室危险品、车辆交通、办公区、宿舍区防火、用电、用气等安全管理，加强职工食堂设备设施的安全检查工作，建立和完善隐患排查和治理台账。

印发《邯郸局安全生产标准化建设工作实施方案》。局属各单位按照评审标准及制定的安全生产标准化建设工作方案，积极组织开展安全生产标准化自建，制定并完善安全生产目标、组织机构和制度体系，进行安全教育培训，开展隐患排查治理，完善各项安全生产台账及现场管控措施，健全安全生产监督管理体制机制，对照标准开展自查、自评和缺陷整改，并把阶段性成果及时报局。

【党风廉政建设工作】

与各县局和机关各部门主要负责人签订了2016年《党风廉政建设目标责任书》《党风廉政建设承诺书》。按照漳卫南局有关要求，对2016年党风廉政建设和反腐败工作进行了责任分解；制定了《2016年度局属各单位领导班子党风廉政建设考核指标体系》，继续贯彻落实中共邯郸局党委《关于进一步落实党风廉政建设主体责任的意见》《关于领导干部落实“一岗双责”实施办法（试行）》《邯郸局党风廉政建设责任制实施办法》和《邯郸局党风廉政建设责任制考核办法》的精神；继续组织开展了廉政文化示范单位建设活动，印发了《邯郸局廉政文化建设规划》和《邯郸局2016年廉政文化建设工作计划》。

聊城河务局

【工程建设与管理】

1. 工程管理

认真落实漳卫南局年度工程管理工作要点，召开工程管理座谈会议，部署年度工程管理工作任务。按照《海委确权划界项目责任书》要求，研究启动堤防工程确权划界工作，组员开展前期调研和任务分解工作。进一步完善工程管理规章制度，组织开展工程管理初检自评，切实做好漳卫南局年度工程管理年度迎检工作。2016年被漳卫南局评为“工程管理先进单位”，冠县河务局、临清河务局被评为“先进水管单位”。

2. 工程维修养护

1月6日、2月29日，聊城局、漳卫南局先后组成水利工程日常、专项维修养护工程验收组，对2015年日常、专项维修养护工程项目进行验收考核，经考核评定，一致认为：工程投资控制合理，质量合格，资料齐全，同意通过验收。

积极履行维修养护监督指导和管理职责，科学编制《2016年维修养护实施方案》，优选维修养护参建单位，签订工程设计、施工、监理等合同文件，及时下达计划任务书，落实月度、季度工程检查验收制度，严格经费投资计划，专项与日常维修养护项目按期、保质、保量顺利完成。共完成衔接型标准化堤防示范段6km、堤防整修5km、控导工程养护515m^3、生物草皮维护29.2万m^2，制埋护堤地分界桩440根，维修养护涵闸设施12台/套，全年累计完成工程投资448.57万元。其中，日常维修养护资金318.94万元，专项维修养护资金129.63万元。在日常维修养护建设中，继续推进堤防物业化管理，物业化管理长度增加到44.2km，占堤防总长度的53%，参与承包人数14人，日常维修养护逐步实现常态化管理。通过实施维修养护建设，所辖堤防、险工、涵闸等水工程防洪能力进一步增强，工程面貌不断提升。

3. 临清河务局海委示范单位复核

为做好临清局海委示范单位复核验收，聊城河务局精心组织、积极筹备，对照《河道工程管理考核标准》，推进临清河务局组织管理、安全管理、运行管理以及经营管理建设，依托维修养护工程加强堤防工程、控导工程维修养护，完善工程档案资料、改善机关环境面貌。12月1日，临清河务局以889.8分的成绩顺利通过海委组织的复核验收。

4. 堤防绿化

召开堤防绿化动员部署会议，按照“防护型、生态型、景观型、效益型”绿化体系建设要求，转变经营管理和堤防绿化工作理念，因地制宜，优化堤防种植结构，规范堤顶行道林、护堤林以及防浪林种植。面对病虫害高发态势，邀请林业部门共同应对美国白蛾堤防树木病虫害防治工作，确保了堤防绿化效果与树木成活率，全年绿化长度11.5km，植树4.11万株，在改善堤防生态结构的同时，促进了堤防面貌的整体提升。按照《漳卫南局规范堤防工程绿化工作通知》要求，加强政策宣传引导，积极开展违规树木、种植农作物排查建档和清除移植工作，维护了堤防绿化种植秩序。

5. 卫运河治理

积极履行运行管理单位职责，配合漳卫南局卫运河治理建设管理局做好工程迁占、对外协调等工作，参与临清水文站改造等项目检查验收，所辖河段卫运河治理主体工程基本完成。

【水政水资源管理】

1. 水法规宣传教育

制定《聊城局法制宣传教育第七个五年规划实施意见》与年度普法依法治理工作计划，积极推进依法普法宣传教育，深入开展“学法用法”活动。围绕“水与就业”和“落实五大发展理念，推进最严格水资源管理”两大主题，组织开展第二十四届“世界水日”、第二十九届“中国水周”以及“12·4”国家宪法日普法宣传活动，参加宣传人数达30余人。分别在临清市、冠县城区及沿河乡村进行宣传，出动普法宣传车5辆次、制挂宣传横条幅30条、张贴宣传标语200余条、散发传单2000余张、张贴宣传画50余份、设立法制咨询站2处。临清市电视台宣传活动进行了现场录制采访。“中国水周”期间，设立宣传栏，组织职工观看水法宣传片，参加海委系统“世界水日”“中国水周”网络答题，学习陈雷部长、任宪韶主任、张胜红局长的署名文章，营造了浓厚的普法氛围，增强了干部职工和沿河群众的遵法守法意识。

2. 水行政执法与队伍建设

推进依法行政，规范执法程序，完善《聊城局预防和处理突发水事案件预案》，认真落实水政执法巡查和报告制度，严格执行支队月巡查、大队周巡查制度，健全水政巡查记录，组织开展水政执法专项检查。全年未发生水事违法案件，河道管理秩序良好。

加强执法队伍建设，充实水政执法装备，完善落实法律顾问制度，开展行政执法人员专项清理，调整全局水政执法人员，举办水行政执法培训班，组织人员参加山东省行政执法和听证主持人资格考试。全局 2 名同志取得行政执法听证主持人资格，11 名同志申领换发行政执法证。

3. 水资源管理与保护

加强河道水资源计划用水管理和过程管理，制定年度水资源管理工作要点，对潜在取水口进行调查登记，向取水口门下达年度取水计划，做好取水口门取水统计上报工作。加强取水许可日常监督管理，开展水资源管理日常和专项巡查，完善巡查记录。对接地方水务部门，探索河道水资源有偿使用机制，协助沿河县市做好雨洪水资源优化利用工作，助力沿河县市引水灌溉工作。

落实年度水资源保护工作计划，复核入河排污口基本信息，开展水功能区和入河排污口监督检查，按时报送水污染事件月报。年初，配合聊城市做好海河迎检工作，开展水污染防治专项检查，设立界牌、标示和水资源保护宣传牌，营造水污染防治宣传氛围。12 月底，按照漳卫南局关于做好“引岳济沧”输水工作的有关要求，精心部署，分解任务，切实做好所辖河道引取水口门管理和水质水量监测工作。

【防汛抗旱】

1. 防汛备汛

汛前认真落实省市防汛工作会议精神，设分会场参加漳卫南局防汛工作视频会议。督促落实地方行政首长防汛责任制，主持与沿河县市签订《漳卫河防汛责任书》，明确地方政府以包河段、包险工、包涵闸为工作内容的防汛责任。6 月 7 日，召开聊城局防汛工作会议，调整防汛组织机构，落实局领导防汛分工责任制、科室部门责任制和职工岗位责任制。加强汛前检查，及时向漳卫南局防办和聊城市防指上报《汛前检查报告》，修订《聊城市漳卫南运河防洪预案》，完善防汛工作制度，组建专业防汛抢险队伍，举办聊城局防汛技能培训班，7 月 4—8 日，组员指导冠县防指抗洪抢险实战演练。

2. 引黄输水

4 月 11—27 日、6 月 21 日至 7 月 18 日，穿卫枢纽两次承担引黄入冀调水工作，枢纽总过水量 1.66 亿 m^3。为做好引黄调水工作，利用维修养护工程积极开展穿卫枢纽和入卫涵闸明渠清淤、护坡翻修、启闭设备维护等工作。同时成立输水领导小组，落实输水测验责任，完善输水管理和水文测验制度，加强枢纽工程和水文设施安全管理，按照水情测报有关要求，精密施测，及时上报水情信息，输水任务圆满完成。

3. “7·19”洪水应对

7月中下旬，漳卫南运河遭遇20年来最大洪水，南陶水文站最大流量达558m³/s，最高水位距离警戒线仅0.63m；临清站流量457m³/s，水位33.02m，距离警戒线只有1.22m。洪水导致河道滩地大量树木、农作物受淹，部分涵闸出现渗水等险情，滩地数千亩农田绝产，严重威胁当地群众生命和财产安全。汛情发生后，地方政府以及漳卫南局高度重视漳卫河防汛抢险工作，省委副书记、省长郭树清就做好漳卫河防汛工作做出重要批示，赵润田副省长到现场查看漳卫河险工险段情况，聊城市市委书记徐景颜、市长宋军继多次对漳卫河防汛抢险工作进行安排部署，并分别到现场进行检查指导，漳卫南局领导多次到聊城河务局检查指导漳卫河防汛工作。

7月19日，聊城河务局连夜召开防汛会商会议，紧急动员部署，启动二级防汛应急响应。局领导和各河段组迅速奔赴一线指导防汛抗洪工作。局领导防汛带班和职工24小时值班，密切关注水情工情险情，研判防汛形势，及时传递汛情信息，穿卫枢纽水文站认真开展雨情测报。先后印发《关于进一步加强防洪工程隐患排查工作的通知》和《关于进一步加强漳卫河防守工作的紧急通知》，督促市防指印发《聊城市漳卫河防汛抢险责任分工》和《聊城市漳卫河防汛抢险应急处置方案》。根据洪水预测预报，组织专业队伍对险工险段、桥梁涵闸等进行实地排查和风险评估，指导地方政府对涵闸进行关闭封堵。在重要上堤坡道路口安装警示牌，提醒群众远离危险区域。指导落实沿河应急队伍组建布防，沿河村庄明确巡河员和预警员，沿河乡镇设立防汛指挥部、组建防汛应急小分队，吃住在大堤，日夜驻守大堤，及时化解各种险情。密切地方防指沟通联系，及时通报防汛形势和各类汛情，参加沿河防汛会商，提出防汛抗洪工作意见，有效发挥参谋助手作用。督促拆除阻水障碍，洪水来临之前共拆除河道浮桥13座，清除阻水片林3800余亩以及其他滩地鸡棚、过桥收费性房屋等设施若干，同时封堵穿堤涵闸管及上堤路口70多处。组织雨水毁工程修复，指导地方防指成功处理冠县班庄、郭庄涵闸，临清东桥涵闸、车庄涵闸、头闸口扬水站等漏水险情。8月1日，南陶站水文站流量192m³/s，水位回落至37.05m，“7·19”防汛抗洪工作圆满完成。

11月18日，召开防汛供水总结及表彰大会，传达漳卫南局会议精神，总结应对“7·19”洪水主要做法和经验教训。冠县河务局、临清河务局被漳卫南局评为抗洪供水先进集体，张华、魏强、曹祎、张斌、迟世庆被评为抗洪供水先进个人。

【计划执行与基础设施建设】

加强基础设施建设，组成由王玉哲副调研员为组长的项目建设组，分别对穿卫枢纽管理所办公用房、车库、配电室、厨房以及临清河务局防汛仓库等设施进行修缮，修缮设施建筑面积合计854.5m²，项目投资13.52万元。落实特大防汛补助费项目计划，12月6日，上级拨付防洪工程雨毁修复建设资金45万元，经党委研究，以委托施工的形式由德州水利水电工程集团有限公司施工建设。在房屋修缮和雨毁工程修复建设中，聊城河务局精心部署、倒排工期、严格质量检验，工程项目均于年底全部完成。

【人事管理】

1. 干部选拔任用

落实干部选拔任用程序，10月27日，因试用期满，经组织考核、民主评议、党委会议研究，任命迟世庆为穿卫枢纽管理所所长、万红为穿卫枢纽管理所副所长。7月5日，根据《中华人民共和国公务员法》相关规定，经试用期满考核合格，任命王琳琳为水利部海委漳卫南运河聊城河务局科员。

2. 考核奖惩

1月25日，漳卫南局印发《关于表彰2015年度先进单位、先进集体的决定》（漳办〔2016〕1号），授予聊城河务局“漳卫南局2015年度先进单位”荣誉称号。

1月26日，漳卫南局印发《关于表彰2015年度工程管理先进单位、先进水管单位的决定》（漳建管〔2016〕4号），授予聊城河务局“2015年度工程管理先进单位”荣誉称号，授予冠县、临清河务局“2015年度先进水管单位”荣誉称号。

2月3日，漳卫南局印发《关于公布局属各单位、德州水电集团公司2015年度考核优秀结果的通知》（漳人事〔2016〕9号），张华同志年度考核确定为优秀等次并嘉奖一次。

2月23日，根据年终目标管理考核意见，经局长办公会议研究，授予临清河务局“聊城河务局2015年度先进单位”荣誉称号，办公室、水政科“聊城河务局2015年度先进集体”荣誉称号。

2月23日，根据《漳卫南局关于开展2015年度公务员和事业单位职工考核工作的通知》（漳人事〔2015〕60号）精神，按照述职述廉述学、民主测评和评优比例情况，经局党委研究，确定张华、张君、霍航斌、曹祎同志为“2015年度参照公务员法管理人员优秀职工”，确定徐立彦、许晖、尹元森、赵庆阁同志为“2015年度事业人员优秀职工”。

3. 教育培训

落实《干部教育培训工作条例》，制定职工教育培训计划，健全干部培训登记制度。坚持职工和党委中心组理论学习制度，全年组织理论学习40次。全局干部职工首次全员参加水利部职工网络教育培训，积极参加水利法律法规网络答题、公民科学素质基准网络答题、农田水利条例知识问答有奖活动，举办防汛抢险培训班、水行政执法培训班等培训教育班3期，组织职工参加上级和地方举办的水文、档案管理等培训教育。全年共组织或组员参加各类培训20余期，受教育近400人次。

4. 机构设置与调整

（1）5月4日，成立“两学一做”学习教育协调领导小组：

组　长：张　华

副组长：魏　强　王玉哲

成　员：张　君　孙连根　刘玉俊　徐立彦

领导小组下设三个职能小组：

1）综合协调组。

组　长：孙连根。

成　员：王立云

2）宣传信息组。

组　长：张　君

成　员：苏向农　张　玮

3）督导检查组。

组　长：刘玉俊

成　员：徐立彦

（2）10月8日，调整党风廉政建设和反腐败工作领导小组：

组　长：张　华

副组长：魏　强

成　员：孙连根　刘玉俊　张　君　曹　祎　张　斌　迟世庆

（3）3月14日，成立国有资产清查领导小组：

组　长：张　华

副组长：魏　强

成　员：张　君　苏文静　孙连根　刘玉俊

领导小组下设办公室，设在财务科，主任由苏文静兼任。

（4）3月15日，成立公务用车制度改革领导小组：

组　长：张　华

副组长：魏　强

成　员：张　君　苏文静　孙连根　刘玉俊　司秀林

领导小组下设办公室，设在财务科，主任由苏文静兼任，副主任由司秀林兼任。

（5）6月6日，调整聊城局防汛组织机构：

组　长：张　华

成　员：魏　强　吴怀礼　王玉哲　彭士奎　曹　祎　张　斌　迟世庆

实行包河、包闸责任制；张华对全局防汛抗旱工作负总责。

魏强包冠县局所属河段的防汛工作，张春华、司秀林协助；彭士奎包临清局所属河段的防汛工作，张君、孙连根协助；王玉哲负责穿卫枢纽管理所防汛工作，郭爱民、郝一军协助。

同时实行防汛技术责任制，吴怀礼对全局防汛技术负总责。

成立局防汛抗旱办公室，办公地点设在局工程科，吴怀礼任主任。成员：郝一军、张春华、张君、孙连根、郭爱民、苏文静、迟瑞雪、司秀林、徐立彦。

防汛办公室内置职能组：

1）工情组。

组　长：郝一军

成　员　范宪煜　王琳琳

2）水情组。

组　长：张春华

成　员：张　蕊

3）物资组。

组　长：苏文静

成　员：张保兰　杨爱芹

4）通信组。

组　长：迟瑞雪

成　员：梁　红　周艳君

5）宣传组。

组　长：张　君

成　员：苏向农　张　玮

6）后勤组。

组　长：司秀林

成　员：徐立彦　刘德庆　刘德静

7）综合组。

组　长：孙连根

成　员：王立云

8）安全组。

组　长：郭爱民

成　员：王春祥

（6）6月16日，调整安全生产领导小组及组成人员：

组　长：王玉哲

成　员：郝一军　司秀林　迟瑞雪　徐立彦　张　君　张春华　苏文静　孙连根
郭爱民

成立安全生产管理办公室与局工程科合署办公，处理安全生产日常管理工作，王玉哲兼任主任。

（7）9月9日，成立内部控制建设领导小组：

组　长：张　华

副组长：魏　强

成　员：张　君　苏文静　孙连根　郝一军　刘玉俊

领导小组下设办公室，承担领导小组的日常工作。办公室设在财务科，主任由苏文静兼任。

5. 职称评聘

根据事业单位岗位设置工作实际，经局党委研究：聘任张玮为综合事业管理中心专业技术岗位八级；聘任万青为穿卫枢纽管理所专业技术岗位九级；聘任刘丽英为穿卫枢纽管理所专业技术岗位九级；聘任周东明为穿卫枢纽管理所专业技术岗位十级。

6. 人员变动

5月1日，赵云生达到法定退休年龄，依照相关规定办理退休手续。7月10日，新招录参照公务员管理人员李飞报到就职。7月20日，完成事业单位在编人员统计上报工作。截至2016年12月31日，全局在职职工59人，其中参照公务员法管理人员30人，事业人员29人；离退休人员27人，其中离休人员2人，退休人员25人。

【财务管理与审计监督】

1. 财务管理

1月20日，编制完成2015年部门决算报表，12月29日，分别完成2017年部门预算和2017年中央行政事业单位住房改革支出预算报送工作。按照2016年预算批复稳步推进财政资金和维修养护资金支付进度，10月20日，组员开展财政资金支付与预算执行情况自检自查。成立公务用车制度改革领导小组，制订实施方案，稳步推进公务用车改革工作。认真开展国有资产自查，积极配合审计部门做好国有资产集中清查工作。启动内部控制基础评价工作，召开专题会议，举办培训班，完善《内部控制规章制度》，落实内部控制报告制度，内部控制基础评价扎实推进。

2. 审计监督

制订年度审计工作计划，落实审计工作制度，11月20日，组员开展维修养护资金使用情况专项审计，对审计工作中发现的问题进行了督促整改。

【党群工作与精神文明建设】

1. 党群工作

落实年度党建工作要点，举办庆祝建党95周年座谈会，公开2015年度中管党费收支情况，11月10日，按标准完成党费补缴，组织开展党员清查工作。1月21日，聊城局党委召开“三严三实”专题教育民主生活会。落实局党委和局属单位党支部生活制度和学习制度，扎实推进学习型党组织建设，党委中心组切实抓好理论学习，开展“学习贯彻十八届五中全会精神”网络答题，举办学习贯彻党的十八届六中全会精神（扩大）学习班。扎实开展“两学一做”学习教育，5月6日，召开学习教育动员会议，正式启动“两学一做”学习教育，成立协调领导小组，制定《实施方案》，组织党员干部深入学习党章党规、系列讲话，在“7·19”防汛抗洪中倡导践行“两学一做”要求，各级党组织围绕“讲政治，有信念，做政治合格的表率”等四个主题分别进行交流研讨，处级干部分别开展党课教育，营造浓厚的学习教育氛围。

2. 精神文明建设

深入推进精神文明建设，制定年度工作要点，开展“身边好人”推荐评选活动，积极参加文明临清志愿服务活动。加强道德讲堂阵地建设，举办四期道德讲堂知识讲座。倡导社会主义核心价值观，设立核心价值观宣传牌，深入开展读书月活动，组织职工观看《较量无声》等形势政策宣传片，学习全国“两会”精神以及习近平总书记纪念建党95周年、抗战胜利80周年重要讲话精神，组织参加“测一测，2016年政府工作报告知多少”在线专题学习答题活动，推进干部职工理想信念、公民道德和形势政策教育。健全职工活动室、阅览室文体设施，组织健康查体，举办庆“三八”妇女节座谈会和庆“五一”职工趣味运动会等活动，“九九”重阳节走访慰问离退休职工，职工文化生活丰富多彩。11月2日，局机关以及临清局、冠县局、穿卫枢纽管理所全部通过聊城市市级文明单位复核验收，市级文明单位全面覆盖。

【综合管理】

认真贯彻落实上级决策部署，及时召开工作会议、党风廉政建设工作会议等会议，传达上级精神，落实工作部署，确保上级各项决策落到实处。严格执行民主集中制原则，坚持重大问题集体研究、集体决策，全年共召开党委会、局务会议23次，推动政务、局务公开工作。继续推行目标管理考核机制，完善《聊城局目标管理办法》，细化《目标管理指标体系》，12月5—6日组成考核小组对各单位、科室目标管理工作进行检查考核。精心做好公文处理工作，截至12月31日，传阅上级来文126件，印发行政类文件60件、党委类18件。加强信息宣传工作，分解量化信息报送任务，全年刊印《漳卫河简报》25期，“漳卫南运河网”上稿50篇，其中两篇被“水信息网”录用，《情系一方百姓 构筑平安堤坊——漳卫南运河临清河务局防汛抗洪纪实》被“齐鲁网”和“聊城新闻网”录用刊登。认真做好档案管理工作，开展档案规范化管理专项检查，顺利通过海河档案馆组织的档案安全专项检查。深入开展信访维稳工作，完善信访维稳工作方案，落实群众来信来访首办责任制和重大信访事件领导包案制度，“两会”期间认真执行局长带班值班和零报告制度，大力开展职工来信来访处理和矛盾排查化解工作。针对年初事业人员诉求，及时学习传达《漳卫南局事业单位发展座谈会议纪要》，多次召开党委会议和职工座谈会，研究探讨事业单位发展对策，建立事业人员绩效考核奖励机制，稳定职工情绪，有效化解事业人员反映的问题，确保了单位的和谐稳定。

【安全生产】

召开年度安全生产工作会议，制定《年度安全生产工作要点》，传达上级会议精神，部署年度安全生产重点任务。调整安全生产管理人员，明确工作职责，签订安全生产责任书，完善安全生产规章制度和工作台账，制定信息网络安全管理、消防安全等应急预案。积极开展安全生产月、节假日以及汛期安全生产工作，加强安全生产宣传教育，落实各项防范措施，强化安全生产检查，认真落实安全生产事故月报工作，全年安全生产无事故。

【党风廉政建设】

1. 责任体系建设

全面落实党风廉政建设主体责任和监督责任，先后召开党风廉政建设工作会议、落实党风廉政建设主体责任座谈会和纪检监察工作座谈会议，传达漳卫南局相关会议精神，安排部署聊城河务局党风廉政建设工作任务。制定印发《党风廉政建设和反腐败工作实施意见》《党风廉政建设考核指标体系》，分解量化党风廉政建设工作任务和责任分工，制定并落实局党委、党委成员党风廉政建设责任清单。认真贯彻水利部《关于进一步落实党风廉政建设主体责任的意见》，落实领导干部党风廉政建设承诺制度，签订《党风廉政建设承诺书》《党风廉政建设责任书》和《岗位廉政建设责任书》，建立了横到边、纵到底的党风廉政建设责任体系。

2. 反腐倡廉教育

加强党员干部廉洁从政教育，完善廉政文化活动室，组织党员干部深入学习《习近平关于党风廉政建设和反腐败斗争论述摘编》等书目，观看《剑指四风》《永远在路上》《正风肃纪纪实》等警示教育片，专题学习《中国共产党问责条例》等党纪法规，营造浓厚的反腐倡廉工作氛围。

3. 廉政风险防控体系建设

扎实推进《聊城局贯彻落实〈建立健全惩治和预防腐败体系2013—2017年工作规划〉

实施方案》阶段任务，制定《干部廉洁自律工作意见》，设立党风廉政建设举报电话，实施有效源头治理。深入推进廉政风险防控机制建设，建立廉政风险预警机制，加强廉政风险点的收集、分析和研判，提升预防能力。继续加强对工程建设、资金资产、干部人事等领域廉政风险防控措施监督检查，积极开展维修养护、水政水资源、水文三个领域的廉政风险防控工作。认真执行民主集中制和“三重一大”决策制度，对相关事项进行党务、政务公开，努力构建廉政风险防控长效机制。

4. 正风肃纪与检查考核

深入贯彻中央八项规定、《党政机关厉行节约反对浪费条例》，向全局职工发放《厉行节约，反对铺张浪费倡议书》，大力开展公务接待、节能减排、工作纪律监督检查，推进作风建设持续好转。落实领导干部廉政约谈制度，5 月 6 日、9 月 23 日，党委书记两次同各单位、部门主要负责人进行常规约谈和集体约谈，夯实党员干部的廉政意识。发挥纪检监督作用，印发《关于元旦春节期间深入落实中央八项规定精神、严格践行廉洁自律规定的通知》，采取明察暗访的形式，开展节日期间违反八项规定精神专项检查和涉法涉纪事项专项检查，严防“四风”现象反弹。11 月 28—29 日，组成党风廉政建设考核小组对所属单位、机关科室党风廉政建设以及领导干部廉洁自律情况进行检查考核。经考核：2016 年局属单位、机关各科室党风廉政建设执行情况良好，未发生违反党风廉政建设责任制的行为。

邢台衡水河务局

【工程管理】

1. 堤防绿化

年初召开绿化工作专题会议，尽早安排部署绿化工作任务，坚持“临河防浪、背河取材、打造景观行道林”的原则，按照“五统一”种植模式进行堤防绿化，确保种植树木的规范化、科学化和效益化。今春全局共植树 13 万余棵（种植杨树 9.38 万棵、国槐 3.66 万棵、白蜡 1500 棵），绿化堤防 60km，其中，临西河务局 1.08 万棵、清河河务局 5.38 万棵、故城河务局 6.73 万棵，成活率均达到 95%以上。同时，对绿化承包合同进行完善和规范。针对今年树木病虫害多发高发的严峻形势，各基层河务局及时与林业部门沟通，进行病虫害防治，有效控制了病虫害的蔓延，巩固了堤防绿化成果。

2. 日常维修养护

以工程管理考核为标准，督促维修养护工作保质保量完成。2016 年，邢衡河务局局通过工程管理专题会议、维修养护推进会、联查评比、阶段总结等一系列措施，积极推行日常维修养护物业化管理工作，物业化管理堤段长度为 76.25km。严格按照工程管理考核办法，对水管单位进行季度考核，重点安排了垃圾清理、杂草清除、堤顶整修、畦田修复、护堤地界梗整修、标志牌刷新等工作，确保维修养护工作保质保量完成，全年完成日常维修养护投资 464 万元。

3. 专项维修施工

加强工程巡查、检查、考核力度，在做好日常维修养护的前提下，认真做好专项工程施工，全力打造精品工程。严格执行各项程序、严格遵守批复内容、严格遵循有关规范，按期完成临西河务局马村城乡结合部建设和故城河务局芦圈至西第三堤段堤防整修工程。全年共完成专项维修养护投资 226 万元。

4. 配合卫运河治理，打造运河公园

邢衡河务局积极配合建管局与故城县政府进行沟通和协调，结合地方政府新城镇建设，改善水生态环境和沿河居民居住环境，故城县当年投资达 3000 万元，将郑口险工及 10km 堤防共同打造成人水和谐、风景优美的运河风情公园，彻底改变了原来违章多、垃圾多的局面。

5. 雨毁修复施工

"7·19"洪水期间，邢衡河务局及时组织技术人员巡堤查险，统计雨毁情况，配合建管局和施工单位及时修复涵闸，时刻观测过水情况，及时修复水沟浪窝，共完成土方 10176m^3、料石 200m^3，投资 40 万元，确保了工程安全。

连续降雨造成临西河务局所辖卫运河堤顶损毁严重，为防汛工作和防汛抢险物资运输带来不便，督促临西县防指投资 30 余万元对 5km 堤顶沙石路面进行抢修。

【水政水资源】

1. 水法宣传

2016 年是"七五"普法的开局之年，6 月 24 日，举办了一期水行政执法培训班，全局在职人员全部参加了培训，促进水政执法人员专业理论素养的提高，使执法程序进一步规范。按照 2016 年普法工作计划，以"世界水日"和"中国水周"以及"12·4"国家宪法日为契机，积极开展以"水与就业"为主题的各项宣传，组织人员深入沿河乡村、学校、社区，以悬挂横幅、设立法律咨询台、散发传单、利用电子屏幕滚动播放"世界水日""中国水周"宣传幻灯片等方式进行水法规宣传活动。共出动宣传车 4 辆，设立咨询台 3 个，悬挂横幅 6 条，散发传单 10000 余份。特别是在"7·19"洪水过后，及时组织青年志愿者向沿河群众讲解水法规知识及防汛抢险知识，进一步增强沿河群众自觉遵守水法规的意识。开展取水计量调查，对临西县尖冢扬水站、清河县南李庄扬水站计量设施进行摸底调查，及时上报计量设施调查表。配合漳卫南局完成水资源管理工作调研。

2. 涉河建设项目监督管理

对清河 308 国道改建项目涉河部分开展前期调研、对京九高铁涉河项目提供技术支持。开展榆横—潍坊 1000kV 高压输变电工程监督管理，按照海委行政许可要求及《邢衡局涉河建设项目监督管理手册》进行监督管理，对进一步加强和规范执法管理起到了促进作用。编写的《邢衡局涉河建设项目监督管理手册》在德商高速的建设管理中得到了进一步的验证，证明是比较适用、可操作性强的手册，该手册申报了漳卫南局 2016 年技术创新及推广应用优秀成果。

【雨洪资源利用及经营创收】

主汛期过后，抓住上游来水的有利时机，针对卫运河水量较充沛、水质较好的实际情况，积极与故城县政府和四女寺局沟通、协调。并于8月16日达成供水协议，适时为故城县运河公园补水2000万m^3，利用芦庄扬水站引用卫运河水源，按照国家发改委有关文件规定收取水费，实现了较好的经济、社会、工程和生态效益，为沿河经济发展提供了有力的支撑。

按照《海委直属水利工程绿化管理办法》，陆续完成了清河局堤段内树木的更新，并按规划与重新种植新林木的承包户续签新合同，提高了分成比例。本着公平、公正、公开的原则，以堤防树木经济效益最大化为目标，将全部树木拍卖。2016年共实现绿化收入60余万元，实现了两个百分之百的目标（确保合同兑现率100%、合同签订率100%）。

【防汛工作】

1. 防汛准备

2016年3月下旬，组织技术人员重点对险工险段、薄弱堤段、穿堤建筑物、阻水建筑物、防汛物料、通信设施等进行了检查，对发现的问题进行认真梳理并形成《邢衡局2016年汛前检查报告》，并上报漳卫南局及邢台衡水两市防指。对卫运河及南运河的《防洪预案》进行了修订完善，为两市三县防指落实防汛措施提供技术支撑。6月15日，召开防汛工作会议，全面部署防汛工作。基层局督促沿河各县防指落实以行政首长负责制为核心的各项防汛责任制，切实当好防汛参谋，完成了沿河三县涵闸管及险工防汛责任状的签订工作。

2. 迎战“7·19”洪水

7月19日，由于漳卫南运河流域普降暴雨，上游卫河开始泄洪，岳城水库入库流量激增至5200m^3/s，岳城水库也开始泄洪，卫运河遭遇20年以来最大洪水，漳卫南局启动防汛Ⅱ级（橙色）应急响应。针对严峻的防汛形势，为做好抗击洪水的各项准备，强化监督责任，落实各项防汛责任制。按照地方行政首长负责制的要求，监督沿河三县全面落实包河段、包险工、包涵闸等防汛责任制；督促地方防指及时拆除浮桥等阻水障碍物。

7月25日19时，临西河务局接县防指通知，汪江排灌站引水闸出现漏水现象。该局立即组织技术人员赶赴现场，调集汪江防汛抢险人员调运设备进行排水，该局技术人员两次钻进洞中确认漏水情况，通过现场会商决定止水后用水泥混凝土现场浇筑封堵。经过7个多小时的奋战，26日凌晨3点，涵闸封堵完成，汪江涵闸漏水险情得到了及时有效处理。

7月28日6时，故城河务局职工在堤防徒步巡查时发现，建国险工（109+150）浆砌石护坡基础掏空，洪水在不停上涨，情况非常紧急，立即向邢衡河务局县及防指进行了汇报。邢衡河务局、故城河务局、故城县防指经过紧急会商后决定，立即组织人员用铁锤凿开浆砌石坡面，用商混填筑护坡底部基础、防汛石料修复护坡坡面。此项工程共用商混6m^3、石料3m^3、土方3m^3、人工20人，经过6个小时全力奋战，中午12点险情得到及时处理。

7月28日，清河县南李庄扬水站护坡坍塌出现险情，接报后迅速组织技术人员赶赴现场进行技术指导，通过开挖、排水、砌石处理，险情得到技术处置，确保了大堤安全。

7月30日，临西河务局技术人员在巡查汪江险工生物护坡时发现，险工迎水坡浆砌石植草框格内出现3处坍塌，护坡基础被掏空，最深处达1.4m。为避免险情进一步扩大，该局及时与地方防指会商，制定应急修复方案，通过清基、拆除悬空砌石框格、回填三七灰土、分层夯实，完成了雨毁坍塌修复工作。本次除险共拆除浆砌石10余m^3、填垫土料60多m^3、白灰2.5t。

3. 防汛宣传及技术指导

邢衡河务局党委积极行动，把防汛抗洪作为当前最重要、最紧迫的任务，作为开展“两学一做”学习教育的重要内容。7月24日，邢衡河务局党委倡议全体党员在防汛工作中争当“抗洪标兵”。倡议书要求，全体党员要紧密结合“两学一做”学习教育，在防汛抗洪一线中担责任、讲奉献、亮身份、树形象、当先锋、做表率，不怕艰苦，不惧困难，争当防汛抗洪抢险的标兵和模范；关注水情变化，当好地方政府防汛抗洪参谋，担负起防汛抗洪的责任和义务；全体党员佩戴共产党员党徽，以实际行动践行合格党员标准，彰显共产党员在关键时刻冲锋在前的先进性和在关键时刻克难攻坚、忠诚奉献的本色。

7月25日，邢衡河务局从沿河群众实际需要出发，针对沿河群众缺乏防汛抢险、防灾自救和水法知识的现状，采用悬挂横幅、发放宣传材料、接受群众咨询等形式，组织职工在133km堤防及乡镇为沿河群众进行宣传，共出动宣传车6辆、宣传志愿者24人、悬挂横幅6条，发放宣传材料1000余份。

7月26日，清河河务局指导清河县防指开展防汛实战演练。重点演习了巡堤查险、管涌除险、转移群众、疫病防控四个科目。通过演练，检验了卫运河清河县内堤防遭遇汛情突发事件时，应急抢险预案的可行性和可操作性，进一步提高了抢险队伍的应急处置能力和防汛抢险能力，为防大汛、抢大险积累了实战经验。邢台市政府副市长史书娥、邢衡河务局局长王斌等现场观摩。清河县应急抢险人员800余人参加实战演练。

7月27日，清河河务局向沿河群众发出倡议，希望大家从制止倾倒垃圾做起，保护河湖环境，共护美丽水景，建设人水和谐的生活新家园。倡议书发出后，得到了沿河群众的纷纷响应，沿河部分村委会自觉清除了堤防垃圾。

7月27日，邢衡河务局联合清河水务局对清河县沿河乡镇200多名抢险队员开展了防汛抢险技术培训。培训讲解了巡堤查险、堤防工程出险的常见类型以及应对方法，重点讲解了“96·8”洪水时的经验做法，进一步提高了沿河乡镇抢险队员对险情的识别和处置能力，为做好防汛抢险工作打下了基础。

4. 防汛岁修

2016年，完成52万元防汛费项目，包括通信设施维护、防汛指挥系统维护、防汛物资购置与管护、预案编制等。

【人事管理】

1. 人事任免

2016年3月29日，中共漳卫南局党委2016年3月7日决定，免去刘绪华的邢衡河务局调研员职务，自2016年3月31日起退休（漳人事〔2016〕14号）。

2016年5月10日，经全体党员选举、党支部推荐，邢衡局党委研究决定任命：王建新同志为邢衡局机关党支部书记；石爱华、王宁宁、牛亚楠为邢衡局机关党支部委员；杨志伟同志为临西河务局党支部书记；许琳同志为清河河务局党支部书记；师家科同志为故城河务局党支部书记（邢衡党〔2016〕4号）。

2016年6月15日，根据工作需要，经研究，任命张亚东为邢衡河务局办公室（党委办公室）科员（邢衡人〔2016〕31号）。

2016年7月1日，经试用期满，考核合格，任命杜晓娜为邢衡局人事（监察审计）科科员，段树民为故城河务局科员（邢衡人〔2016〕33号）。

2016年10月20日，经试用期考核合格，任命韩刚为邢衡局工管科（防办）科长，石爱华为邢衡局人事（监察审计）科副科长，姚红梅为清河局局长，许琳为清河局副局长（邢衡人〔2016〕48号）。

2016年10月12日，经中共邢衡局党委研究，免去苏瑞清同志的邢衡河务局财务科科长职务，自2016年11月30日起退休（邢衡人〔2016〕50号）。

2016年11月28日，经中共邢衡局党委研究，任命高艳辉为邢衡局财务科副科长（邢衡人〔2016〕57号）。

2. 机构设置与调整

（1）2016年1月20日，根据工作需要，决定调整邢衡局创建省级文明单位领导小组，小组成员如下：

组　长：王　斌

副组长：赵铁群　王海军

成　员：谢金祥　石爱华　杨治江　苏瑞清　夏洪冰　韩刚　高　峰　张宝华

邢衡局创建省级文明单位领导小组下设办公室，负责创建工作的组织开展，人员组成如下：

主　任：谢金祥

成　员：石桂芹　牛亚楠　张亚东（兼职负责精神文明建设工作）（邢衡办〔2016〕3号）

（2）2016年3月11日，经研究，决定成立邢衡局国有资产清查领导小组，主要负责制定邢衡局国有资产清查工作实施方案，组织实施各项国有资产清查工作。

组　长：王　斌

副组长：王海军　赵铁群

成　员：苏瑞清　谢金祥　吴贵生　张宝华　高　峰　杨志伟　姚红梅　师家科　高艳辉

领导小组下设办公室，承担领导小组的日常工作。办公室设在财务科，主任由苏瑞清兼任（邢衡财〔2016〕18号）。

（3）2016年8月29日，经研究，决定成立邢衡局内部控制建设领导小组（以下简称领导小组），现将有关事项通知如下：

负责领导邢衡局内部控制的管理工作，研究、协调、解决邢衡局内部控制基础性评价、制度建设、内控体系运行等工作中的重大问题，负责邢衡局内部控制风险评估工作。

领导小组定期召开专题会议。会议由领导小组组长或副组长主持，领导小组成员及相关部门人员参加。

组　长：王斌

副组长：赵铁群

成　员：谢金祥　杨治江　苏瑞清　石爱华　韩　刚　吴贵生

领导小组下设办公室，承担领导小组的日常工作。办公室设在财务科，主任由苏瑞清兼任（邢衡财〔2016〕45号）。

（4）2016年5月11日为加强邢衡局“两学一做”学习教育的组织领导，确保学习教育工作取得实效，决定成立邢衡局“两学一做”学习教育协调小组。

组　长：王　斌

副组长：赵轶群　王建新

成　员：谢金祥　石爱华　吴贵生　杨志伟　许　琳　师家科

“两学一做”学习教育协调小组下设综合协调组、宣传信息组、督导检查组，由办公室（党办）、人事（监察审计）科、机关党支部共同组建，负责落实局党委和学习教育协调小组的部署要求，抓好学习教育各项工作。

综合协调组设在人事科，由石爱华同志负责。

主要职责：负责邢衡局学习教育的方案制定、文件起草、组织实施、指导协调等工作；负责与漳卫南局“两学一做”学习教育协调小组的沟通联络工作；负责收集各支部开展学习教育的情况及存在的问题，并向漳卫南局学习教育协调小组报告；承办局学习教育协调小组交办的其他任务。

宣传信息组设在办公室，由谢金祥同志负责。

主要职责：负责邢衡局学习教育的宣传报道、舆论引导和典型宣传；负责办好专题宣传，及时上报有关信息；承办局学习教育协调小组交办的其他任务。

督导检查组设在人事（监察审计）科，由吴贵生同志负责。

主要职责：负责邢衡局学习教育的督促指导、跟踪检查等工作；负责对基层单位支部开展“两学一做”督导检查；负责派员列席参加各单位支部集中研讨、专题民主生活会及组织生活会；承办局学习教育协调小组交办的其他任务（邢衡党〔2016〕5号）。

（5）2016年6月6日，根据防汛抗旱工作需要，防汛抗旱组织机构调整如下：

组　长：王　斌

副组长：王海军　赵轶群　王建新

成　员：韩　刚　谢金祥　杨治江　石爱华　苏瑞清　高　峰　张保华

主　任：王海军

副主任：韩　刚

成　员：索荣清　尹　璞（邢衡工〔2016〕29号）

（6）2016年11月28日，经局党委研究，决定成立邢衡局基层房屋水毁修缮项目建设领导小组。

组　长：赵轶群

成　员：韩　刚　苏瑞清　高艳辉　张宝华　姚红梅

领导小组下设办公室，具体负责做好日常组织、指导、协调、督促、检查等工作。办公室设在邢衡局工管科，主任由韩刚同志兼任（邢衡工〔2016〕55号）。

（7）2016年3月10日，经研究，决定成立事业人员绩效考核领导小组。

组　长：王　斌

副组长：王海军　赵铁群　王建新

成　员：石爱华　苏瑞清　吴贵生　谢金祥　高　峰　张宝华　杨志伟　姚红梅　师家科

领导小组下设办公室，办公室设在人事（监察审计）科，负责日常工作（邢衡人〔2016〕17号）。

3. 党建工作

截至2016年12月31日，全局在职党员共26人。2016年7月，张亚东、杨治江、韩刚、杨志伟、许琳、师家科被评为优秀党员。

4. 人员变动

根据国务院《关于工人退休退职的暂行办法》（国发〔1978〕104号）文件精神，经局研究决定，同意兴百山同志于2016年1月31日起退休（邢衡人〔2016〕2号）。

2016年9月，尹璞调入漳卫南运河管理局防办工作，杜晓娜调入沧州河务局工作。

截至2016年12月31日，全局在职职工48人，其中参公人员25人、事业人员23人、退休21人。

5. 职工培训

2016年，邢衡局共举办党性教育、防汛抢险、安全生产、水行政执法、保密知识、健康知识、财务知识等8个培训班，累计培训人数307余人次，4名处级干部网络学时人均达到53学时，科级以下干部人均学时达到86学时。处级干部网络学时通过率达到100%，科级及以下干部网络学时通过率达到100%。参加上级培训人数96人次。

6. 职称评定和工人技术等级考核

2016年6月，许琳被海委评审为具备工程师任职资格。

2016年7月，段树民被漳卫南局确认为助理工程师专业技术资格。

2016年12月，解士博被聘为临西局专业技术岗位10级。

7. 表彰奖励

2016年1月25日，漳卫南局印发《漳卫南局关于表彰2015年度先进单位、先进集体的决定》（漳办〔2016〕1号），授予邢台衡水河务局“漳卫南局2015年度先进单位”荣誉称号。

2016年1月26日，漳卫南局印发《漳卫南局关于表彰2015年度工程管理先进单位、先进水管单位的决定》（漳建管〔2016〕4号），授予清河河务局“2015年度工程管理先进水管单位”荣誉称号。

2016年2月3日，漳卫南局印发《漳卫南局关于公布局属各单位、德州水电集团公司2015年度考核优秀结果的通知》（漳人事〔2016〕9号），按照2015年度考核情况，经局党委研究决定：王斌、赵铁群年度考核确定为优秀等次，予以嘉奖。

2016年2月24日，漳卫南局转发海河工会表彰海委系统工会工作先进集体和优秀工会工作者决定的通知（漳工会〔2016〕1号），授予漳卫南运河邢台衡水河务局工会“海委系统工会工作先进集体”荣誉称号。

2016年4月7日，漳卫南局印发《漳卫南局关于表彰2015年度优秀公文、宣传信息工作先进单位和先进个人的通报》（漳办〔2016〕4号），谢金祥、许琳荣获2015年度宣传报道先进个人，《邢衡局关于印发2015年工程管理工作要点的通知》被评为优秀公文。

2016年11月1日，漳卫南局印发《关于表彰抗洪供水先进集体和先进个人的通知》（漳人事〔2016〕41号），故城局和临西局荣获抗洪供水先进集体荣誉称号，王斌、谢金祥、韩刚、苏瑞清、张宝华、姚红梅荣获抗洪供水先进个人荣誉称号。

2016年2月16日，根据年终目标管理考核结果，经局长办公会研究决定，授予清河局“邢衡局2015年度先进单位”荣誉称号，授予人事科、办公室“邢衡局2015年度先进集体”荣誉称号。

2016年6月30日，邢衡局下发《中共邢衡局党委关于表彰2016年度优秀共产党员的决定》，杨治江、韩刚、张亚东、杨志伟、许琳、师家科荣获优秀共产党员光荣称号。

2016年12月27日，根据民主测评，局党委研究，确定2016年度职工考核优秀人员如下：

参公人员（不含4名处级干部）考核优秀：韩刚、谢金祥、师家科、郭志达（4人）

事业人员考核优秀：张宝华、高峰、杨秀静（3人）

2016年12月27日，邢衡局下发《邢衡局关于表彰2016年度先进工作者的决定》。根据各单位（部门）推荐，经局研究，确定杨治江、石爱华、杨志伟、姚红梅、吴贵生、石桂芹、索荣清、王召柱、李国志、高丽辉、王荣海11名同志为2016年度先进工作者，特予以表彰。

【财务管理与审计】

按照2016年的预算指数，分解基本和项目经费到三个基层局；完成了“资产清查”工作及“公车改革”测算及相关工作。完成了事业人员的绩效考核工资增发核算工作，并对防汛仓库、物资、消防器材的配备工作进行了集中检查。

认真落实规范内部审计，对三个基层局相关负责人进行了离任、任中审计工作；对水管单位预算执行情况、维修养护经费使用情况进行了专项检查，对发现的问题督促整改落实。

【安全生产】

6月24日，邢衡局召开2016年安全生产工作会议，传达漳卫南局安全生产会议精神，重点对安全生产责任进行细化分解，并与局属各单位和机关各部门签订了安全生产管理目标责任书。6月28日，举办安全生产培训班，提高全员安全意识和技能，加大安全宣传和检查力度，建立安全生产约谈机制。定期对基层单位和机关部门进行约谈，提醒和预防安全生产事故的发生。在全局组织开展“安全生产知识竞赛”活动，做好了安全生产宣传和检查工作，确保安全无事故。狠抓安全生产落实，确保防汛抗洪期间各项工作生产安全。认真查找安全隐患，分门别类登记造册，有重点地抓好车辆运行、防火防盗、工程施工等关键环节的管理，将安全隐患消灭在萌芽状态，全年未发生任何安全生产事故。

【“两学一做”学习教育】

5月6日，邢衡局召开动员大会，以讲党课形式正式启动了“两学一做”学习教育。邢衡局党委统一思想认识，精心组织安排，认真抓好动员部署、讲党课、集中学习和专题学习研讨各项环节工作，按节点完成了阶段性目标任务，确保了“两学一做”专题教育有力有序推进。一是成立了邢衡局开展“两学一做”学习教育领导小组，为推进活动顺利开展提供了坚强的领导和组织保障。二是制定了《两学一做学习教育实施方案》《“两学一做”学习安排具体方案》《邢衡局党委及班子成员带头参加学习教育工作方案》等文件，明确了活动开展的总体要求、方法措施和各环节主要任务。三是广泛发动营造活动氛围，采取个人自学、集中学习、专题辅导等形式，以《中国共产党章程》《习近平总书记系列重要讲话读本》为重点内容，利用周四集中学习日组织学习，组织收看《永远在路上》等宣传片。四是组织开展专题学习研讨，局党委三位班子成员先后对四个大专题分别进行了学习研讨，为配合专题教育，在全局开展了“学延安精神，做合格党员”活动，要求党员干部撰写读书笔记、心得体会，自我剖析、自我整改，认真查找自身存在的不严不实问题。五是在防汛抢险期间，倡议争当“抗洪标兵”，党员干部佩戴党徽、率先垂范，充分发挥模范带头作用，以“两学一做”学习教育促进各项工作的顺利开展。

【文明创建工作】

为加快文明创建步伐，邢衡局党委今年年初提出了创建河北省文明单位的工作目标。办公室积极与临西县文明办沟通协调，并参加了邢台市省级文明单位创建工作培训会。邢台市文明办对拟推荐的省级文明单位提出了具体的网络申报和现场检查要求。6月2—28日，在近一个月的时间内，整理完了省级文明单位创建材料和志愿者网络注册工作，并完成了网络申报。按创建要求，在机关院落及走廊增添了公益广告宣传标语、遵德守礼宣传标语等。6月17日，临西县文明办对临西县财政局、地税局、电力局及邢衡局共4家申报单位进行了实地检查并在邢衡局机关召开座谈会，临西县文明办对网络申报材料、内业资料及创建氛围表示肯定。

邢衡局从提高职工文明素养、培养职工道德情操入手，规范内部管理、和谐内外关系，用良好的单位形象凝聚力量，以丰富的活动为载体，以文明创建为平台，提高全局干部职工的综合素养和单位软实力。利用“五四”青年节，开展了以“爱岗、敬业、奉献”为主题的演讲比赛活动，丰富了职工文化生活，展示自我风采，增进青年之间的交流，增强单位的凝聚力；组织职工参观河北省爱国主义教育基地“郭守敬纪念馆”以及大型水利工程建设与成就；邀请“玉兰式”好干部——临西县大刘庄乡李楼村大学生女村官徐培培来邢衡局作“用所学知识，为民造福”先进事迹报告；开展学习“太行山上的新愚公”——李保国同志先进事迹活动，要求全局党员干部以李保国同志为优秀共产党员的榜样，始终对党忠诚、忠于使命、心系群众，勇于担当传播社会正能量；组织青年志愿者服务队到临西县河西中心小学，进行了水法规宣传，为孩子们送上了节日礼物；组织职工为邢台市“7·19”洪灾踊跃捐款，为灾区人民奉献爱心；组织青年职工奔赴抗洪一线，宣传水法规和防汛抗洪知识。这些活动的开展，陶冶了干部职工的情操，促进了各项工作的顺利开展。12月8日，河北省文明办第一普查小组来邢衡局进行省级文明单位普查验收。普查小组一行在临西县文明办领导陪同下，听取了邢衡局创建省级文明单位工作汇报，现场查看了机关办公环境、荣誉室、道德讲堂、餐厅等场所，对邢衡局创建工作给予肯定。

【综合管理】

2月19日，邢衡局召开2016年工作会议，传达了漳卫南局工作会议精神，局长王斌作工作报告。对2016年重点工作进行了安排和部署，局属各单位进行了交流发言，会议对2015年先进单位、集体及个人进行了表彰。

2016年6月，重新制定了《邢衡局目标管理办法》，新办法更加贴近实际，操作性更强。在征求各科室意见的基础上，把握工作重点，把目标的设定、督查、考核制度化，使目标管理体系有主体、有内容、有目标，并结合科室特点，使各单位、各部门的目标做到了科学准确、层层分解、层层落实、责任到人。狠抓日常管理和督办，做到月初有计划、月末有总结，对领导和会议决定的事项及时督办。

2016年，对原有的制度进行了“废、改、立”。废除6项、修改完善16项、新立制度8项，并汇编成册。

【档案工作】

2016年年初，局党委提出了晋升河北省AAAAA级档案管理单位的工作目标。11月6日，正式提交申报河北省机关档案AAAAA级管理单位申报报告。11月25日，邢台市档案局局长韩国胜指导档案晋级工作。12月28日，河北省档案局专家组验收河北省AAAAA级，经专家组听取汇报、查看现场和审阅资料，邢衡局以93分的成绩通过河北省AAAAA级验收。

【信息宣传】

年初制定了全年宣传报道计划和任务，将任务分解到每个科室和基层单位，同时把宣传信息工作纳入年度目标管理考核之中，充分调动干部职工的积极性。7月15日，召开了宣传信息工作会议，对上半年宣传信息工作进行了总结，安排部署了下半年宣传信息工作任务，对宣传信息工作方案、稿件质量、责任落实等内容提出了具体要求。在堤防管理、水政执法、“两学一做”专题教育，特别是在2016年的抗洪抢险工作中，及时掌握全局工作动态，认真捕捉工作中的亮点和好的做法，挖掘在抗洪抢险中出现的先进事迹和先进典型并及时总结提炼上报。同时，在水信息网、中国水利报以及地方媒体上积极宣传工作动态和工作经验，增进了地方部门的了解，增强了兄弟单位的相互交流，树立了良好的对外形象。2016年，邢衡局在漳卫南运河网稿件录用总分达到710分，名列漳卫南局系统第二名。

【党风廉政建设】

2月2日，召开中层以上领导干部廉政集体约谈会议。会上传达了《中共水利部党组关于党风廉政建设责任追究典型问题的通报》《中共邢衡局党委关于2016年春节期间深入落实中央八项规定精神、严格践行廉洁自律规定的通知》。3月10日，召开2016年党风廉政建设工作会议，传达了《2016年漳卫南局党风廉政建设工作上的讲话》及《2016年漳卫南局党风廉政建设工作会议上的报告》，安排部署2016年党风廉政建设工作。5月6日，召开党风廉政建设主体责任座谈会，局长王斌对各局属单位、机关各部门负责人进行集体约谈。9月22日，召开2016年纪检监察工作座谈会，会上传达学习了漳卫南局纪检监察工作会议精神及漳卫南局副局长张永顺重要讲话，基层局负责人就落实党风廉政建设“两个责任”和中央八项规定精神开展情况及存在问题进行了汇报，对年底前党风廉政建设工作进行了部署安排。进一步完善“两个责任”清单制度的管理和落实，制定了邢衡局党委成员的主体责任清单以及纪检监察部门的监督责任清单，将责任清单落实情况作为实施党风廉政建设考核以及问责的重要依据。组织党员观看中纪委八集宣传片《永远在路上》，主管领导与分管单位、机关部门负责人签订了《党风廉政建设责任书》和《党风廉政建设承诺书》。同时，局属各单位、机关各部门负责人与分管职工分别签订《廉政承诺书》，进一步明确单位主要负责人的"主体责任"和"一岗双责"要求，强化有责必担、失责必究的意识，引导党员干部找准落实主体责任的用力方向和着力点。

德州河务局

【工程管理】

1. 维修养护管理

修订完成了《德州河务局水利工程维修养护管理办法实施细则》《德州河务局河道堤防检查制度》。

严格按照上级批复意见和相关规范抓好维修养护工程的管理，主要包括：一是继续推行日常维修养护物业化管理，安排物业化日常维修养护堤防长度221.273km，考核单元共计24个；每月25—28日，由水管单位组织监理单位、养护公司有关人员对考核单元进行考核，每月30日前通报考核结果，存在问题次月5日前整改完毕。二是加强专项维修养护管理，编制完成了专项维修养护设计；各水管单位与相关单位签订维修养护合同、勘测设计合同、工程监理合同，建立了质量检查体系，明确了专职质检员，加强了对专项维修养护工程的检查，对检查发现的问题，及时以《专项维修养护项目存在问题处理通知单》的形式反馈给水管单位，要求进行整改。三是对各水管单位日常维修养护进行季度考核，考核情况及时通报，对日常维修养护进行不定期检查，查出的问题向水管单位反馈，督促进行整改。

夏津河务局被漳卫南局授予"2016年度工程管理先进水管单位"荣誉称号，继续保持了"海委工程管理示范单位"荣誉称号。

2. 水利工程运行管理督查工作

6月14—15日，海委组织督查小组，对庆云河务局工程运行管理及监管情况进行了督查。

10月16—18日，水利部组织督查小组，对乐陵河务局工程运行管理及监管情况进行了督查。

3. 工程绿化

加强与沿河地方政府的沟通与协作，发挥沿河群众参与堤防绿化的积极性，以武城河务局专项维修养护段及空白段为重点，对树苗选购、种植标准严格把关，打造绿化风景线，完成绿化规划、统计和总结，累计种植树木101622棵。

在堤防树木更新时，先由基层水管单位提出申请，再根据工程管理实际情况予以审批。在具体实施阶段，由综合事业中心牵头，财务监审、水管单位等人员参加，组成专门工作小组，公开竞价拍卖，保证树木更新工作的公开、公正和透明。

4. 培训学习

3月2日，召开工程管理工作研讨会，学习了《水利工程维修养护项目管理程序》和《德州河务局河道堤防工程检查制度》，并就如何完善物业化管理、编制维修养护实施方案、整理内业资料等工作进行了研究分析。

3月9—11日，组织工程技术人员到岳城水库管理局、水闸管理局调研学习。

8月9日，在夏津河务局召开工程管理推进会，观摩夏津河务局堤防工程，总结前期工程管理完成情况，分析存在的问题和不足，重点对下阶段工程管理进行部署。

5. 水文化景观建设

以德城河务局减河右堤杨庄堤段、宁津河务局张大庄堤段作为城乡结合部管理试点，通过整修堤防、安装护网、栽植苗木等形式美化堤防，努力破解城乡结合部管理难题。

协调有关部门建设有地域特色的水文化景观，协调地方相关部门对南运河堤防实施了堤顶路面硬化。

【防汛抗旱】

1. 防汛准备

3月下旬，组成由副局长杨百成带队的检查组对所辖堤防、水闸工程开展全面检查，针对存在的问题和隐患，认真分析汇总，研究分析安全度汛意见，分别向漳卫南局和德州市防指上报了《汛前检查报告》。6月，成立了漳卫河防汛办公室，调整了防汛组织机构，领导班子成员实行分工包河负责制，明确了各职能组的人员组成、工作职责。6月15日开始防汛值班。6月20日，组织召开德州河务局防汛工作会议和防汛抢险技术培训班。6月22日，对《德州河务局防汛应急响应工作规程》进行修订。

2. 预案编制

按照漳卫南局防洪预案编制要求，结合德州市经济社会发展状况，及时编制和上报了《德州市境内漳卫南运河防洪预案》，督促地方防指落实重点险工险段、薄弱堤段、穿堤建筑物防汛责任。经漳卫南局审查同意后，报德州市防汛抗旱指挥部批准。6月21日，德州市防指以德汛旱〔2016〕7号文转发沿河县（市、区）、市防指成员单位贯彻执行。

3. “7·19”抗洪

“7·19”洪水发生后，全员进入防汛应急状态，各职能组组长集中办公，每天进行防汛会商，共召开防汛会商会17次，会同德州市防指召开紧急会议3次，派出6个工作组赶赴一线指导工作，并及时做好沿河群众的舆情引导工作。7月19日，召开第一次防汛会商会议，组成涉河建设项目度汛应急督导组，督促督促李家岸引水线路倒虹吸工程、石济客运专线跨减河大桥、华能德州热力有限公司热力管道穿河工程等在建项目立即停止施工，清除阻水障碍，保障行洪畅通；督促相关责任人无条件拆除卫运河浮桥，并将拆解后的船体运出河道。7月21日，成立3个防汛工作组，分别到宁津局、乐陵局、庆云局一线，掌握现场情况，协助地方防指及各基层单位开展防汛工作。成立总督导组，督促、指导局属各单位开展防汛工作。7月22日，成立3个防汛督导组，分别到乐陵、庆云、德城、宁津、夏津、武城河务局知道工作。7月23日，成立水情观测组，负责记录洪峰传播过程和洪水痕迹。7月27日，德州河务局局长刘敬玉召集乐陵市政府、乐陵市水利局、沧州市水务局、李家岸引水线路穿漳卫新河倒虹吸工程项目部、德州局驻施工现场督导组等有关人员，在施工项目部办公室召开会议，研究落实德州市副市长董绍辉关于李家岸引水线路穿漳卫新河倒虹吸工程防洪隐患处置调度会议精神。

8月3日，召开了“7·19”防汛总结工作会议，印发了《德州河务局“7·19”防汛纪实画册》，用图片的形式从河道行洪、会商决策、抗洪抢险、督导宣传、领导关心五个方面展现德州河务局抗洪的工作过程。

武城河务局、工程管理科被漳卫南局授予“2016年度抗洪供水先进集体”荣誉称号；刘敬玉、赵全洪、商荣强、唐绪荣、李于强被漳卫南局授予“2016年度抗洪供水先进个人”荣誉称号。

4. 水文测报

6月1日至9月30日期间进行水文报汛，每日8时向漳卫南局水文处上报西郑分洪闸和牛角峪退水闸水位，发送报文共计123份。完成了2016年海河流域水文测报项目，并完成2017年海河流域水文测报项目的申报工作。

【水政水资源管理】

1. 法制宣传

制定、落实了年度法制宣传和普法计划，在世界水日、中国水周和宪法日期间组成专门队伍，在桥头、路口、集贸市场集中宣传水法规。同时，在中国水周期间，开展了为期一周的水法宣传下基层水政巡查活动，深入机关、社区、乡村、学校、企事业单位、集市，在宣传中执法，在执法中宣传。期间，共出动水法宣传车8辆，设立水法宣传站7个，散发传单5000余份，受教育群众数万人。组织全局干部职工参加了“3·22”中国水周网络答题和“12·4”宪法宣传日网络答题。

2. 河湖专项执法活动

严格抓好涉河建设项目的监督管理，在项目开工申请、施工放样、隐蔽工程施工等重要时点和关键部位，加强巡查、盯紧现场，一旦发现问题立即责令停工、督促整改。重点完成了石济客运专线跨减河大桥、德商高速跨卫运河大桥、李家岸引水线路穿漳卫新河倒虹吸工程以及卫运河浮桥等临时交通设施的监督管理。在河道行洪期间，对河道树障、违章建设、卫运河浮桥等水事违法行为开展了集中整治。

2016年共查处水事案件一起，现场处理两起，处理水事违法事件两件。

3. 执法队伍建设

在完善执法装备的同时，制定了执法装备管理办法，规定专人负责装备的登记、管理以及视频监控系统的维护、管理。组织局属各单位学习了《水法》《水行政处罚实施办法》《河道管理条例》等法律法规，组织41人参加部、委组织的水政执法培训。举办了3期水行政执法和水资源管理培训班，对局属6个水管单位全年的水行政执法情况进行了调研，就执法过程中遇到的疑难和复杂问题进行沟通交流，特别针对行政处罚存在的问题进行分析，明确了实施水行政处罚的注意事项。

4. 水资源管理保护

对所辖各穿堤涵闸、引水口、排水口实施监督检查，查看是否有新增排污口、取水口，以及水污染突发事件，并做好巡查记录。做好所辖范围内水资源情况的调查和统计，定期检查取水口用水量，完成了取水统计和上报工作。制定与落实了水资源保护年度工作计划，完成了水资源保护、水质监测项目编制及执行工作。

按照漳卫南局水污染应急预案，积极配合做好管理范围内入河排污口的流量测定、水质监测、摸底调查等工作；完成了2016年水资源经费测算工作；8月中下旬，对管理范围内的123处涵闸（水闸19处、泵站45处）进行了详细调查，并按技术要求进行GPS定位，明确了监督管理名录。

截至2016年12月，管理范围内取水口共42个，已发放许可证取水口共9个，规模较大、正在使用、尚未发放许可证的共17个。

【人事管理】

1. 干部任免

1月20日，任命肖志强为漳卫南运河武城河务局副局长（试用期一年）（德人〔2016〕1号）。

任命陈卫民为漳卫南运河夏津河务局副局长（主持工作，试用期一年），免去雷冠宝漳卫南运河夏津河务局局长职务（德人〔2016〕2号）。

任命雷冠宝为漳卫南运河德州河务局工管科主任科员（德人〔2016〕3号）。

任命刘风坡为漳卫南运河乐陵河务局副局长（主持工作，试用期一年），肖玉成为漳卫南运河乐陵河务局主任科员；免去肖玉成的漳卫南运河乐陵河务局局长职务（德人〔2016〕4号）。

9月8日，任命张金涛为漳卫南运河庆云河务局副局长（主持工作，试用期一年）；免去刘利漳卫南运河庆云河务局局长职务（德人〔2016〕13号）。

任命刘利为漳卫南运河德州河务局工会主任科员（德人〔2016〕14号）。

2. 人事管理

完成4名职工退休及待遇审批工作；完成了离退休人员的日常管理工作。招录两名公务员（刘卿娴、王辛晴），调入参公人员一名（蒋玉涵）、事业人员一名（罗志宝）。

3. 职称评定

聘任徐明德高级工程师专业技术职务，李燕政工师专业技术职务，聘期三年（2016年12月至2019年11月）（德人〔2016〕16号）。

聘任荣强中级专业技术岗八级；顾鹏娟、殷亚萍、杨帆初级专业岗十一级；许金晶中级专业技术岗九级（德人〔2016〕17号）。

聘任鲁晓莹助理经济师专业技术职务，聘期三年（2016年7月至2019年6月）（德人〔2016〕18号）。

4. 表彰奖励

授予夏津河务局、乐陵河务局“2016年度先进单位”荣誉称号；授予武城河务局“2016年度‘职工小家’建设先进单位”荣誉称号；授予德城河务局“2016年度专项维修养护管理先进单位”荣誉称号；授予庆云河务局“2016年度综合经营先进单位”荣誉称号；授予宁津河务局“2016年度水政执法工作先进单位”荣誉称号；授予工管科、财务科“2016年度先进集体”荣誉称号。

5. 职工考核

2016 年 12 月，经民主测评，德州河务局党委研究决定，确定 2016 年度考核优秀等次人员。

参照公务员法管理优秀人员：陈卫民、刘利、刘风坡、赵全洪、唐绪荣、范张衡、刘滋田。陈卫民、赵全洪 2014—2016 年连续 3 年考核被确定为优秀等次，记三等功一次。

事业优秀人员：邢兰霞、张洪升、廖兆晖、崔战民、祝云飞、徐秀梅、鲁敬华、曹慎江、赵斌。

6. 工资调整

完成转正、晋升、退休等干部职工的工资调整，完成离退休人员的津补贴调整工作，完成了参公、事业人员的工资增补工作。制定和实施了事业单位绩效考核办法，发放了事业人员考核奖。

7. 职工培训

做好培训评估、干部教育登记工作；健全了干部教育制度，将培训记录作为干部考核、上岗任用、职务晋升、专业技术职工评聘的依据。2016 年，共举办各类培训班 9 期，参加培训人数 850 人次；96 人参加水利部网络教育培训并完成学习任务。

【安全生产】

更新安全生产制度，制定印发了《德州局关于 2016 年安全生产工作要点》（德工〔2016〕1 号）和《安全生产目标管理责任书》；落实节假日带班、值班制度，抓好“安全生产月”、重点领域专项整治等活动；落实安全生产月报制度，每月对水利工程建设、水利工程运行、综合经营等方面进行隐患排查，并统计上报。3 月 30 日，根据人员变动情况，对局安全生产领导小组人员组成进行了调整。4 月 26 日，邀请山东社安中心教官开展安全生产知识讲座。5 月 23 日，制定印发 2016 年度“安全生产月”活动实施方案（德工〔2016〕13 号）。6 月 21 日，举办《新安全生产法》培训班，培训内容包括：新安全生产法和公共安全教育。8 月 22—26 日、11 月 12—15 日分别开展两次安全生产全面大检查，将可能影响安全的薄弱环节和隐患区分类别，对检查中发现的隐患排及时进行通报，并限期整改。

2016 年实现全年安全生产无事故。

【党风廉政建设】

1. 落实责任体系

年初，结合目标任务，制定了党风廉政建设和反腐败工作实施意见，制定了落实党风廉政建设主体责任清单，将党风廉政建设与各项业务工作同研究、同部署、同落实。局党委同各单位、各部门主要负责人签订目标责任书；班子成员、党员干部签订承诺书。

2. 加强监督检查

为及时消除廉政隐患，经常性地组成由局领导带队，办公室、财务和监察人员参加的专门小组，对局属单位、机关部门落实廉政建设情况进行专项监督检查，通过查阅工作资料、开展教育座谈等方式，对管理工作中存在的不规范问题及时加以纠正。

定期对中央八项规定精神落实情况开展检查，在元旦、中秋、国庆、春节等重要节日，在党员干部中发出“反对‘四风’，严于律己，从我做起，文明过节”的倡议，并组成监察小组明察暗访，对公车进行封存，定点停放。

对项目价款谈判、经济林更新、办公用品和设备购置等涉及较大金额、容易出现问题的环节，把公开透明、集体决策、监督检查贯穿于各项工作的全过程，从根本上消除腐败滋生的条件。

3. 推进廉政文化建设

通过观看警示教育专题片、党委成员上党课、制作廉政文化宣传栏等形式开展教育宣传，让廉政理念入脑入心，缩短“不敢腐”到“不想腐”的距离。把优秀廉文编印成《学廉思廉　崇廉尚廉》教育手册，党员干部人手一册。

【“两学一做”学习教育】

5月10日，召开动员部署会议，传达上级关于“两学一做”学习教育的有关要求，全面部署“两学一做”学习教育工作，党委书记、局长刘敬玉作动员讲话；成立了由刘敬玉任组长、肖玉根为副组长，赵全洪、李梅、刘波为成员的学习教育协调小组。

5月12日，制定印发德州河务局党委“两学一做”专题教育实施方案。印发了“两学一做”学习计划，把学习教育分成政治篇、纪律篇、道德篇、实践篇四个专题，每个专题明确学习的内容、研讨的主题、解决的问题和达到的目标。

6月13日、8月26日、10月27日、12月10日局党委分别以“讲政治、有信念，做政治合格的明白人”“讲规矩、有纪律，做纪律合格的明白人”“讲道德、有品行，作品的合格的明白人”“讲奉献、有作为，做发挥作用合格的明白人”为主题，召开研讨会议。围绕主题，深刻剖析在思想观念、工作方式、精神状态等方面存在的问题和差距，对产生问题的原因进行剖析并针对下一步努力方向等方面进行交流发言；各党支部也分别围绕四个专题，组织党员开展研讨。

7月1日，举办了以“不忘初衷，献身水利”为主题的党日教育活动，与会全体党员面对党旗、庄严宣誓，重温了入党誓词。党委书记、局长刘敬玉以“加强修养，提升境界，做一名有信仰、有能力、有担当的共产党员”为主题，为全体党员干部上了党课。

10月，发展德州河务局党委一支部的郭玉雷为中共预备党员。

6—11月，开展了党费补缴专项工作，并如期完成了党费补缴工作。

【精神文明建设】

以“强化队伍建设、提升工作水平”为主线，以各种主题活动为载体，不断提升文明创建水平。以“我们的节日”为节点，将传统文化宣传与四德建设有机结合；组织职工定期参加市直机关工委和漳卫南局举办的文化讲堂；积极推进“美丽基层”建设。先后开展了“巡礼十二五”主题征文活动、干部职工读书月活动。组织干部职工参加德州市第十三届全民健身节暨第六届全民健身运动会。举办“庆祝建党95周年”纪念活动，党委书记、局长刘敬玉讲授题为《加强修养，提升境界，做一名有信仰、有能力、有担当的共产党员》的专题党课。组织青年职工赴土龙头险工、祝官屯枢纽、头屯涵闸、四女寺枢纽和牛角峪退水闸，在防汛一线开展培训。组织干部职工收看“纪念长征胜利80周年”实况转播。11月，在干部职工中开展了“慈心一日捐”活动，共捐款3650元。12月，在武城河务局召开“庆元旦”职工运动会。通过山东省和德州市文明单位管理平台对文明建设活动和工作成果进行了集中展示，德州河务局、庆云河务局继续保持了“山东省文明单位”称号。

【财务管理】

严格执行财务政策法规，完善内控制度，坚持依法理财、推进制度理财，做到支出审核程序到位、审批手续齐全。

3月16日，成立国有资产清查领导小组，主要负责制定德州河务局国有资产清查工作实施方案，组织实施各项国有资产清查工作（德人〔2016〕7号）。

组　长：刘敬玉

副组长：陈永瑞

成　员：崔莹莹　田　莉　赵全洪　李　梅　李文军　李于强　陈卫民　陈　巍　刘凤坡　刘　利

8月31日，成立德州局行政事业单位内部控制基础性评价领导小组（德人〔2016〕10号）：

组　长：刘敬玉

副组长：陈永瑞

成　员：崔莹莹　赵全洪　李　梅　商荣强　唐绪荣　鲁敬华　李德武　李文军　陈卫民　李于强　陈　巍　刘凤坡　刘　利

11月17日，成立生产用房及仓库维修项目管理领导小组（德人〔2016〕11号）：

组　长：陈永瑞

成　员：崔莹莹　李　梅　唐绪荣　鲁敬华

沧州河务局

【防汛工作】

1. 防汛备汛

3月下旬开始，按照《漳卫南局汛前检查办法》的要求，相继对所辖堤防、河道、穿堤建筑物、险工险段等工程设施以及非工程措施进行了全面细致地检查，对存在的问题进行了系统分析，提出了处理意见，并根据检查情况编写了《汛前检查报告》，上报漳卫南局和沧州市防指。

6月调整了防汛组织机构，成立了防汛工作领导小组，落实了局领导分工负责制，明确了各科室在防汛工作中的职责。6月15日开始，沧州河务局严格执行领导带班和24小时防汛值班制度，主汛期安排技术人员值班，无脱岗现象，能及时处理汛情，及时接收传达雨、水信息。

6月14日组织召开了2016年防汛工作会议，传达了漳卫南局防汛工作会议精神，部署了下一阶段的工作任务；局属各单位就前阶段的防汛准备工作情况、存在的问题和下一阶段的工作安排进行了汇报。

7月12日，组织召开了防汛专题会议，通报卫河上游河南新乡强降雨情况，对防汛工作进行了再动员再部署。

7月22日，沧州河务局在漳卫新河左岸89＋000堤段举行防汛知识现场培训暨防汛演练，技术人员对渗漏、临河脱坡、背河崩岸、漫溢等堤防常见险情的成因、抢护原则、抢护方法等进行了讲解，并现场演练了铺设土工膜截渗、修筑滤水围井、挂流缓冲、应急发电等项目。通过演练，抢险队员掌握了险情的抢护方法，提高了堤防险情的应急处置能力，积累了防汛抢险的实战经验。

2. 预案编制

结合漳卫新河的实际情况，积极征求沧州市防指意见，修订形成了2016年防洪预案。2016年6月27日，沧州市防汛抗旱指挥部发布了《关于下发漳卫新河防洪预案的通知》（沧汛办字〔2016〕26号），用来指导沿河各县防汛抢险工作。

3. 积极应对“7·19”洪水过程

积极应对“7·19”洪水过程，严格落实汛期防汛值班和领导带班制度，及时接收传达雨、水信息，及时处理汛情险情，共接收传真信息40份，发布明传电报5份，发送水情信息、洪水调度信息32份。定点召开防汛会商会议，通报前一天的流域雨情，了解上游地区天气状况，研究分析河道水情。加强堤防工程巡查，严密监控各安全隐患点，密切关注洪峰传播过程，查看观测洪水水头、洪峰到达时间及最高洪水位。强化安全宣传教育，在堤防临近村庄和重要路口悬挂警示横幅、张贴警示标语，防止溺水事件的发生。

督促在建工程落实应急度汛措施。汛情发生后，沧州河务局专人驻守李家岸倒虹吸工程现场，及时掌握情况，督促进度，经连续多日的昼夜施工，在洪水到来前完成主河槽清理、恢复，左岸滩地回填及堤身填筑工作，并在临水侧采用土工膜进行防渗处理，保障行洪安全。督促石济客专跨河大桥建设单位对减河河槽内的施工便桥进行清理、拆除，保证河道顺利过流。

加强与地方防指沟通，当好参谋助手。“7·19”洪水过程处置中，每日4次定时发送水情和洪水调度信息至沧州市防指，并派技术人员参与沧州市防指的防汛会商，及时提供工情信息，用于市防指的防汛决策。同时协助地方包段人员掌握工程情况及开展河道清障、财产人员转移等工作，积极为地方防汛出谋划策。

4. 市级应急度汛项目

实施了市级应急度汛项目，经过前期的测量、申报、财政审核、招标投标等一系列建设程序，顺利完成了5处獾洞的处理，消除了堤防隐患。

5. 输水工作

8月1日，漳卫南局根据流域内水情和水质检测，科学研判，合理利用雨洪水资源，经多方沟通协调，经四女寺闸过南运河向沧州市大浪淀水库供水，沧州河务局作为输水线路巡查第三小组，负责输水线路中的肖圈闸、杨圈闸、代庄节制闸、引水闸。由于南运河沿河各县通过引水闸进行引水蓄水，难以保证大浪淀水库的进水量，沧州河务局加强巡查，一天保证3次，蹲守现场，对各控制闸关闭情况进行巡查，保证了供水的正常运行。

8月23日，供水工作圆满完成，输水3400万 m^3。

【工程管理和维修养护工作】

1. 维修养护管理

多次组织召开工程管理专题会议，分别安排部署了绿化、物业化实施方案、专项维修养护、划界、示范管理单位复核等工作，传达了漳卫南局工程管理会议精神。组织开展工程管理知识学习，5月，对《工程管理工作要点》进行了学习，8月，对《水利工程界桩、标示牌技术标准》进行了学习。年初，编制完成了沧州河务局2016年维修养护实施方案并拟文上报，5月，对2017年专项堤段进行了测量，7月，完成了专项维修养护设计工作，10月，已经通过海委组织的设计审查。

根据漳卫南局关于物业化管理工作要求，在全局112.2km的堤防实施了日常维修养护的物业化管理，并对各单位日常维修养护工作进行检查和季度考核。

进一步深化水管体制改革，落实水管单位的主体责任，加强监督管理，采取强化现场管理、严格验收及影像记录施工过程等手段，确保专项维修养护工程质量。全年共完成沥青混凝土路面维修14764 m^2，堤防整修4.8km，獾洞处理两处220m。

2. 工程绿化

抓住春季绿化有利时机，积极开展堤防绿化工作，制定切实可行的绿化计划，明确种植位置、树木品种和数量，对种植过程的各个环节层层把关，确保树苗的成活率。今年，共完成堤防绿化42.7km，植树10.24万余棵。

3. 护堤地划界工作

开展了盐山河务局背河护堤地的划界工作。划界范围长48.3km，面积362.65亩。项目经费包括地籍测绘、界桩制作安装、公告、实施管理费共计56.97万元，项目基本实施完毕。

4. 违章种植专项清理活动

5—7月，在全局范围内开展了违章种植专项清理活动，清除违章农作物30余亩，清理堤坡种树5000多株，收到了良好的效果。

5. 示范管理单位复核工作

开展盐山河务局海委示范管理单位复核各项准备工作，对照工程考核标准，对组织、安全、运行和经济的各项工作逐条梳理，制定切实可行的整改方案，逐项落实、全面完善。11月29日，盐山局以873.8分的成绩，通过了海委示范管理单位复核。

【水政工作】

1. 水法宣传

世界水日、中国水周及“12·4”法制宣传日期间，沧州河务局紧紧围绕主题，开展进机关、进学校、进村庄等系列宣传活动，共出动宣传车辆9辆，制作展牌3块，悬挂宣传条幅15幅，张贴宣传标语50余条，散发宣传材料6000份。同时，加强漳卫新河河口治理的宣传，联合水闸局与海兴县香坊乡政府和无棣县埕口镇政府进行座谈，发放漳卫新河河口治理规划宣传材料；3月24日，组织职工学习陈雷部长、任宪韶主任及张胜红局长的署名文章，并进行海委系统2016年纪念“世界水日”“中国水周”和“法制宣传日”

网络答题。

2. 加大水行政执法力度，防患案件发生

认真落实水政巡查制度，采取突击巡查和定期巡查相结合的方式，明确巡查方式、路线和人员，做好巡查记录。及时发现查处两起水事案件，一是南皮前罗寨村村民河道内新植树障120余亩，共计6700余棵；二是吴桥河务局漳卫新河左堤桩号43＋000附近，农户违法种植玉米约30余亩。两局发现违章种植后，依法对树障和农作物进行清理，恢复堤防面貌，保障河道安全。

落实了法律顾问，聘请了河北省铭鉴律师事务所的律师担任沧州河务局法律顾问，使执法过程中的各项程序更加完善。

3. 规范队伍建设

规范队伍建设，加强水政执法人员培训。组织全体水政执法人员参加沧州市政府法制办举办的执法证换证培训考试。举办水行政执法和文书制作培训班，提高水政监察人员的执法文书制作水平。

4. 漳卫新河河口管理

加大漳卫新河河口管理力度。3月，与水闸局建立联席会议制度，加强联合执法。5月，组织全局水政监察人员分为3组，开展漳卫新河河口执法活动，对河口范围内占压堤防、侵占滩地等违法行为进行全面统计梳理，形成河口管理专项档案，为全面加强河口管理工作打下基础。9月，参加在无棣召开的漳卫新河河口管理工作联席会议，形成了一系列工作制度，为下一步河口管理工作的开展打下基础。

5. 涉河建设项目管理

加强涉河建设项目管理。函告济乐高速跨越漳卫新河大桥项目防护工程的建设单位，督促尽快施工，并请示漳卫南局予以协调；监督管理石家庄到济南的高速铁路跨越岔河、减河大桥工程相关防护工程开工建设；督促落实沧州市水务局李家岸倒虹吸引水工程防汛预案。

6. 水资源管理

完成了沧州河务局管辖堤防范围内取水口的统计，上报前10月各取水口取水量，积极完成水资源月报工作。

【水土资源开发经营】

2016年，沧州河务局不断规范土地资源开发利用，开展堤防经营承包合同梳理工作，对现有276份合同全面梳理、审核，现场核实种植数量及收益，做到标的与实际相符，保证收益。其中2016年签订承包合同15份，水管单位经济收益均达到30％以上。

认真做好南皮河务局土地资源开发利用试点工作，积累经验、提高效益。2016年扩大苗圃种植规模，新增苗圃基地10亩，育苗1.2万棵，目前成活率90％以上，长势良好。11月17—21日，育苗基地第一次对外销售速生杨树苗10000棵，收入分成11000元，验证了育苗种植是堤防土地资源开发利用、增加收益的一条有效途径。

加强闲置资产的经营管理，对基层局机关旧址房屋推行以租代管，实现管理和效益双丰收，2016年房屋出租收入达到13.6万元。继续发展庭院经济，吴桥河务局拆除机关旧址危房，平整土地，开展苗圃建设，共计种植白蜡树苗1100棵。不断培植增收途径，吴桥河务局收回军王一处22亩坑塘的土地使用权并对外承包，提高单位经济效益。

【人事管理】

1. 机构设置与调整

（1）2月25日，调整安全生产管理机构人员（沧工〔2016〕10号）：

安全生产第一责任人：饶先进

安全生产领导小组组长：陈俊祥

安全生产领导小组成员：刘艳海　齐　军　张　勇　林立新　刘维艳　张广霞　王　刚　乔庆明

（2）2月29日，调整劳动纪律监督检查小组成员（沧人〔2016〕12号）：

组　长：涂纪茂

成　员：刘维艳　齐　军　张　勇　林立新　刘艳海　张广霞　王　刚　乔庆明　崔金峰

（3）3月1日，调整水利工程维修养护工作领导小组（沧工〔2016〕15号）：

组　长：饶先进

副组长：陈俊祥

成　员：齐　军　张　勇　林立新　刘维艳　刘艳海

（4）3月15日，成立国有资产清查领导小组（沧人〔2016〕17号）：

组　长：饶先进（沧州局局长）

副组长：刘铁民（沧州局副局长）

成　员：齐　军（办公室主任）　林立新（财务科科长）　刘维艳［人事（监察审计）科副科长］　崔金峰［人事（监察审计）科主任科员］

（5）5月17日，调整党风廉政建设责任制领导小组成员及责任分工（沧党〔2016〕4号）：

组　长：饶先进

副组长：涂纪茂　刘铁民　陈俊祥

成　员：刘维艳　齐　军

领导小组办公室设在人事（监察审计）科。

（6）6月3日，调整2016年防汛抗旱组织机构（沧工〔2016〕47号）：

1）局防汛抗旱工作领导小组。

组　长：饶先进

副组长：涂纪茂　刘铁民　陈俊祥

成　员：刘艳海　齐　军　刘维艳　张　勇　林立新　张广霞　王　刚　乔庆明

2）防汛抗旱办公室。

主　任：陈俊祥

副主任：刘艳海

防汛抗旱办公室内设职能组：

①水情工情组。

组　长：刘艳海

副组长：张　勇　刘国强　张新华　张铁天

成　员：工管科和水政科人员

②后勤保障组。

组　长：乔庆明

副组长：王　刚

成　员：后勤服务中心和综合事业科人员

③宣传报道组。

组　长：齐　军

副组长：刘维艳　乔　霞　崔金峰　柴广慧

成　员：办公室和人事科人员

④物资保障组。

组　长：林立新

副组长：张广霞　刘铁柱

成　员：财务科和工会人员

(7) 7 月 14 日，成立盐山堤防划界项目领导小组（沧工〔2016〕51 号）：

组长：陈俊祥

成员：刘艳海　孙世军　林立新　崔金峰　张铁天

(8) 8 月 8 日，成立安全生产标准化建设自建工作小组（沧工〔2016〕54 号）：

组　长：刘艳海

成　员：田文秀　马璐瑶　张　雨　吕双利　刘志勇　李鹏飞　魏　浩

2. 人事任免

(1) 5 月，经中共沧州河务局党委研究决定，任命姜天钊为中共东光河务局支部书记，免去邵之春中共东光河务局支部书记职务（沧党〔2016〕3 号）。

(2) 7 月，招录公务员张雨试用期满，考核合格，任命为吴桥河务局科员（沧人〔2016〕50 号）。

(3) 8 月，海兴河务局局长王德试用期满，考核合格，任命为海兴河务局局长；办公室副主任柴广慧试用期满，考核合格，任命为办公室副主任（沧人〔2016〕55 号）。

(4) 11 月，盐山河务局副局长（主持工作）孙世军试用期满，考核合格，任命为盐山河务局副局长（主持工作）（沧人〔2016〕70 号）。

(5) 12 月，人事科副科长（主持工作）刘维艳试用期满，考核合格，任命为人事科副科长（主持工作）（沧人〔2016〕83 号）。

3. 人员变动

4 月底，事业人员安凤芹退休；5 月底，参公人员邵之春退休；9 月底，原邢衡河务局公务员杜晓娜 2016 年调入沧州河务局；截至 2016 年 11 月，沧州河务局在职职工 62 人，其中，参公人员 47 人，事业人员 15 人；离退休人员 45 人，其中，离休人员 2 人、退休人员 43 人。

根据上级工作要求，结合沧州河务局工作实际，推行“机关-基层”职工交流机制，南皮河务局陈哲在建管局交流锻炼。

4. 职称评定

（1）1月，根据《漳卫南局关于做好2015年度职称申报工作的通知》，审核上报王玉娜水利工程副高级、张铁天水利工程中级资料，王玉娜取得水利工程副高级工程师任职资格。

（2）7月，沧州河务局参公人员张雨、事业人员王培申报助理工程师，并取得助理工程师资格。

5. 表彰奖励

（1）1月4日，沧州河务局印发《关于表彰2015年度优秀职工和先进个人的决定》（沧人〔2016〕1号），表彰如下：

柴广慧、张勇、刘维艳、张铁天、姜天钊、王德、王刚、刘志勇2015年度考核确定为优秀，予以嘉奖。

张铁天2013—2015年连续三年考核被确定为优秀等次，记三等功一次。

林立新、赵明、王丙会、刘艳海、王健、吕双强、张宝恒、乔庆明、安凤芹、李鹏飞2015年度表彰为先进个人，予以奖励。

（2）1月5日，印发《沧州局关于表彰2015年度先进单位、先进集体的决定》（沧办〔2016〕4号），授予东光河务局、海兴河务局、南皮河务局"沧州河务局2015年度先进单位"荣誉称号，授予办公室、工管科、综合事业中心"沧州河务局2015年度先进集体"荣誉称号。

（3）3月，饶先进2012—2014年连续三年考核被确定为优秀等次，记三等功一次（漳人事〔2015〕6号）。

6. 工资审批调整

完成2016年1月晋级、晋档及晋升职务人员工资增资审批及发放工作；调整参公人员、离退休职工的津贴标准，并补发了离退休人员2014年1月至2015年12月增资部分；按漳卫南局会议纪要（漳会纪〔2016〕1号）要求，参考《沧州市市直事业单位绩效工资实施方案（暂行）》（沧人社字〔2010〕339号），印发了《沧州局事业单位发展的思路》（沧人〔2016〕24号），制定了《沧州局事业人员绩效考核办法》（暂行）和《沧州局事业人员绩效工资实施办法》（暂行），暂时归并了事业人员津贴补贴，事业人员实施了绩效工资；按水利部人事司、河北省人力资源和社会保障厅要求，完成了沧州河务局2016年调整退休人员基本养老金工作；按部委要求按时上报2014年度、2015年度事业人员津贴补贴执行情况和绩效工资总量测算工作（办人事〔2016〕198号）。

7. 职工培训

加大职工培训力度，《新河职工讲堂》继续开讲，组织举办反腐倡廉、传统文化与干部修养、公文处理暨档案管理、内部控制、交通安全知识、水行政执法及防汛抢险等知识培训班20次；同时组织全局干部职工参加中国水利教育网上培训，并全员达标，充分利用中国水利教育培训网络资源，积极组织参加上级部门组织的各种网络知识竞赛，取得了较好的成绩。

【安全生产工作】

1. 安全生产会议

1月29日，组织召开2016年安全生产工作会议，传达了漳卫南局2016年安全生产工作会议精神，部署了下阶段安全生产工作，明确了今年的安全生产工作目标。参与起草了各单位、部门的安全生产责任书，并督促各单位、部门及时进行了签订。

2. 打非治违专项整治

按照上级要求开展了汛前安全检查、打非治违等专项整治工作，印发了《全面开展安全生产大检查、深化“打非治违”和深入开展危化品易燃易爆物品安全专项整治工作方案的通知》，在全局范围内开展了打非治违专项行动，按照要求完成了隐患排查和填报工作。

3. 安全生产检查

按照要求督促各单位开展了安全生产检查，完成了安全生产信息的统计上报工作。

4. 安全生产月活动

组织机关职工学习安全知识，观看《安全生产法》释义视频；张贴宣传画册宣传安全知识；组织开展全国水利安全知识网络答题活动；在全局范围内开展了安全隐患排查等。

【党建工作】

不断加强基层党组织建设，按年初计划逐步开展落实组织生活。不断加强党员干部理论学习，采取集中学习和展板宣传的形式，全面深入贯彻十八届六中全会精神，牢固树立政治意识、大局意识、核心意识、看齐意识。

6月，开展以“爱岗敬业，献身水利”为主题的纪念建党95周年系列活动，党委书记为党员干部讲党课，职工撰写庆祝建党95周年主题征文，重温入党誓词，唱红歌庆祝建党95周年，走访慰问两名困难党员。

开展先进基层党支部、优秀共产党员和党务工作者评选活动。6月30日，印发《中共沧州局党委关于表彰先进基层党组织、优秀党务工作者和优秀共产党员的决定》（沧党〔2016〕6号），授予海兴河务局党支部为先进基层党组织，涂纪茂、姜天钊、王丙会3人为优秀党务工作者，刘铁民、陈俊祥、张勇、刘艳海、王刚、刘洋、张宝恒7人为优秀共产党员。

5月，积极开展“两学一做”学习教育活动，印发“两学一做”学习教育实施方案，稳步推进“两学一做”各阶段工作。

【综合管理】

2月19日，沧州河务局组织召开2016年工作会议，总结2015年各项工作，部署安排2016年重点任务。年内，制定并印发多项规章制度，1月4日，制定印发《沧州局信息宣传工作管理办法的通知》（沧办〔2016〕1号）；12月5日，印发《沧州河务局财务管理制度的通知》（沧财〔2016〕74号）和《沧州河务局会议费管理办法（试行）的通知》（沧财〔2016〕75号），不断提高规范化管理水平。

10月13日，制定印发《沧州局关于印发〈沧州河务局目标管理办法〉的通知》（沧办〔2016〕64号）和《沧州局关于印发〈2016年目标管理指标体系〉的通知》（沧办〔2016〕65号），促进沧州河务局目标管理工作。

为促进机关与基层协调发展，4月13日，制定印发《沧州局关于印发机关部门与基层单位结对帮扶活动实施办法的通知》（沧人〔2016〕25号），在全局开展联系局领导蹲点及机关部门与基层单位结对帮扶活动。各帮扶小组在分管局长领导下开展工作，分管局长定期到联系单位蹲点，对帮扶工作进行督导，确保结对帮扶工作常抓不懈、取得实效。

【财务管理】

1. 预算工作

6月6日，漳卫南局印发《漳卫南局关于批复2016年预算的通知》（漳财务〔2016〕15号），批复了沧州河务局2016年预算，核定沧州河务局2016年总收入3680.48万元，总支出3680.48万元，其中基本支出1743.84万元，项目支出1936.64万元。核定沧州河务局2016年一般公共预算拨款收入1886.1万元，支出1886.1万元，其中基本支出859.46万元（含人员经费772.24万元，公用经费87.22万元），项目支出1026.64万元。核定沧州河务局2016年一般公共预算安排的“三公”经费预算23.08万元。

12月22日，漳卫南局印发《漳卫南局关于调整2016年预算的通知》（漳财务〔2016〕29号），根据《海委关于调整2016年预算的通知》，追加沧州河务局2016年项目支出预算76.76万元，其中基层房屋水毁修缮46.75万元，防洪工程雨毁修复30.01万元。已完工支付。

2. 决算工作

9月20日，漳卫南局印发《漳卫南局关于批复2015年部门决算的通知》（漳财务〔2016〕21号），批复了2015年决算数据：收入21030762.41元（财政拨款收入17122800元，上级补助收入200000元，事业收入3566788元，其他收入141174.41元），支出21030762.41元（基本支出10481562.41元，项目支出10549200元）。

3. 资产清查工作

3月，按漳卫南局要求，沧州河务局印发《沧州局国有资产清查工作方案》（沧财〔2016〕16号），开始资产清查工作；6月，完成国有资产的清查工作，并行文上报漳卫南局《沧州局关于行政事业单位资产清查的报告》（沧财〔2016〕49号）。

4. 行政事业单位内部控制规范及基础性评价工作

根据漳卫南局《漳卫南局行政事业单位内部控制基础性评价工作实施方案》（漳财务〔2016〕20号）要求，印发了《沧州局行政事业单位内部控制基础性评价工作实施方案》，按方案要求，11月，完成了沧州河务局行政事业单位内部控制基础性评价工作，并行文上报漳卫南局《沧州局关于行政事业单位内部控制基础性评价工作报告》（沧财〔2016〕68号）。

【纪检监察及党风廉政建设工作】

全面落实党风廉政建设责任制，层层签订《党风廉政建设承诺书》。召开纪检监察会议，部署安排2016年党风廉政建设和反腐败工作思路和任务。制定印发《沧州局2016年党风廉政建设主体责任实施意见》《沧州局2016年党风廉政建设考核指标体系》及《沧州局党委和党委成员的主体责任清单以及纪检监察部门的监督责任清单》，落实“两个责任”，实行清单管理。组织党员干部观看反腐倡廉系列剧《坚守》《永远在路上》。组织职工参观抗日民族英雄马本斋纪念馆，深切缅怀革命先烈的丰功伟绩。节日期间，对“四风”问题进行专项提醒和明查暗访。

开展财务、人事、工程建设和维修养护等领域廉政风险防控专项检查工作，对防汛、水资源管理方面的廉政风险防控情况进行疏理，对其他领域廉政风险防控工作进行准备。完成 2015 年度工程维修养护经费管理使用情况审计。

【精神文明建设】

年内，先后组织多项文体活动。继续组织女职工合唱队定期活动，并融入舞蹈、乐器、健身操等形式，不断丰富活动内容。在“三八”妇女节即将来临之际，组织沧州局女职工与漳卫南局女职工参观了抗日民族英雄马本斋纪念馆，共同举行了拔河、套圈等联谊活动，营造了欢乐祥和的节日气氛。“五一”“五四”及国庆节等重大节日举办“青春建功”演讲比赛及拔河、套圈等丰富多彩的文体活动，焕发职工精神面貌。举办了“庆七一，颂歌献给党”文艺演出活动，活动涵盖了独唱、合唱、舞蹈、器乐演奏、诗朗诵等多种形式，歌颂了党的丰功伟绩，抒发了广大职工热爱党的高尚情怀和对中华民族伟大复兴的美好憧憬。

1 月，按照沧州市委精准脱贫工作要求，选派处级干部刘铁民、科级干部刘国强驻村帮扶；3 月，开展以“捐出您一天的收入，奉献您的一份真情”为主题的“博爱一日捐”活动，广大干部职工踊跃参与，共捐款 3100 元，并及时送交沧州市运河区红十字会。8 月，积极响应沧州市直工委的号召，开展向遭受暴雨的河北省洪涝灾区捐款活动，共筹集爱心捐款 2150 元，及时汇到河北省民政救灾捐赠中心，以帮助灾区群众恢复生产、重建家园。

继续开展送温暖活动，元旦、春节期间探望离退休老干部，并对困难职工进行帮扶。九九重阳节期间组织离退休职工参观沧州市博物馆、名人植物园和漳卫新河堤防，让他们深刻感受到组织的关怀和单位的巨大变迁，并积极建言献策，为单位发展提出宝贵意见和建议。通过全局职工的努力，沧州局荣获 2014—2015 年度市级文明单位称号。

岳城水库管理局

【工程建设与管理】

严格维修养护工作监管，加大对大坝、溢洪道、泄洪洞等重点工程设施的维护，完成了大坝变形监测系统维护，全面清理大坝排水沟淤积物，全面清除坝坡杂草。认真开展工程运行监测及资料的整理分析，及时研判大坝运行状态，保证各类设施设备管理维护良好、各类标示完整清晰、工程环境干净整洁、资料整理规范。严格遵守安全生产有关制度，完善日常管理，做好隐患排查治理，健全安全生产应急管理机制。

今年水库经历了自除险加固以来首次高水位运行考验。汛期加强工程巡查，加密各类观测。及时修复被暴雨冲毁的大坝渗流观测设施，及时更换泄洪洞闸门老化的水封，及时打捞进水塔、溢洪道附近的漂浮物；完成 2 号小副坝度汛应急工程和通信铁塔改建工程。确保工程高水位运行的安全。岳城水库管理局获得漳卫南局“2016 年度工程管理先进水管单位”荣誉称号。

【水政水资源管理】

在第二十四届“世界水日”和第二十九届“中国水周”期间，张贴宣传画和宣传标语120余张、印发宣传册2000余册，悬挂宣传条幅2幅。全年组织开展库区执法检查20余次。汛前两次联合磁县、安阳县政府有关部门集中开展库区及河道执法活动，全面清理库区旅游船只、违章建筑等，清除河道采砂设备。配合磁县政府对库区漂浮物进行及时打捞。定期开展水源地、水功能区巡查，认真落实水污染应急预案，充分利用坝上、观台监测设备即时监测水质，加大对入库排污口的巡查监测力度；完善与邯郸、安阳两市用水部门的水质监测数据共享机制，强化数据比对分析，及时掌握水质情况。

【防汛抗旱】

汛前，认真做好汛前大检查工作，全面掌握工程设施运行状况，修订完善防洪预案、抢险预案，制订应急措施。严格落实防汛责任制，狠抓防汛检查、部署、落实，做好抵御大洪水的充分准备。

7月19日，岳城水库最大入库洪峰6150m^3/s，是“96·8”洪水以来最大入库流量，岳城水库管理局立即启动防汛响应橙色应急机制，全员迅速到位、昼夜值班。对坝体、坝基渗压及渗流量进行加密观测，及时恢复水平位移观测，加强工程巡查和安全保卫力度，组成巡查组对坝体、溢洪道、泄洪洞等主要建筑物和附属设施进行巡查。科学预测洪水，严格执行调度令，削减洪峰95%，有效减轻了漳河下游抗洪和卫河洪峰错峰的压力，为邯郸市抗洪救灾赢得了宝贵时间。

全年累计完成水情拍报1000余份，流量测验30余次，准确率100%。做好水文资料整编，确保水文资料的完整和准确。加强防汛视频会商系统、网络办公系统、卫星通信设备的管理维护。

岳城水库管理局获得“2016年漳卫南局防洪供水先进集体”“邯郸市防洪减灾先进集体”荣誉称号。

【供水工作】

截至2016年12月底，实现向邯郸、安阳两市供水2.26亿m^3，收取水费1040万元；上缴漳卫南局水费400万元，有力保障了全局工作的开展。针对2016年后半年水库蓄水较多的良好形势，全力配合漳卫南局成功实施“引岳济衡”“引岳济沧”供水，实现岳城水库水资源经济、社会、生态效益三丰收。

【人事管理】

1月，免去张和平技师职务，退休。

4月，免去刘书堂技师职务，退休。

8月，免去孙宝生科员职务，退休。

10月，聘任王磊、杨子勇为岳城水库管理局综合事业管理中心副主任（副科级）。

12月，聘用吕金朴为专业技术岗位高级工程师七级，李小英为专业技术岗位工程师九级，孙梧棣、张耀丹、周素花为专业技术岗位工程师十级，陈宇灿为专业技术岗位助理工程师十一级，郭远为专业技术岗位助理工程师十二级。

【党群工作】

全面加强党的思想、组织、作风、制度建设，严守政治纪律，严肃政治生活，从严抓好党员管理，强化作风引领，推进作风建设持续好转。把从严治党的各项要求体现在围绕中心、服务大局上，融入到各项具体的工作中去。严格落实民主集中制，认真贯彻“三重一大”集体研究决策机制，充分发扬民主。全面加强党员干部队伍建设，切实抓好党风廉政建设，认真组织开展“两学一做”学习教育，十八届六中全会精神的学习贯彻，全力推进党建工作上水平。2016 年，岳城水库管理局党委荣获“河北省先进基层党组织”称号。

【精神文明建设】

立足实际，采取积极有效措施，全力推进文明单位创建工作。扎实开展扶贫济困、送温暖活动，开展走访慰问、博爱一日捐、蹲点扶贫等工作，全年累计发放慰问金及扶贫投入资金近 10 万余元。开展形式多样、丰富多彩的文体活动。在 2016 年邯郸市直农林水工会乒乓球比赛中，获得男子团体第一名、女子团体第二名，肖云平、张建军分别获得女子单打第一名和男子单打第二名的好成绩。多次参加邯郸市志愿服务活动，广泛开展提升环境卫生指数、公共文明引导等志愿活动，积极投身文明创建。2016 年继续保持河北省文明单位荣誉。

【综合管理】

严格执行财经纪律，搞好财务管理，科学规范编制部门预算。按时编报各种财务报表，严格做好基本支出、项目支出等会计核算工作，确保财务资料真实准确完整。严格部门预算和各项经费开支计划的执行，认真执行国库集中支付手续，按要求及时完成财政资金支付工作。严格按照合同金额及工程进度支付养护经费，做到维修养护经费财务核算正确，符合要求，确保了财政资金效益的发挥。加强了资产管理，做到账账、账物相符，确保财产安全。

【党风廉政建设】

严格落实党风廉政建设的主体责任和监督责任，严格自律，把从严治党的各项要求刻印在心上、体现在行动上。抓好党风廉政建设责任制的落实，把反腐倡廉建设各项工作任务与业务工作同部署、同落实、同检查。严格执行中央八项规定精神，认真落实“一岗双责”，层层签订廉政承诺书，层层传导压力，将责任细化分解到每个岗位和人员。继续搞好廉政文化建设，注重廉政警示教育，组织党员干部观看警示教育片，从反面典型中汲取教训。严格执行“三重一大”决策制度，强化决策监督。

四女寺枢纽工程管理局

【工程建设与管理】

1. 日常维修养护

2016 年四女寺局日常维修养护项目投入经费 158.83 万元，全年主要对水工建筑物、闸门、启闭机、机电设备及附属设施进行经常化、日常化清洁和维护保养，定期检查、检测。完成养护土方 900m^3，护坡勾缝修补 300m^2，反滤排水设施维修养护 75m，混凝土修补 150m^2，裂缝处理 210m^2，闸门维修养护 260m^2，启闭机防腐 200m^2，启闭机房维修养护 1642m^2，护栏维修养护 520m，绿化 600m^2。

2. 专项维修养护

2016 年，四女寺局水利工程专项维修养护项目投入经费 22.62 万元，完成了节制闸下游南运河左岸护坡维修、堤顶道路维修，南闸下游护栏维修。主要工程量：土方 1143m^3，路面三七土 375m^3，护坡浆砌石翻修 81.6m^3，浆砌石护坡勾逢 2400m^2，护栏 130m。

3. 水利工程维修养护实施方案

4 月 20 日，漳卫南局印发《漳卫南局关于四女寺枢纽工程管理局 2016 年水利工程维修养护实施方案的批复》（漳建管〔2016〕15 号），对《四女寺局关于 2016 年水利工程维修养护实施方案的请示》（四工管〔2016〕1 号）文件进行批复。

【植树绿化】

3 月 12 日，四女寺局开展植树活动，绿化美化环境，组织职工对办公区周边树木进行修剪，对办公区及辖区内枯死树木进行更新补植，在苗圃种植榆叶梅 1000 株。

由于天气温度高、湿度大，四女寺枢纽工程范围内尺蠖、彩蛛等虫害有爆发蔓延的趋势，严重危害枢纽树木的生长。8 月 22 日，四女寺局及时采取应对措施，对辖区内近 3000 棵苗木进行全方位的药物防治。在农业园林部门的指导下，采用灭幼尿及高效聚酯等多种农药按合理浓度配比混合的方法，达到既高效杀虫又保护环境、减少农药残留对人体威胁的效果。

11 月 29 日，四女寺局对枢纽管理区内约 3000 株树木进行树干粉刷石灰水“美白”工作。“美白”是四女寺局入冬后为树木进行养护管理的一项重要内容，在园林专家的指导下，针对该局树木生长期病虫害的具体情况采取生石灰与防虫药的科学配比，在地面到树干 1m 处粉刷，可以杀死寄生在树干上的一些越冬细菌和害虫，防止它们来年繁殖伤害树木；通过给树干刷白，还可将阳光反射掉，使树木少吸收热量，树干白天和夜晚的温度基本保持一致，这样冬季树木就不会因为白天和夜晚的树干温度差别太大而冻裂。树干“美白”既美化了环境，又保证了树木安全过冬。

【水环境与生态修复科技推广示范基地建设】

8 月 2 日，“高效固化微生物综合治理河道污水技术的示范与推广”在北京通过了水利部国际合作与科技司组织的项目验收。验收组听取了项目汇报，查阅了相关资料。经质询和讨论，验收组认为，技术报告和文件资料齐全、内容翔实；项目管理规范，资金使用符合相关规定；处理河道污水量 302 万 m^3，处理后的水质符合地表水Ⅳ类标准，降低污水处理成本达 20%以上。项目形成了一套适合漳卫南运河河系特点的生物—生态修复治理技术，为海河流域水资源保护和水生态修复提供了示范和借鉴，社会、经济、环境等效益显著，推广应用前景广阔。该项目利用四女寺枢纽节制闸下南运河 665m 河道作为试验基地，以生物工程技术、生态工程技术、环境工程水污染控制工程技术为基础，构建了一个“水面（纳污生态岛）＋水体（人工水下森林＋生物调节）＋底质（生物调控）”的水体生态系统，大幅度提升了河道的净化能力。“高效固化微生物综合治理河道污水技术的示范与推广”项目的实施，有助于进一步研究探索适合漳卫南运河河流特点和水资源状况的生物生态污水处理技术，有助于恢复漳卫南运河良好的水生态环境，对平原河流水污染治理也将起到重要的借鉴意义和示范作用。

11月8日，海委在山东省德州市组织召开《漳卫南运河水环境与生态修复科技推广示范基地建设规划》（以下简称《规划》）验收会议，漳卫南局总工徐林波参加会议。与会专家在听取汇报、查看资料后一致认为，《规划》综合考虑水环境和生态修复科学技术研究与示范推广、农业生态和节水试验、水情教育和水文化宣传展示等目标，内容全面，资料翔实，分区布局合理，符合相关技术要求，同意通过验收。今后，将以《规划》为指导，大力推进科技推广示范基地建设，为科技创新、科技成果转化推广和人才培养提供良好的发展机遇，为漳卫南运河水生态修复和保护提供科技支撑和保障。

【基层单位生产用房及仓库维修项目】

2月15日，四女寺局成立2016年度基层单位生产用房及仓库维修项目管理小组。4月25日，委托山东招标股份有限公司进行公开招标。5月24日，该局与中标单位德州鬲津水利有限公司签订项目实施协议书。该项目自5月24日开工，至11月16日完工，历时177天。该项目包括职工值班业务用房、车库、锅炉房、叠梁库、变电室和备用发电室、防汛仓库、后勤综合办公楼维修等。主要工程量：屋面防水2160m^2，地面改造1595m^2，更换门44扇，更换窗户87个，外墙粉刷2480m^2，内墙粉刷5565m^2，顶棚维修1600m^2，给排水系统维修2617.29m^2，供电照明系统维修2808.79m^2，消防给水及报警系统维修453.65m^2，供暖系统维修1010.28m^2，弱电系统维修1010.28m^2。12月12日，四女寺局印发《四女寺局关于报请基层单位生产用房及仓库维修项目竣工验收的报告》（四工管〔2016〕15号），报请上级部门对该项目进行竣工验收。

【四女寺枢纽北进洪闸除险加固】

1月10日，水利部水规总院在北京主持召开会议，对四女寺枢纽北进洪闸除险加固工程可行性研究报告进行审查。海委副主任户作亮、漳卫南局副局长李瑞江出席会议。与会专家听取了设计单位汇报，进行了分组讨论，基本同意四女寺枢纽北进洪闸除险加固工程可行性研究报告，一致认为四女寺枢纽北进洪闸进行除险加固是必要的。同时建议设计单位根据专家审查意见对报告进行修改和完善。

8月30日至9月1日，环境保护部环境工程评估中心在山东省德州市主持召开了《漳卫南运河四女寺枢纽北进洪闸除险加固工程环境影响报告书》技术评估会。漳卫南局副局长韩瑞光出席会议。与会专家和代表查勘了工程区现场，听取了关于工程立项背景和前期工作进展情况汇报和评价单位关于“报告书”编制内容的情况汇报。经过质询，专家组一致认为，工程采取必要的施工期保护措施和生态恢复措施，从环境保护角度分析，该项目建设可行。漳卫南局副总工，计划处、水保处负责人，四女寺枢纽工程管理局负责人，海委水资源保护科研所、山东省环境工程评估中心、德州市环境保护局、中水北方勘测设计有限责任公司、中国水利水电科学研究院等单位代表参加会议。

11月14—15日，受国家发改委委托，中国水利水电科学研究院在山东省德州市组织召开四女寺枢纽北进洪闸除险加固工程可行性研究报告评估会。海委副主任户作亮，漳卫南局领导张胜红、韩瑞光出席会议。专家组勘察了工程现场，听取了设计单位汇报，经过讨论和审议，基本同意该项目报告书的内容，认为四女寺枢纽北进洪闸存在着闸底板裂缝和工程老化等诸多问题，不能满足防洪规划的要求，对该闸进行除险加固是十分必要的。专家组要求设计单位根据会议讨论意见对报告进行必要的补充和修改。海委规划计划处负责人，漳卫南局副总工，计划处、建管处、信息中心及四女寺局负责人，中水北方勘测设计研究有限责任公司负责人等参加会议。

【四女寺枢纽节制闸、南进洪闸安全鉴定】

11月16日，四女寺局印发《四女寺局关于报审四女寺枢纽节制闸、南进洪闸的安全评价报告的请示》（四工管〔2016〕13号）。按照《水闸安全鉴定管理办法》（水建管〔2008〕214号）要求，依据《2016年四女寺局水利工程维修养护实施方案》，四女寺局组织完成四女寺枢纽节制闸、南进洪闸的安全评价工作，形成《四女寺枢纽节制闸安全评价报告》《四女寺枢纽南进洪闸安全评价报告》，报漳卫南局审批。

【防汛抗旱】

1. 汛前准备

及时调整防汛组织机构，明确各部门工作职责，调整防汛抢险队员。根据防汛工作新要求，结合枢纽工程实际，重新修订了《四女寺枢纽工程防洪抢险预案》。成立汛前检查小组，于3月21—25日对所辖枢纽工程的水工建筑物、闸门、启闭及供电动力设备设施、防汛物料及倒虹吸工程进行了全面检查。3月28日，四女寺局印发《四女寺局关于2016年汛前检查的报告》（四工管〔2016〕2号）上报漳卫南局。组织启用备用发电机启闭闸门演练，模拟在供电中断的情况下使用备用发电机发电启闭闸门；组织应急照明演练和消防灭火演习，模拟防汛仓库发生火灾的情况下，使用消防栓和灭火器。演练过程紧张有序，防汛抢险队员均能准确到位、熟练操作，各种信息反馈及时。通过应急演练，防汛抢险队员防汛应急反应能力和协调处理能力都得到有效提高，为确保四女寺枢纽安全运行奠定了坚实基础。

2. 汛期工作

6月17日，四女寺局召开防汛会议，传达上级防汛工作会议精神，分析当前防汛形势，部署2016年防汛工作。

7月中下旬，漳卫南运河河系发生较大范围强降雨过程，四女寺枢纽作为漳卫南运河中下游的主要控制性工程，上游控制卫运河，下游分别接漳卫新河与南运河，随着上游来水的迅速增加，四女寺枢纽工程迎来了1996年以来的最大洪水。7月19日19：30，漳卫南局启动防汛Ⅱ级（橙色）应急响应。四女寺局进入防汛战备状态。

7月20日9时，四女寺局召开紧急防汛会议，传达上级最新指示精神，部署枢纽应急度汛。会后，全局干部职工立即进入备战状态，各防汛职能组及防汛抢险队员全部到位，各岗位实行双岗值班，全面巡查枢纽工程雨毁情况，细化补充防汛物料，更换10台应急灯、添置2台灭火器，所有防汛物料摆放位置清晰明确、一目了然，方便紧急调运。

为提高应对大洪水的实战经验和水平，防汛抢险队员启用冲锋舟分组下水开展实战演练。备用发电机组进行全面检测和提前试用，备足燃料，保证随时启用。

四女寺枢纽南进洪闸、节制闸、北进洪闸分别于7月19日16时、7月21日16时24分、7月24日16时提闸泄洪。四女寺局及时调整增加值班人员，做好24小时防汛值班，密切关注雨情、水情、险情、汛情，及时上报水雨情信息，严格执行调度令，确保洪水安全下泄。根据来水情况加强了工程监测与巡查工作，安排有经验的工程技术人员每天坚持水位、水势和险情的观测工作；组织专业技术人员对35kV防汛专线进行特别检查，对发现的数十棵树障及时进行清理，消除了危及线路安全的因素，确保供电线路安全可靠。7月19日至9月31日，四女寺枢纽工程共动闸63次，三闸下泄洪水约5.6亿m^3。枢纽工程最大泄水量出现在7月31日12时，为462.3m^3/s。

四女寺枢纽北进洪闸提闸泄洪后，工程所在地周边群众纷纷来到枢纽公路桥、工作桥甚至闸门支臂上撒网捕鱼，严重影响行洪秩序。四女寺局迅速在枢纽工程醒目位置增贴警示标志、悬挂警示条幅，购置6只扩音器，安排水政及抢险队员不间断喊话，耐心劝导疏散群众。同时积极协调地方政府支持，维护行洪秩序，武城县、德城区派出各种警力40余人，对枢纽实行道路交通管制，对枢纽北进洪闸下300m的岔河两岸进行戒严，阻止疏散捕鱼、围观群众。7月27日，武城县人民政府在枢纽南进洪闸、北进洪闸公路桥上游面安装围挡，阻挡群众到闸门上捕鱼，对在下游河道内捕鱼的周边群众，多次组织抢险队员驾驶冲锋舟喊话劝离。通过多措并举，混乱局面得到有效控制，避免了意外事故的发生。7月27日，组织抢险队员启动冲锋舟对闸前漂浮物进行打捞，保证枢纽洪水安全下泄。

8月1日，四女寺局所在地遭遇强降雨天气，从8时20分到10时30分降雨量达63mm。雨势稍缓，工管科、倒虹吸管理所技术人员对枢纽工程进行全面检查，经过检查，南进洪闸、北进洪闸、节制闸及上下游护坡排水通畅，未发现明显雨毁情况。倒虹吸出口闸翼墙平台积水较多，工程技术人员及时对翼墙上的排水口进行疏通，消除了安全隐患。

3. 运行调度

严格执行调度令，安全组织了工程运行调度。2016年四女寺枢纽工程全年动闸共计80次，三闸下泄水量约7.54亿m^3。

【输水工作】

1. 引黄济沧应急输水

为缓解河北省沧州市农业旱情，保障当地群众用水需求，2015年11月23日15时引黄潘庄线路倒虹吸工程提闸放水，开始实施引黄济沧应急输水，输水历时55天，于2016年1月16日8时结束。倒虹吸工程出口闸累计过水量1.36亿m^3，最高水位18.54m，最低水位17.03m，最大流量98.2m^3/s，最小流量9.39m^3/s。第三店测流断面累计过水量1.34亿m^3，最高水位15.89m，最低水位14.40m，最大流量43.4m^3/s，最小流量11.4m^3/s。倒虹吸工程出口完成泥沙单沙测验55次，最大含沙量1.121kg/m^3。第三店完成泥沙单沙测验55次，最大含沙量0.640kg/m^3。取沙采用瓶式积深法，沙样处理采用烘干法。输水期间，按要求及时向上级部门发报，共发送水情信息217次，上报工作做到无错报、漏报、迟报，为上级部门提供准确无误的第一手资料。

3月7日15时，引黄潘庄线路倒虹吸工程再次提闸放水，开始实施第二次引黄济沧应急输水，输水历时36天，于4月11日16时结束。倒虹吸工程出口闸累计过水量0.45亿m^3，最高水位18.27m，最低水位17.02m，最大流量80.0m^3/s，最小流量4.10m^3/s。第三店测流断面累计过水量0.41亿m^3，最高水位15.37m，最低水位14.32m，最大流量34.1m^3/s，最小流量5.94m^3/s。倒虹吸工程出口完成泥沙单沙测验36次，最大含沙量1.128kg/m^3。第三店完成泥沙单沙测验36次，最大含沙量0.538kg/m^3。输水期间，倒虹吸工程出口及第三店测流断面分别向上级部门发送水情信息71次。

2. 景县输水

12月28日9时30分，四女寺枢纽工程开启节制闸为河北省景县供水，流量35.4m^3/s，前期为景县供水1100多万m^3。

3. 故城县输水

8月8日至10月8日，四女寺局通过芦庄引水闸为河北省故城县供水2000万m^3。12月17—30日实施第二次引水，供水533万m^3。两次共为河北省故城县供水2533万m^3。

【水政水资源管理】

1. 普法宣传

3月22日，四女寺局紧紧围绕“水与就业”及“落实五大发展理念　推进最严格水资源管理”的宣传主题，开展了纪念第二十四届“世界水日”和第二十九届“中国水周”的宣传活动。利用四女寺农贸集市这一人多面广的有利时机，深入乡镇集市、社区开展水法规宣传活动，在南闸桥头设立宣传站，出动宣传车，制作宣传牌，在集市重点展示与宣传。组成水法宣传队，向周边居民发放宣传画50余张、传单500余份，面对面地给群众讲解“世界水日”“中国水周”的深刻涵义和主题思想，让群众了解和熟知水法知识，增强和提高节水及水忧患意识；在办公楼一楼大厅电子屏幕上，滚动播放“世界水日”和“中国水周”宣传主题和相关宣传知识，在枢纽工程管理范围内张贴标语和宣传画50余条，使全局干部职工更直观地了解宣传主题和水法律法规知识，形成良好的守法、执法、宣法氛围。同时四女寺局还联合武城县水务局开展水行政执法知识培训，并就双方如何开展联合执法工作进行了座谈。5月1日至12月31日，在全局开展了“学法用法”活动。6月，印制了《四女寺局“学法用法”学习读本》。7月，举办“学法用法”法律讲堂。12月5日，四女寺局开展了以“大力弘扬法治精神，协调推进‘四个全面’”为宣传主题的集中宣传活动，通过主题法制展板巡展、散发宣传资料、张贴标语等形式广泛开展法制宣传活动。活动期间，共发放法制宣传资料100余份，张贴标语50余张，摆放法制宣传展板6块。

2. 水政执法

2016年，四女寺局按照《漳卫南运河管理局预防和处理突发水事案件预案》和《漳卫南局水政执法巡查制度》的要求，坚持“预防为主、打防结合”的原则，对枢纽管理区域进行执法巡查。根据单位实际情况制定巡查方案，坚持做到每周巡查一次，每次巡查都形成记录，登记到水行政执法巡查记录表中，发现问题及时处理，并且总结上报。2016年，四女寺局管辖范围内无违法水事案件发生。

【人事管理】

1. 机构设置与调整

（1）2月15日，成立四女寺局基层单位生产用房及仓库维修项目管理小组（四办综〔2016〕2号），人员组成如下：

组　长：何传恩

副组长：上官利　杨长柱

管理小组下设综合组、工程组、财务组。

综合组负责人杨长柱（兼），主要成员：丁同喜　韩洪光

负责该项目的统筹协调、工程质量、安全生产等工作。

工程组负责人孟跃晨，主要成员：吴志文　王玲

负责该项目的工程技术、计划、进度、协助设计及验收等工作。

财务组负责人张志军，主要成员：陈冉冉

负责该项目经费的支付、项目决算、协助验收等工作，确保项目经费使用合理。

审计监督：张绍钧

（2）3月16日，成立四女寺局国有资产清查领导小组（四人事〔2016〕4号），负责制定四女寺局国有资产清查工作实施方案，组织实施各项国有资产清查工作，人员组成如下：

组　长：李　勇

副组长：梁存喜　何传恩

成　员：上官利　李秀婷　周云波　张绍钧　李洪德　杨泳鹏　席　英　杨长柱
　　　　武　军　邱振荣

领导小组下设办公室，承担领导小组的日常工作。办公室设在财务科，主任由李秀婷兼任。

（3）4月5日，调整四女寺局精神文明建设领导小组（四党〔2016〕2号），人员组成如下：

组　长：李　勇

副组长：梁存喜

成　员：上官利　杨泳鹏　李秀婷　周云波　张绍钧　席　英　李洪德　王丽苹
　　　　武　军　杨长柱　邱振荣

四女寺局精神文明建设领导小组下设办公室，设在局办公室（党委办公室），作为其工作机构，负责全局精神文明建设的日常工作。

（4）4月26日，成立四女寺局安全生产标准化建设工作组（四工管〔2016〕5号），人员组成如下：

组　长：何传恩

副组长：李洪德　上官利

成　员：杨泳鹏　李秀婷　周云波　孟跃晨　席　英　武　军　杨长柱　邱振荣

安全生产标准化建设工作组下设办公室，负责安全生产标准化建设的日常工作。安全生产标准化建设工作组办公室设在工管科。安全生产标准化建设工作组办公室主任：李

洪德。

(5) 5月4日，成立四女寺局“两学一做”学习教育协调领导小组（四党〔2016〕10号），在局党委统一领导下开展工作，全面负责学习教育工作的组织实施、指导协调和督查推动工作，主要职责为：贯彻落实中央、部、委、局有关精神，研究四女寺局“两学一做”学习教育有关重要事项，提出工作意见；对全局“两学一做”学习教育进行安排部署，落实工作责任，做好指导协调；了解掌握全局“两学一做”学习教育进展情况，发现和解决学习教育中遇到的问题，总结宣传典型经验；派出督查组，对“两学一做”学习教育开展情况进行全程督导检查。成员如下：

组　长：李　勇

副组长：梁存喜　王国杰　何传恩

成　员：上官利　周云波　张绍钧

四女寺局“两学一做”学习教育协调领导小组下设办公室。主任由梁存喜兼任。办公室下设综合协调组、宣传信息组、督导检查组三个职能工作组，人员组成如下：

综合协调组：周云波　谢　磊

宣传信息组：上官利　王丽苹

督导检查组：张绍钧

(6) 5月4日，调整四女寺局各部门安全员（四工管〔2016〕7号）：

办公室：王丽苹

水政科：翟淑金

财务科：张志军

人事科：谢　磊

工管科：吴志文

工　会：刘玉兵

综合事业中心：崔志华

后勤服务中心：韩洪光

引黄倒虹吸管理所：徐泽勇

(7) 5月4日，调整四女寺局安全生产领导小组（四工管〔2016〕8号），人员组成如下：

组　长：何传恩

副组长：李洪德　上官利

成　员：孟跃晨　杨泳鹏　李秀婷　周云波　席　英　武　军　杨长柱　邱振荣

安全生产领导小组办公室设在工管科，承担安全生产日常管理工作。

安全生产办公室主任：李洪德（兼）。

(8) 5月25日，调整四女寺局2016年防汛抗旱组织机构（四工管〔2016〕10号）人员组成如下：

1) 局防汛抗旱工作领导小组。

组　长：李　勇

副组长：梁存喜　王国杰　何传恩

成　员：李洪德　杨泳鹏　李秀婷　周云波　上官利　席　英　张绍钧　邱振荣
　　　　杨长柱　武　军　王子忠　宰维东（四女寺水文站）

2）职能组。

①综合调度及抢险技术组。

组　长：李洪德

成　员：主要由工管科（防办）及水政科人员组成

②情报预报组。

组　长：邱振荣

成　员：主要由倒虹吸工程管理所（水文站）人员组成

③通信信息组。

组　长：武　军

成　员：主要由综合事业中心人员组成

④后勤保障组。

组　长：杨长柱

成　员：主要由后勤服务中心人员组成

⑤物资保障组。

组　长：李秀婷

成　员：主要由财务科人员组成

⑥宣传动员组。

组　长：上官利

成　员：主要由办公室及工会人员组成

⑦检查督导（审计）组。

组　长：周云波

成　员：主要由人事（审计）科及水政人员组成

⑧防汛抗旱办公室。

主　任：李洪德（兼）

副主任：孟跃晨　宰维东（四女寺水文站）

(9) 5月25日，成立2016年四女寺枢纽工程防汛抢险队（四工管〔2016〕12号），人员组成如下：

队　长：梁存喜

副队长：何传恩　李洪德

第一组：

组　长：王子忠

成　员：上官利　周云波　邱振荣　刘玉兵　丁同喜　孟跃晨　曲志勇　薛德武
　　　　武　军　王光恩　康晓磊　孙　磊　张　森　徐泽勇　唐新洲　胡　平
　　　　张　振

第二组：

组　长：李光桥

成　员：杨长柱　杨泳鹏　韩洪光　张洪元　李春东　吴　强　吴志文　王春刚
　　　　张绍钧　崔志华　张志军　陈寿林　边文生　王永鑫　宋庆宇　岳明虎

(10) 8月5日，成立四女寺局2016年水政监察人员考核领导小组（四水政〔2016〕4号），人员组成如下：

组　长：李　勇

副组长：梁存喜

成　员：杨泳鹏　李洪德　邱振荣

(11) 9月5日，成立四女寺局内部控制规范贯彻实施领导小组（四人事〔2016〕12号），人员组成如下：

组　长：李　勇

副组长：梁存喜　何传恩

成　员：李秀婷　上官利　杨泳鹏　周云波　张绍钧　李洪德

领导小组下设办公室，承担领导小组的日常工作。办公室设在财务科，主任由李秀婷兼任。

(12) 9月6日，成立四女寺局内部控制建设领导小组（四人事〔2016〕13号），负责四女寺局内部控制的管理工作，研究、协调、解决四女寺局内部控制基础性评价、制度建设、内控体系运行等工作中的重大问题，负责四女寺局内部控制风险评估工作，并对单位内控制度定期开展风险评估。领导小组定期召开联席会议。会议由领导小组组长或副组长主持，领导小组成员及相关部门人员参加。领导小组人员组成如下：

组　长：李　勇

副组长：梁存喜　何传恩

成　员：李秀婷　上官利　杨泳鹏　周云波　张绍钧　李洪德

领导小组下设办公室，承担领导小组的日常工作。办公室设在财务科，主任由李秀婷兼任。

(13) 11月23日，成立四女寺局安全生产工作考核小组（四工管〔2016〕14号），负责对照安全生产责任书、年度安全生产工作计划和安全生产标准化建设工作实施方案，对本年度安全生产管理工作和标准化建设开展情况进行全面考核。人员组成如下：

组　长：何传恩

成　员：上官利　李洪德　孟跃晨　杨泳鹏　李秀婷　谢　磊　席　英　杨长柱
　　　　武　军　邱振荣

(14) 12月13日，成立四女寺局2016年度参照公务员法管理人员考核领导小组（四人事〔2016〕20号），人员组成如下：

组　长：李　勇

副组长：梁存喜　何传恩

成　员：谢　磊　上官利　杨泳鹏　李秀婷　李洪德　席　英　张绍钧

领导小组下设办公室，由人事科负责考核工作具体事宜。

(15) 12月13日，成立事业单位职工考核领导小组（四人事〔2016〕21号），人员组成如下：

组　长：李　勇

副组长：梁存喜　何传恩

成　员：谢　磊　张绍钧　杨长柱　武　军　邱振荣

领导小组下设办公室，由人事科负责考核工作具体事宜。

2. 职工培训

2016年，四女寺局举办法律法规知识、公文处理、计算机应用、道德规范等培训班共11个，选送22人参加海委、漳卫南局及地方举办的各类培训班。全局职工44人，参加培训人数达452人/次，人均培训学时达120学时以上，培训计划完成率100%。37名干部按照上级有关要求参加了网络教育培训，培训完成率97%。2名处级干部参加了漳卫南局处级以上干部党性教育专题培训班，全部合格。重点加强了对领导干部、专业技术人员、公务员队伍的培训。

3. 表彰奖励

（1）1月27日，四女寺局印发《四女寺局关于公布机关公务员及直属事业单位职工2015年度考核结果的通知》（四人事〔2016〕1号）。机关公务员2015年度考核结果为：上官利、张绍钧、孟跃晨被评为四女寺局2015年度优秀公务员，其他参加考核的人员为称职，对优秀等次人员嘉奖一次。直属事业单位职工2015年度考核结果为：韩洪光、张森、刘邑婷被评为四女寺局2015年度优秀职工，其他参加考核的人员为称职。

（2）2月3日，漳卫南局印发《漳卫南局关于公布局属各单位、德州水电集团公司2015年度考核优秀结果的通知》（漳人事〔2016〕9号）。按照2015年度考核情况，经局党委研究决定：李勇年度考核确定为优秀等次。根据《公务员奖励规定（试行）》，对李勇嘉奖一次。

（3）11月1日，漳卫南局印发《漳卫南局关于表彰抗洪供水先进集体和先进个人的通报》（漳人事〔2016〕41号），四女寺枢纽工程管理局工程管理科、引黄水文站被评为漳卫南局“抗洪供水先进集体”。四女寺枢纽工程管理局局长李勇、副调研员何传恩、工程管理科副科长孟跃晨、引黄水文站站长邱振荣、引黄水文站助理工程师徐泽勇五名职工荣获漳卫南局“抗洪供水先进个人”荣誉称号。

（4）7月1日，漳卫南局直属机关党委印发《关于表彰先进基层党组织、优秀共产党员和优秀党务工作者的通报》（漳直党〔2016〕1号），四女寺局第二党支部被授予漳卫南局直属机关“先进基层党组织”荣誉称号。周云波（人事科长）被授予德州市直机关“优秀共产党员”荣誉称号。刘邑婷（倒虹吸管理所）、张洪元（后勤服务中心）、王玲（倒虹吸管理所）三名党员被授予漳卫南局直属机关“优秀共产党员”荣誉称号。王丽苹（办公室）被授予漳卫南局直属机关“优秀党务工作者”荣誉称号。

（5）4月7日，漳卫南局下发《漳卫南局关于表彰2015年度优秀公文、宣传信息工作先进单位和先进个人的通报》（漳办〔2016〕4号），四女寺局办公室主任上官利获得“漳卫南局2015年宣传信息工作先进个人”。

4. 职称评定

8月31日，漳卫南局印发《漳卫南局关于公布、认定专业技术职务任职资格的通知》（漳人事〔2016〕30号），经海委高级工程师任职资格评审委员会评审通过。《海委关于批准高级工程师、工程师任职资格的通知》（海人事〔2016〕34号）批准张森具备工程师任职资格，任职资格取得时间为2016年6月21日。

5. 干部任免

(1) 8月11日，四女寺局印发《四女寺局关于李洪德任职的通知》（四人事〔2016〕10号），经任职试用期满考核，四女寺局党委8月11日研究决定，任命李洪德为四女寺枢纽工程管理局工程管理科科长。

(2) 8月11日，四女寺局印发《四女寺局关于谢磊等任职的通知》（四人事〔2016〕11号），经任职试用期满考核，四女寺局党委8月11日研究决定，任命谢磊为四女寺枢纽工程管理局人事科副科长，张志军为四女寺枢纽工程管理局财务科副科长，孟跃晨为四女寺枢纽工程管理局工程管理科副科长。

(3) 9月14日，漳卫南局印发《漳卫南局关于王国杰免职退休的通知》（漳任〔2016〕16号），中共漳卫南局党委2016年9月5日决定，免去王国杰四女寺枢纽工程管理局副局长职务，自2016年9月30日起退休。

(4) 10月24日，漳卫南局印发《漳卫南局关于周云波免职的批复》（漳人事〔2016〕37号），对《中共四女寺局党委关于周云波同志免职的请示》（四党〔2016〕13号）文件进行批复，同意免去周云波四女寺局人事科科长职务。

(5) 11月11日，漳卫南局印发《漳卫南局关于张传国职务解聘的批复》（漳人事〔2016〕42号），对《中共四女寺局党委关于张传国同志免职的请示》（四党〔2016〕14号）文件进行批复，同意解聘张传国综合事业管理中心主任职务。

(6) 11月11日，四女寺局印发《四女寺局关于张传国免职的通知》（四人事〔2016〕18号），四女寺局党委2016年11月11日研究，经报漳卫南局批复（漳人事〔2016〕42号），决定免去张传国四女寺枢纽工程管理局综合事业管理中心主任职务。

(7) 11月30日，四女寺局印发《四女寺局关于武军职务聘任的通知》（四人事〔2016〕19号），四女寺局党委2016年11月21日研究，经报漳卫南局批复（漳人事〔2016〕47号），决定聘任武军为四女寺局综合事业管理中心主任（试用期一年，聘期三年）。

6. 人员变动

9月28日，事业人员李红心退休（四人事〔2016〕14号）。

9月30日，公务员王国杰退休（漳任〔2016〕16号）。

截至2016年12月，四女寺局在职职工44人，包括参照公务员法管理人员22人，事业人员22人。离退休人员43人，包括离休人员1人，退休人员42人。

【党建工作】

年内，围绕党风廉政建设，四女寺局先后召开“三严三实”专题民主生活会和2016年党风廉政建设工作会。局党委成员按照“三严三实”要求分别进行了自我对照检查和批评与自我批评，对2016年党风廉政工作进行了安排部署。组织党员干部收看纪录片《永远在路上》第一集——《人心向背》和中央国家机关工委常务副书记李智勇同志宣讲学习贯彻党的十八届六中全会精神辅导报告会。组织干部职工集中学习中共德州市委办公室、德州市人民政府办公室印发的《关于进一步规范党和国家工作人员操办婚丧喜庆事宜的规定》及漳卫南局的相关要求。

按照漳卫南局党委“两学一做”学习教育活动统一要求，四女寺局召开“两学一做”动员部署会议，开展了“两学一做”专题党课教育和“支部书记讲党课”“心中有党 不忘初心”等主题党课活动，组织党员开展专题学习研讨，赴台儿庄接受党性教育。组织在职党员参加“两学一做”及党的理论知识答题活动。

【财务管理】

1月26日，漳卫南局印发《漳卫南局关于调整2015年预算的通知》（漳财务〔2016〕6号），对四女寺局2015年预算进行了调整，主要用于调增经费缺口。

9月20日，漳卫南局印发《漳卫南局关于批复2015年部门决算的通知》（漳财务〔2016〕21号），对四女寺局2015年度部门决算进行了批复。

【综合经营】

1. 价格调整

5月10日，山东省物价局印发《山东省物价局关于重新公布四女寺、辛集闸桥维护费和漳卫南运河堤防养护费标准的复函》（鲁价费函〔2016〕39号），对四女寺闸桥维护费标准进行了调整。规定警车、军车、救护车、消防车、防汛车以及从事农业生产的车辆免费。本收费标准自2016年5月1日起执行，有效期至2021年4月30日。

2. 雨洪资源利用

为弥补经费不足，开辟新的经济增长点，四女寺局多次召开专题会议，研究如何做好水资源利用。自2月开始，加强对枢纽工程上游取水口的监测工作，派人对河北省故城县、吴桥县、景县各取水闸进行实地调研，积极与衡水、沧州有关县市沟通联系，努力实现有偿供水。今年汛期，抓住漳卫南运河河系雨量充沛的有利时机，根据上游来水情况，合理调整闸上水位。经过努力，截至目前，四女寺局已经与河北省故城县、吴桥县水务局及景县人民政府签订了供用水合同，并收取部分水费，水费收取实现重大突破，水费收入成为四女寺局重要的经济增长点。

【精神文明建设】

先后组织新年猜谜、庆祝“三八”妇女节座谈会、“建功十三五”第十届读书月、五一健身月等活动。清明节前，向全体职工发出移风易俗、文明祭扫倡议。组织青年职工共读名人先贤撰写有关青年的名篇佳作，两名职工参加漳卫南局“助力中国梦，湿润漳河行”主题骑行活动。中秋节前，通过微信工作群，向全局干部职工提出节日期间正风肃纪的相关要求，要求全体职工站在加强作风建设、提高自身党性修养的高度，自觉增强纪律意识、规矩意识，严格执行各项纪律规定，认真遵守“八个严禁”，不踩红线、不闯雷区，过一个风清气正、安乐祥和的中秋佳节。9月18日，四女寺局组织青年职工一起学习中国青年网评论员文章——《“九一八”85周年 习近平在历史的天空下寻找更美好的未来》，重温历史教训。参加漳卫南局举办“两学一做”学习教育知识竞赛，荣获二等奖。9月30日，四女寺局向全局干部职工发出“做文明职工 为祖国献礼”倡议书。号召干部职工从身边小事做起，从现在做起，从点滴做起；讲文明，树新风，自觉提升思想道德境界；摒弃陋习，文明出行；树立良好家风，健康工作，快乐生活。12月29日，四女寺局与德州水电集团公司举办迎元旦联谊活动。

四女寺局工会被评为“海委系统工会工作先进集体”，四女寺局办公室主任上官利被中共德州市委直机关工委评为2015年度“优秀科长”。12月27日，山东省文明委印发《山东省精神文明建设委员会关于命名表彰2016年度省级文明村镇、文明单位、文明社区的决定》（鲁文明委〔2016〕15号），四女寺局为山东省2016年度复查合格省级文明单位。

【安全生产】

四女寺局先后召开安全生产工作会议，举办安全生产知识培训班，围绕“强化安全发展观念、提升全民安全素质”活动主题，开展了“安全生产月”活动。通过广泛开展岗位人员安全培训、张贴安全生产宣传画、参加安全生产知识网络答题、安全生产征文、安全知识培训班等形式，普及安全知识，强化安全意识，提高安全素质。11月17日，针对冬季安全事故高发的特点，四女寺局开展冬季安全生产大检查，对办公区、输变电系统、备用发电机、锅炉、食堂、车辆、防汛仓库等进行了一次全面的安全隐患大排查，重点对设备设施防冻、用电、供暖、车辆运行等情况进行了细致排查。检查组及时对存在的隐患部位进行了指导，并认真做好现场记录，督促有关责任人员对发现的问题进行及时处理，以消除不安全因素。

水闸管理局

【工程管理】

1. 水利工程维修养护

2016年完成水利工程日常维修养护及专项维修养护项目总投资624.99万元，其中投入水利工程专项维修养护项目经费185.17万元，完成袁桥闸闸门防腐（8.86万元）、吴桥闸检修桥检修楼梯维修（3.97万元）、王营盘闸检修桥检修楼梯维修（3.33万元）、罗寨闸闸门防腐（19.89万元）、庆云闸闸门刷漆及机架桥排架柱维修（30.43万元）、无棣河务局堤顶沥青道路维修（43.06万元）、辛集闸交通桥维修（75.63万元）等项目。

推行堤防、水闸日常维修养护物业化。强化工程考核，严格落实水管单位月度考核、水闸局季度考核。做好堤防节点建设，完成埕口桥头景观型工程建设工作。

2. 确权划界和水闸工程安全鉴定

完成水闸工程管理范围及保护范围划界工作和辛集挡潮闸安全鉴定工作，成果待上级评定、验收。

3. 工程测量

9月，完成对所属7座水闸的沉陷、水平位移测量，并对观测资料及时进行分析整编。

4. 工程管理制度建设

结合新修订的《水闸技术管理规程》（SL 75—2014），各水管单位修订完善《水闸工程管理实施细则》、工程检查、工程观测等工程管理制度。

5. 海委示范单位复核验收工作

11月29—30日，水利部海河水利委员会组织专家在山东省德州市主持召开吴桥闸管理所水利工程管理考核复核会议，听取吴桥闸所自检、2013年验收意见整改及水闸局考核情况汇报，对水闸工程现场、办公管理区、防汛仓库等进行现场查看，查验有关技术档案资料并进行了质询，对照《水闸工程管理考核标准》，经充分讨论，吴桥闸管理所复核综合评分927.6分，达到海委直属水利工程管理单位考核标准，再次确认为海委水利工程管理示范单位。

【水政水资源管理】

1. 水法规宣传

组织开展纪念第24届“世界水日”和第29届“中国水周”宣传活动及“12·4”国家宪法日宣传活动。“世界水日”“中国水周”宣传活动期间，共设立宣传站7个、宣传专栏7个，出动宣传车7辆，悬挂横幅8条，散发宣传材料10000余份，张贴宣传标语80余条。“12·4”宣传活动期间，开展相关学习宣传，共出动宣传车7辆，设立宣传台3个，悬挂横幅7条，张贴宣传标语130余条，散发宣传材料500余份。

2. 水行政执法

落实各项水政监察制度，强化执法巡查。2016年，辖区内现场处理水事违法事件3件，拆除违建200余m^2；“7·19”期间，配合地方政府开展漳卫新河清障工作，拆除河道内临时房屋7处，清理建筑砂石料170m^3。

【漳卫新河河口管理】

加强漳卫新河河口管理工作。建立联合执法机制，与沧州局联合启动联席会议制度；对违章建筑台账进行细化；完成埕口堤段违建拆除重新规划前期工作；完成河口右岸规划治导线拐点坐标定位，埋设临时界桩；协助完成漳卫新河河口治理土地、建筑物等调查确认工作。

3月2日，与沧州局在无棣河务局召开首次河口管理专题会议。

9月8日，在无棣县召开漳卫新河河口管理联席会议，漳卫南局水政处、水闸局、沧州局负责人，无棣、海兴县政府分管副县长、水务局长及沿河相关乡镇负责人等参加会议。会议就《漳卫新河河口联席会议制度》《2016年度河口管理实施方案》及河口管理存在的问题进行座谈讨论，并形成会议纪要。

【水资源管理与保护】

强化水资源管理主体地位，强化取水许可日常监督管理、过程管理，配合完成《漳卫南局落实最严格水资源管理制度示范实施方案》项目建设相关工作。定期开展取水许可监督检查；完成18个取水口2016年取水工作总结和2017年取水计划编报工作；完成辖区内20个入河排水口基础信息信息调查工作；完成管辖范围内所有取水口全面调查工作。

充分利用河道来水和衡水湖需补水的契机，分两次给衡水湖生态补水共计3200万m^3。合理调配雨洪资源，实行计划供水、合同管理，2016年，沿河用水户共引水18801万m^3，共收取水费799.36万元。

强化各拦河闸水质水量监测，定期开展水功能区和入海排污口监督检查，及时采集送检辛集闸断面水样。2016年，未发生重大水污染事件。

【防汛抗旱】

落实各项防汛责任制，调整防汛抗旱组织机构，召开防汛抗旱工作会议，加强汛前、汛期及汛后工程检查，向漳卫南局及时报送汛前检查报告和防汛工作总结。汛前，重新修订完善《漳卫新河无棣县防洪预案》，并上报滨州市防指；重新修订完善《水闸管理局各水闸防洪预案》。

7月中下旬，漳卫南运河流域出现“96·8”洪水以来的最大汛情，漳卫南局启动防汛Ⅱ级（橙色）应急响应，水闸局也迅速行动：加强组织领导，防汛领导小组多次会商，指导开展防汛工作；密切关注河系雨水情，及时掌握汛情动态；严格落实24小时值班带班制度；对水闸启闭设备、备用电源进行再检查，确保闸门启闭灵活，保证水闸工程安全运行；加强洪水资源利用，了解地方用水需求，做好水闸调度，最大限度利用好雨洪资源。

加强水文工作，完善水文监测体系。所属各测站换装主河槽不锈钢水尺，祝官屯、王营盘测站安装断面监控设施，完成袁桥、罗寨测站标准降水观测场建设，做好汛期报汛工作及“7·19”期间洪峰流量测验工作。

【人事管理】

1. 人事任免

（1）处级干部任免。

8月2日，漳卫南局印发《漳卫南局关于于清春任职的通知》（漳任〔2016〕13号），经任职试用期满考核合格，任命于清春为水闸管理局副局长。

（2）科级干部任免。

中共水闸局党委9月9日研究决定，任命姜东峰为漳卫南运河罗寨闸管理所所长，试用期一年（闸人事〔2016〕41号）；任命王海燕为水闸局水政水资源科主任科员（原待遇不变），免去其水闸局办公室主任职务（闸人事〔2016〕42号）。

中共水闸局党委2016年10月10日决定，免去苏炳祥漳卫南运河无棣河务局主任科员职务，自2016年10月31日起退休（闸人事〔2016〕49号）。

（3）其他人员。

7月，对新招录的4名公务员（耿书迪、张元军、纪情情、杨瑞霞）（闸人事〔2016〕27号）和新招聘的1名事业人员（王宁）进行试用期满考核。

5月，1名事业人员（祃玉凤）退休（闸人事〔2016〕17号）；12月，1名参公人员（史振国）退休（闸人事〔2016〕60号）。

2. 机构设置与调整

（1）3月25日，水闸局印发《水闸局关于成立国有资产清查领导小组的通知》（闸财务〔2016〕18号），成立水闸局国有资产清查领导领导小组。人员组成如下：

组　长：张朝温

副组长：贾　卫

成　员：翟秀平　翟永英　王海燕　孟淑凤

领导小组下设办公室，承担领导小组的日常工作。办公室设在财务科，主任由翟秀平兼任。

（2）6月8日，水闸局印发《水闸局关于调整安全生产领导小组的通知》（闸工管〔2016〕20号），对水闸局安全生产领导小组成员进行调整。

组　长：于清春

副组长：王海燕　李兴旺

成　员：李风华　翟秀平　翟永英　韩玉平　范连东　徐春云　金松森

安全生产领导小组下设办公室，日常工作由工管科负责，由李兴旺兼任主任。

（3）6月12日，水闸局印发《水闸局关于调整2016年防汛抗旱组织机构的通知》（闸工管〔2016〕21号），对2016年防汛抗旱组织机构进行调整。

1）水闸局防汛抗旱工作领导小组。

组　长：张朝温

副组长：薛德训　贾　卫　石　屹　于清春　段俊秀

成　员：李兴旺　王海燕　李风华　翟秀平　翟永英　韩玉平　孟淑凤　徐春云
　　　　金松森　范连东

2）职能组。

①综合调度组。

组　长：李兴旺

成　员：主要由工管科（防汛抗旱办公室）人员组成

②水情预报组。

组　长：金松森

成　员：主要由水文中心人员组成

③清障组。

组　长：李风华

成　员：主要由水政科人员组成

④物资保障组。

组　长：翟秀平

副组长：王长振

成　员：主要由财务科人员组成

⑤宣传报道组。

组　长：王海燕

成　员：主要由办公室人员组成

⑥防汛动员组。

组　长：韩玉平

成　员：主要由工会人员组成

⑦检查督导组。

组　长：翟永英

成　员：主要由人事科人员组成

⑧监察审计组。

组　长：孟淑凤

成　员：主要由监察（审计）科人员组成

⑨通信信息及后勤保障组。

组　长：徐春云

副组长：范连东

成　员：主要由后勤服务中心、综合事业中心人员组成

3）顾问组。

组　长：杨志信

成　员：主要由退休有防汛经验的专家领导组成

4）防汛抗旱办公室。

主　任：石　屹

副主任：李兴旺

成　员：贾晓洁　刘　建　劳道远　苗迎秋　范书春

（4）9月3日，水闸局印发《水闸局关于成立内部控制建设领导小组的通知》（闸人事〔2016〕37号），成立水闸局内部控制建设领导小组，人员组成如下：

组　长：张朝温

副组长：贾　卫

成　员：翟秀平　翟永英　王海燕　李兴旺

领导小组下设办公室，承担领导小组的日常工作。办公室设在财务科，主任由翟秀平兼任。

（5）12月28日，水闸局印发《水闸局关于成立引岳济衡、济沧输水工作领导小组的通知》（闸工管〔2016〕67号），成立引岳济衡、济沧输水工作领导小组，人员组成如下：

组　长：张朝温

副组长：薛德训　贾　卫　石　屹

成　员：李兴旺　李风华　金松森　刘学峰

领导小组下设办公室，由李兴旺兼任主任，工管科负责日常工作的组织开展。该领导小组为临时机构，输水工作完成后自行撤销。

3. 职工培训

2016年，水闸局共举办水文测验、水行政执法、防汛抢险知识、办公室工作等培训班9个；先后组织参加“世界水日”“中国水周”、农田水利知识答题等网络培训3个。参加水闸局举办的培训班人数450余人次；参加上级举办的各类培训100余人次。

为83人开通了在水利培训教育网的网络学习，均达到教育培训学时。

4. 人员变动

截至2016年12月底，水闸局在职职工101人，其中，参照公务员法管理人员51人，事业人员50人。退休人员39人。

5. 职称评定与事业编制人员岗位聘用

（1）8月31日，漳卫南局印发《漳卫南局关于公布、认定专业技术职务任职资格的通知》（漳人事〔2016〕30号），经漳卫南局认定，纪情情、耿书迪、张元军、杨瑞霞具备助理工程师任职资格。专业技术职务任职资格取得时间为2016年7月1日。

（2）12月20日，水闸局印发《水闸局关于事业编制人员专业技术岗位聘用的通知》（闸人事〔2016〕64号），聘用：李娜为专业技术岗位九级；刘超为专业技术岗位十一级。聘期自2016年12月19日至2019年12月18日（聘期三年）。

6. 表彰奖励

（1）1月26日，漳卫南局印发《漳卫南局关于表彰2015年度工程管理先进单位、先进水管单位的决定》（漳建管〔2016〕4号），授予水闸局“2015年度工程管理先进单位”荣誉称号，授予祝官屯枢纽、吴桥闸管理所“2015年度工程管理先进水管单位”荣誉称号。

（2）2月3日，漳卫南局印发《漳卫南局关于公布局属各单位、德州水电集团公司2015年度考核优秀结果的通知》（漳人事〔2016〕9号），张朝温年度考核确定为优秀等次，嘉奖一次。

（3）4月7日，漳卫南局印发《漳卫南局关于表彰2015年度优秀公文、宣传信息工作先进单位和先进个人的通报》（漳办〔2016〕4号），授予水闸管理局“2015年宣传信息工作先进单位”荣誉称号。

（4）11月1日，漳卫南局印发《漳卫南局关于表彰抗洪供水先进集体和先进个人的通报》（漳人事〔2016〕41号），水闸局被评为抗洪供水先进集体；李兴旺、刘春华、李国兴、金松森被评为抗洪供水先进个人。

（5）1月7日，水闸局印发《水闸局关于公布2015年度公务员和事业人员考核结果的通知》（闸人事〔2016〕2号）。考核结果如下：

优秀公务员（6名）：刘学峰 霍光 郑萌 刘春华 周世华 李本安

优秀事业人员（7名）：刘晓燕 李建军 刘海燕 徐春燕 张云松 孙文泉 邹光辉

其他参加考核的人员均为称职。

对在2015年度考核为优秀等次人员嘉奖一次。

（6）2月16日，水闸局印发《水闸局关于表彰2015年度先进单位、先进集体的决定》（闸办〔2016〕6号）。授予祝官屯枢纽管理所、吴桥闸管理所、无棣河务局“水闸局2015年度先进单位”荣誉称号，授予水政科、财务科、工管科、水文中心“水闸局2015年度先进集体”荣誉称号，授予庆云闸管理所“水闸局2015年度模范职工小伙房”荣誉称号。

（7）2月16日，水闸局印发《水闸局关于2015年工作创新获奖项目的通报》（闸工会〔2016〕5号），通报创新工作获奖项目。

1）工程技术创新项目。

一等奖：庆云闸所“启闭机钢丝绳孔封堵”项目

二等奖：王营盘闸所“闸门行走轮拆卸维修抬升装置”项目

三等奖：财务科“财务记账凭证装订卡纸”项目；罗寨闸所“闸门启闭机自控限位装

置”项目

2）工作管理创新项目。

一等奖：办公室“水闸局精细化管理电子工作平台”项目

三等奖：无棣河务局“红外线测温仪在电气设备检测中的应用”项目

（8）11月2日，水闸局印发《水闸局关于表彰2016年抗洪供水先进集体和先进个人的通报》（闸人事〔2016〕52号），授予祝官屯枢纽管理所、吴桥闸管理所、无棣河务局、工管科、水政水资源科、水文中心“水闸局2016年抗洪供水先进集体”荣誉称号，授予刘学峰、徐春燕、霍光、张恩勇、李长青、郑萌、张云松、马连祯、房荣昌、姜东峰、张元军、周世华、邹光辉、杨金贵、曹同才、卢树德、孙立东、李建军、魏序、刘海燕、王海燕、李磊、王雪松、苏桂梅、苗迎秋、韩玉平“水闸局2016年抗洪供水先进个人”荣誉称号。

【闸桥收费】

自12月22日起，辛集收费站正式开通收费。

【综合管理】

开展精细化目标管理。7月7日印发《水闸局痕迹化管理办法》（闸办〔2016〕24号）。加强财务管理，开展行政事业单位国有资产清查及内部控制基础性评价工作。做好事业单位发展工作，3月30日印发《水闸局事业人员绩效考核办法》（闸人事〔2016〕14号）。召开安全生产工作会议，层层落实安全生产责任制，印发《关于进一步明确安全生产责任体系的通知》；开展安全生产月活动；推进安全生产标准化建设工作，制定了《水闸局安全生产标准化建设工作实施方案》；做好隐患排查治理，重点做好了辛集闸交通桥桥梁裂缝监测工作。2016年，实现全年安全生产无事故。

【党群工作与精神文明建设】

1. 党建工作

深入开展“两学一做”学习教育，召开了动员部署会，制定了《“两学一做”学习教育实施方案》，开展了专题研讨，局领导分别讲了专题党课，召开了党委中心组（扩大）学习会，组织学习了党的十八届六中全会精神。先后组织开展了纪念建党95周年系列活动等多项主题实践活动。10月，完成2008年4月至2015年12月党员党费测算补缴工作。

7月1日，中共漳卫南局直属机关党委印发《关于表彰先进基层党组织　优秀共产党员和优秀党务工作者的通报》（漳直党〔2016〕1号），水闸局第一党支部被评为德州市直机关先进基层党组织；郑萌、杨金贵、刘学峰、李兴旺被评为直属机关2015—2016年度优秀共产党员；刘超被评为直属机关2015—2016年度优秀党务工作者。

2. 党风廉政建设

落实党委党风廉政建设主体责任，召开水闸局党风廉政建设工作会议，签订党风廉政建设责任书、党风廉政建设承诺书，党委领导班子成员与各单位、部门负责人分别进行廉政约谈。开展廉政风险防控管理工作，印发《水闸局关于落实深入推进廉政风险防控工作的通知》。加强审计，对袁桥闸管理所、吴桥闸管理所、庆云闸管理所负责人实施任期经济责任审计。

3. 选派第一书记抓党建促脱贫工作

工作取得阶段性成果：建立健全工作制度，积极开展农村党建工作；筹措资金为帮扶村修建了700多m的公路；建成了300多m^2的文化娱乐广场，配置了体育健身器材；购置了村委办公桌椅；协调建成了农村科普终端工程；争取国家扶贫资金20万元，用于太阳能光伏发电项目建设。

4. 工会工作

加强工会工作，2月2日，印发了《水闸局工会福利实施办法》（闸工会〔2016〕4号）；开展了群众性文体活动及职工小家建设工作；召开了职工代表大会。

5. 精神文明建设

深化文明单位创建，开展慈善一日捐、志愿服务、“我们的节日”等活动。

水闸局机关、祝官屯枢纽管理所、袁桥闸管理所复查合格，被山东省精神文明建设委员会授予“2016年度省级文明单位”称号；罗寨闸管理所保持“德州市文明单位”称号；吴桥、王营盘、庆云闸管理所保持“沧州市文明单位”称号；无棣河务局保持“滨州市文明单位”称号。

防汛机动抢险队

【防汛工作】

5月，组织有关技术人员到漳河险工考察学习，进行防汛抢险技术培训。6月14日，召开防汛工作会，安排部署防汛工作。调整了防汛抢险组织机构，明确防汛工作职责，加强防汛值班制度的落实。编制印发了《防汛抢险技术行动预案（试行）》和《2016年重点险工险段防汛抢险行动预案》。

“7·19”洪水期间，召开防汛专题会议，就防汛工作进行部署。组建了精干抢险小分队，同时采用群众号料方式预租赁挖掘机、装载机、自卸车6台，相关科室密切关注雨情、水情，做好交通路线规划和设备、物资、车辆调运应急方案，人员设备24小时待命，随时投入防汛抢险工作。7月29—30日，队长刘恩杰随同漳卫南局徐林波总工率领的检查组现场察看岳城水库、漳河、卫运河有关防汛情况。并向局检查组汇报了抢险队抢险小分队人员、设备准备情况以及应急行动预案编制工作。

汛期结束后，对通信设备、防汛物资等进行检查和整理，做好防汛总结并进行上报。

【抢险队建设项目】

抢险队建设项目于2015年11月由水利部批复立项，同年12月由海委批准建设。基础设施建设包括720m^2简易棚、280m^2维修车间、400m^2设备储存库、125m^2地下消防水池及泵房、场区道路硬化和露天停车场等；设备购置包括：挖掘机、装载机等防汛抢险设备58台（套）；帐篷、折叠床、应急工具箱、救生衣等生活保障设施250件（张）。

2016年1月，漳卫南局转发海委《关于防汛机动抢险队建设初步设计报告批复的通知》，要求做好项目法人组建，完成开工前的各项准备工作。2月，抢险队组建了项目法人（项目管理办公室），负责项目建设，并开始地上建筑物拆迁工作。3—4月，完成工程招标工作，并与中标单位签订施工合同，与监理单位签订监理合同。5月19日，项目正式开工建设。

2016年，基础设施建设工程基本完成，第一批设备4台挖掘机、8台自卸车已于9月采购进场。完成工程投资800万元。

【人事劳动管理】

1. 人事任免

5月16日，经试用期考核合格，聘任刘恩杰为防汛机动抢险队队长（漳任〔2016〕4号）。

5月19日，经试用期考核合格，任命段百祥同志为中共防汛机动抢险队委员会书记（漳党〔2016〕14号）。

11月3日，聘任贾廷学为物资供应中心副主任，魏玉涛为抢险三分队副队长。以上同志聘期为三年（试用期一年）（抢险人〔2016〕11号）。

12月5日，经试用期考核合格，聘任黄风光同志为办公室主任，代志瑞同志为技术科科长，张雁北同志为物资供应中心主任，王吉祥同志为后勤服务中心主任（抢险人〔2016〕13号）。

2. 机构调整

（1）3月28日，根据工作需要对防汛抢险队精神文明建设领导小组成员进行调整：

组　长：段百祥

副组长：刘恩杰　宫学坤　李永波

成　员：組国泉　黄风光　彭闽东　齐建新　代志瑞　刘恒双　赵清祥　薛善林　张雁北　王吉祥

精神文明建设领导小组设办公室：

主　任：黄风光

成　员：梁新伟　田　晶　万乐天　吕晓霞　刘　洁

具体负责日常工作的组织开展。

（2）6月1日，根据防汛抢险工作的需要，对防汛抢险组织机构进行调整：

1）领导小组。

组　长：段百祥

副组长：刘恩杰　宫学坤　李永波

成　员：黄风光　彭闽东　齐建新　代志瑞　刘恒双　赵清祥　薛善林　王吉祥　张雁北

领导小组办公室设在技术科，负责日常工作的组织开展，人员组成如下：

主　任：刘恩杰（兼）

副主任：代志瑞

成　员：魏　杰　王　青　刘秀明

职　责：制定防汛抢险方案；做好水情、雨情、工情以及有关险情信息汇总，及时通知有关领导和相关单位，为防汛抢险决策提供有力依据。

2）职能组。

①抢险组。负责实施抢险抢救应急方案和措施，并不断加以改进；抢险救援结束后，对结果进行复查和评估。

组　长：宫学坤

副组长：刘恒双　赵清祥　薛善林

成　员：万　明　张彦军　贺卫国　刘书奇　张森林　王泽祥　崔雁卿　刘　强
刘风昌　宋爱华　马书臣　俎文斌　苑冀冬　崔磊磊　王建平　李春静
刘明忠　范　洪　张石华　付丙贵　贾廷学　赵建利　李国栋　颜新华
马德祥　于晓青　张志坚　于其忠　王　建

②技术组。负责指导抢险组实施应急方案和措施；修补实施中的应急方案和措施存在的缺陷；绘制事故现场平面图，标明重点部位，向外部救援机构提供准确的抢险救援信息资料。

组　长：李永波

副组长：代志瑞

成　员：魏　杰　王　青　田冬梅　国贞新　刘秀明　魏玉涛　宋雅美　李志平

③设备组。负责组织救援物资、设备、车辆的进场施救，协助抢险人员对施工设备进行防护。

组　长：张雁北

副组长：吕爱盛

成　员：孙希泉　唐心宝　范怡海　陈　燕　汤　咏　张玉胜　陈世勇

④供应组。负责保障救援人员必需的防护、救护用品及生活物资的供给；维持抢险现场秩序；保持抢险救援通道的畅通。

组　长：王吉祥

副组长：李延国　刘永义

成　员：王立明　方继榕　付延刚　孙承柏　史文利　史清恩　马　勇　辛　勇
王　勇　刘俊青　刘来峰　刘培成

⑤宣传组。负责收集和整理雨情、水情、灾情等信息，及时传达指挥中心的命令、通令，提供上报下传的资料；协助做好广播、电视的宣传工作。

组　长：黄风光

副组长：俎国泉　王雅伟

成　员：吕晓霞　梁新伟　董　燕　万乐天　田　晶　苗瑞香　于　勇　宋爱莲
刘　洁

⑥财务组。负责筹集防汛抢险经费，保证资金能满足救援抢险的需要。

组　长：齐建新

副组长：马莉莉　刘滋军

成　员：张志新　侯贻芹　王学焕　崔冰冰

(3) 7月26日，根据抢险队队长办公会会议精神，结合工作实际，为保证在关键时刻拉得出、打得赢，确保防汛抢险救灾工作顺利进行，决定成立防汛抢险应急分队。成员如下：

队　长：宫学坤

副队长：李永波

成　员：黄风光　彭闽东　代志瑞　薛善林　赵清祥　张雁北　王吉祥　张彦军　马书臣　俎文斌　万　明　贺卫国　张志坚　王建平　付丙贵　王　建　李延国　王立明　张玉胜　贾廷学

(4) 10月20日，对安全生产领导小组成员进行调整：

组　长：段百祥

副组长：刘恩杰　宫学坤　李永波

成　员：黄风光　彭闽东　齐建新　代志瑞　刘恒双　赵清祥　薛善林　王吉祥　张雁北

宫学坤协助组长全面负责防汛机动抢险队安全生产工作。领导小组办公室设在技术科，人员组成如下：

主　任：宫学坤

副主任：代志瑞

成　员：魏　杰　刘秀明　王　青

3. 人员变动

截至2016年年底，防汛机动抢险队有在职职工93人，退休职工42人。

4. 职工培训

加强人员培训，全年举办各类培训班共12期。内培人员210人次，外培156人次，网络答题参加人员达到140人次。

5. 职称评定

12月30日，聘任王勇为经济师，岗位为专业技术岗十级；国贞新、刘培成晋升到专业技术岗九级；刘洁晋升到专业技术岗十一级。聘任范洪为技师，岗位为工勤技能岗二级（抢险人〔2016〕15号）。

6. 人事档案

9—11月完成了水利部人事管理信息系统的上报工作。12月，逐份整理人事档案，对所缺材料逐项进行登记、索要，对不规则、破损、卷角、折皱的材料进行技术加工，按照类别年份排列、排序，达到真实、条理、实用的要求。

7. 离退休工作

2月3日，走访慰问退休老干部。5月，组织退休人员进行了健康体检。完成2015年退休人员津贴补贴项目的调整和2016年退休人员基本养老金的调整工作，及时向退休人员通报有关信息。

8. 普法宣传

7月19日，制定印发《防汛抢险队2016年普法依法治理工作计划》（抢险人〔2016〕4号）。以“落实五大发展理念，推进最严格水资源管理”为主题，开展普法宣传。积极组织职工参加德州市组织的普法考试和网络知识答题，观看普法教育宣传片，宣传水利政策、法规，弘扬法治精神，增强职工、群众的水忧患意识和水法制观。

9. 表彰奖励

7月1日，防汛抢险队第一党支部荣获“直属机关先进党组织”荣誉称号；彭闽东、刘恒双、王吉祥荣获“直属机关优秀共产党员”荣誉称号；黄风光荣获“直属机关优秀党务工作者”荣誉称号（漳直党〔2016〕1号）。

【综合管理】

1. 制度建设

2016年，防汛抢险队制定行政相关管理办法3项，“两学一做”及精神文明相关计划及方案15项，防汛抢险预案和技术行动预案2项，项目建设、合同管理、财务、人事、审计相关制度6项。

2. 综合政务

2月19日，抢险队召开2016年工作会，贯彻落实漳卫南局工作会议部署，总结“十二五”工作成绩，科学谋划“十三五”工作，部署2016年重点工作任务。段百祥书记作题为《转变观念、提升能力，全力推进单位各项工作向前发展》的工作报告，并对2015年度先进单位和个人进行通报表彰。

4月，制定《防汛机动抢险队绩效考核管理暂行办法》（抢险人〔2016〕3号）和《防汛抢险队思想政治工作制度》（抢险〔2016〕5号），加强劳动纪律，转变工作作风，提高工作积极性。

9月，根据《漳卫南局关于防汛机动抢险队机构设置调整的批复》（漳人事〔2015〕25号）文件精神，修订《防汛机动抢险队各内设机构及下设单位主要职责》，明晰工作职责，提高工作质量。

完成2015年度文书档案的归档工作，共形成档案15卷185件。2016年发文73件，收文135件，编辑印发简报13期。

【安全生产管理】

6月14日，召开安全生产会议，传达漳卫南局安全生产会议精神，同时启动安全生产月活动。

制定并印发《关于落实安全生产标准化建设工作实施方案》，启动安全生产标准化建设工作。采用现场教学、观看安全警示教育片等形式，加强安全教育培训，提高全员安全意识。组织有关部门、人员开展了重大节假日、汛期前等重点时期的安全生产大检查工作，积极查找隐患，杜绝安全事故发生。

2016年，实现全年无安全事故的目标。

【党群工作与精神文明建设】

5月，召开“两学一做”学习教育工作动员部署会，制定“两学一做”专题学习教育实施方案和具体方案，成立了“两学一做”协调机构，按照要求推进实施，认真组织开展全体党员、干部学习党风廉政建设理论、法规。丰富学习形式，开展领导干部讲党课活动。12月，举办学习贯彻党的十八届六中全会精神学习班，观看专题辅导录像，并结合单位实际进行交流讨论。

组织开展“集中学习周”“学习长征精神”“读书月”等活动，加强学习型单位建设。制定印发《社会主义核心价值观教育活动实施方案》《文明风尚传播活动实施方案》等方案，开展社会主义核心价值体系和社会公德、职业道德、家庭美德和个人品德教育。组织开展“五四”经典诵读、读道德讲堂、演讲比赛、知识竞赛和纪念建党95周年主题党日等活动，积极推进文化活动建设。组织开展“慈心一日捐”，合计捐款3100元。

加强精神文明创建，及时上传资料到德州文明网，保持德州市“市级文明单位”称号。

【党风廉政建设】

3月10日，召开党风廉政建设工作会议，部署廉政工作，强调主体责任意识。年中和年末分别召开落实党风廉政建设主体责任座谈（约谈）会，制定责任清单，明确了队党委主体责任7个方面53项内容。签订《党风廉政建设承诺书》《党风廉政建设责任书》，构建了主体明晰、责任明确、有机衔接的责任体系。6月，制定印发了《抢险队2016年党风廉政建设和反腐败工作意见》《2016年党风廉政建设考核指标体系》。结合“两学一做”活动，学习十八届中纪委第五次全会精神、《准则》《条例》等法律法规，强化从严治党思路，严明党的政治纪律。举办4次廉政教育培训班，多次组织职工观看警示教育片，开展廉政风险防控工作。

德州水电集团公司

【工程建设与管理】

1. 工程项目管理

2016年，德州水电集团公司（以下简称集团公司）全年共签订基建工程合同额约5950万元（含系统外工程约3740万元）。

2016年集团公司中标项目如下：平原县2015年工矿废弃地复垦调整利用项目，中标总价为156万元；天衢工业园污水处理厂泵站工程中标总价为109万元；东营市河口区西黄河故道精准扶贫土地整治项目，中标总价为379万元；安阳市引岳入安一期工程，中标总价为603万元；安阳市引岳入安二期工程，中标总价为510万元；漳河张看台险工1号坝及曹村险工3号坝应急加固工程，中标总价为133万元；岳城水库2号小副坝辅道应急修筑工程，中标总价为44.5万元；漳卫南局防汛机动抢险队建设项目总承包项目，中标总价为1257万元；辛集闸交通桥维修加固工程，中标总价为415万元；滑县西环路卫河大桥河道防护工程，中标总价为133万元。

截至2016年年底，卫运河治理右岸险工整治工程、平原县2015年张华镇1.3万亩农业综合开发高标准农田建设项目、德州市2015年度国家新增千亿斤粮食产能建设项目第七标段、漳河张看台险工1号坝及曹村险工3号坝应急加固工程、辛集闸交通桥维修加固工程、天衢工业园污水处理厂泵站工程、滑县西环路卫河大桥河道防护工程已经通过验收；安阳市引岳入安一期及二期工程、漳卫南局防汛机动抢险队建设项目总承包项目、东营市河口区西黄河故道精准扶贫土地整治项目、卫运河治理工程第十四标段正在施工。

2. 维修养护

2016 年，集团公司维修养护项目签订金额约为 6570 万元。组织子（分）公司经理及职工到水闸分公司 2016 年无棣专项维修养护工程、辛集闸交通桥维修加固工程参观学习。制定印发《水利工程维修养护管理制度（试行）》。

【综合管理】

2016 年，集团公司积极开展市级文明单位创建工作，通过开展文体活动丰富职工生活、走进敬老院慰问孤寡老人、为贫困儿童献爱心、开展义务劳动等形式丰富职工精神文明生活，履行社会责任。被德州市精神文明建设委员会授予“2016 年度市级文明单位”荣誉称号。

9 月，集团公司获得山东省工商行政管理局颁发的“省级守合同重信用企业”证书。

10 月，由集团公司全资控股的德州高斯科技有限公司（以下简称高斯公司）顺利通过了信息系统资质认证中心认证评审，被中国电子信息行业联合会正式授予信息系统集成及服务四级证书。

2016 年共印发行政文件 58 份、工会文件 4 份、党委文件 7 份、便函 13 份，印发信息简报 24 期，整理印发防汛专刊 1 期。

【财务管理】

集团公司参加 2015 年度事业单位投资企业绩效评价的考核，取得综合绩效评价类型为 PRA 优，评价级别为 A 级。

集团公司理顺与子（分）公司的财务管理模式。对 3 家有资质的子公司进行了财务检查，逐步规范子公司财务运行，同时加强制度建设，完善企业财务内控机制。

为提升财务人员财务管理水平，集团公司对财务人员进行了 3 次集中培训。

【人事劳动管理】

1. 人事任免

2016 年，集团公司选拔聘用 5 名中层干部，其中经理 2 人、副经理 2 人、总部部门副主任 1 人。

2. 人员调配

集团公司通过制定并实施《集团公司内部借调人员管理办法（暂行）》等制度，推进人力资源交流机制，实现了集团公司总部、子（分）公司、直属项目之间的人员优化配置，实现职工调配 10 人次，涉及髙津、沧盛、濮阳、临西、聊城、水闸 6 个子（分）公司。

3. 职工培训

2016 年，集团公司加大人才培养力度，积极开展职工技能培训。全年组织技术工人等级培训 43 人次、五大员培训 34 人次、特殊工种培训 24 人次、安全生产三类人员培训 17 人次，支出培训经费 11 万余元。

4月，集团公司组织各部门负责人到华水集团交流学习内部管理经验和施工管理模式。

【安全生产】

1月，经过专家审查、山东省水利厅评审委员会审定，集团公司成为省内首批通过安全生产标准化达标认证的企业之一。

2016年共组织开展安全检查10余次、张贴标语50余次，提高了安全意识，取得了良好成效。全年无安全生产事故。

【防汛工作】

7月中旬，漳卫南运河流域内出现大范围强降雨，漳卫南局启动了防汛橙色（二级）响应。集团公司立即召开了防汛应急会议。7月22—25日，集团公司抽调总部职工组成两个巡查组，对汛情比较严重的卫运河上游以及漳河进行了巡查，重点查看了漳河张看台险工1号坝、曹村险工3号坝应急加固工程及乔马庄险工。7月底，集团公司组建防汛巡查工作组、退伍军人机动抢险队，用实际行动做好防汛抗洪抢险救灾工作。集团公司总经理刘志军带领相关人员，对所在辖区内下游堤坝进行了巡查，途经武城、乐陵、庆云、无棣。

【党建工作与党风廉政建设】

集团公司共有党员77名，2016年根据漳卫南局机关党委批复，集团公司总部成立1个党总支和1个党支部，各子（分）公司成立9个基层党支部，党组织体系基本建立。完成了全体党员组织关系交接工作。

公司领导班子按照上级部署，按程序、按要求、按标准、按期完成“两学一做”学习教育。根据公司的实际情况，领导班子通过到项目部讲党课、到子（分）公司做专题讨论、带领党员重温入党誓词等形式，把“两学一做”学习教育与作风整顿、企业规范化建设、当前各项工作任务有机结合起来，在职工中起到党员先锋模范作用。

公司领导班子严格执行《中国共产党党员领导干部廉洁从业若干准则》和《国有企业领导人员廉洁从业若干规定》，认真落实“一岗双责”制度，定期研究、布置、检查和报告分管工作范围内的党风廉政建设工作情况。2016年初，集团公司党委书记与各部门、各子（分）公司负责人签订了《党风廉政建设责任书》，与项目部签订了《廉政责任书》，集团公司党委班子成员与其分管的各部门、各子（分）公司负责人签订了《党风廉政建设承诺书》。集团公司成立了水电集团公司工作监督小组，对各部门、各子（分）公司的工作作风、工作效率、劳动纪律等进行监察。2016年开展诫勉谈话1次。

附　录

附录1. “巡礼十二五”系列报道

真抓实干多措并举全面推进水资源管理工作

——漳卫南运河“十二五”水资源管理工作纪实

漳卫南运河河系水资源严重匮乏，属于严重资源性缺水地区。“十二五”期间，我局贯彻落实党中央治水方针，努力克服基础薄弱等困难，真抓实干，多措并举，全面推进水资源管理工作。

转变观念，统筹规划，确立水资源管理重要地位

面对当前水资源管理的新形势、新常态，我局从思想上、行动上主动适应，积极应对。在党的十八大、十八届三中全会精神和新时期水利部和海委党组治水思路的指导下，局党委结合实际，提出了“实现三大转变，建设五大支撑系统”的工作思路，即实现全局干部思想观念、发展理念、工作作风的全面转变和建立漳卫南运河水资源立体调配工程系统、水资源监测管理系统、洪水资源利用及生态调度系统、规划与科技创新系统、综合管理能力保障系统。将实现从工程管理向水资源管理转变作为全局思想观念转变的首要任务，将重点开展水资源立体调配工程系统建设、水资源监测管理系统建设、洪水资源利用及生态调度系统建设放在全局重点工作的突出位置。从此，确立了我局水资源管理的重要地位，水资源管理工作成为全局工作的重中之重。

2013年我局出台了《漳卫南局水资源管理工作发展纲要（2013—2020年）与近期工作计划》，明确建立“三条红线”指标体系、建立健全管理制度、严格“三条红线”管理为目标，构建水资源调配工程体系、健全水资源监控体系等工作为主要任务，加强组织领导、完善管理组织机构、提高科技水平、加强宣传培训等为支撑保障，严格用水总量控制、用水效率控制和水功能区限制纳污控制，强化用水需求和用水过程管理，进一步指出了水资源管理工作重心和发展方向。

强化监督，优化配置，确保水资源高效利用

“十二五”期间，我局把取水许可监督管理作为水资源管理的重要工作之一。目前，管理范围内共颁发取水许可证120套，年许可水量4.52亿m^3。五年来，全局对管理范围内取水口巡查监管4000余次，编制水政水资源月报60期，保证了取水许可制度的贯彻落实。2014年，印发了《漳卫南局关于加强取水许可监督管理的通知》，进一步加强取水许可监督管理；同年，结合各取水口年许可取水量、历年取水情况、所处位置、管理范围等因素，确定岳城水库民有渠等34处为重点取水口，建立重点监控名录，强化取水管理。

充分发挥岳城水库和枢纽、拦河闸等工程的调蓄作用，在保证防洪安全的前提下，优化配置水资源，全力支持沿河城乡城市供水及农业、生态用水，积极主动服务流域经济社会发展大局。据统计，“十二五”期间，沿河取水口工业和农业引水19.35亿m^3，2014年，岳城水库向南水北调中线工程输水0.46亿m^3，此外，还成功实施了“引黄济津”“引黄济冀”等应急调水。水资源的优化配置，确保了水资源的高效利用，取得了良好的社会和生态效益。

示范建设，合理开发，落实最严格水资源管理

2014—2015年，我局全面梳理水资源管理工作，编制《漳卫南局加快落实最严格水资源管理制度示范实施方案》，在漳卫南运河研究建立“三条红线”指标体系和最严格水资源管理制度体系，建设水资源监控系统，严格取水许可、计划用水和水功能区管理，强化水量统一调度，探索漳卫南运河实施最严格水资源管理制度的模式与方法。我局还开展了最严格水资源管理制度示范建设项目实施工作，将全面提升漳卫南运河的水资源调度、监测、监控能力，促进漳卫南运河水资源合理开发、高效利用和有效保护，全面提高水资源管理水平。该项目2016年开始实施，为期三年。

“十三五”时期是全面建成小康社会的决胜阶段，我局将牢固树立“创新、协调、绿色、开放、共享”五大发展理念，全面贯彻落实中央治水方针和水利部党组新的治水思路，把海委党组的决策部署落到实处，不断完善“五大支撑”系统，以《漳卫南局加快落实最严格水资源管理制度示范实施方案》建设为契机，实行最严格的水资源管理制度，提高水资源监测能力，全面提升水资源管理水平，以水资源可持续利用支持沿河社会经济可持续发展，奋力谱写水资源管理工作新篇章。

（2016年4月27日　漳卫南局政务信息）

老枢纽焕发新生机

——四女寺枢纽工程管理局“十二五”发展回眸

始建于1957年的四女寺水利枢纽是漳卫南运河上一座具有防洪、除涝、输水、灌溉等多功能的大型水利工程，素有“北方都江堰”“运河明珠”之称。“十二五”期间，四女寺枢纽工程管理局立足实际、科学管理、多措并举，让这座年过半百的老枢纽焕发了新的生机。

科学规划，精心管理

全面科学的规划是进行环境整治、提升工程管理水平的首要条件。2011年，四女寺枢纽工程管理局科学详细地制定了四女寺枢纽工程管理五年规划，大力开展工程管理示范单位建设，力争把四女寺水利枢纽打造成融生态、景观、文化为一体的现代化水利工程。

“十二五”期间，该局对四女寺枢纽南闸、节制闸进行了除险加固，完成了闸门除锈

防腐、启闭机大修、电缆及护罩更换、闸墩防碳化处理、浆砌石护坡翻修等工程，解决了枢纽存在的工程隐患，改善了工程面貌，保障了工程安全。为完善工程管理、维修养护等各项制度，该局还修订了《四女寺枢纽工程技术管理实施细则（试行）》《四女寺局水利工程维修养护实施方案》等规章制度。此外，该局还在南北进洪闸和倒虹吸工程位置分别设置了文化小广场，既扮靓了工程面貌，又增加了文化内涵，四女寺枢纽工程的景观效益、文化效益逐步体现。

如今的四女寺枢纽旧貌换新颜，文化与工程交相辉映，历史与现代比翼齐飞，一步步将规划中的蓝图变成现实。

因地制宜，精心打造

2013年四女寺水利枢纽入选第七批全国重点文物保护单位，同年成为山东省第四批省级文物保护单位；2014年，南运河等河道作为隋唐大运河的一部分正式列入世界文化遗产名录。该局抓住文保单位建设的机遇，因地制宜，将水文化修复充分融入到水利工程建设管理中，集维护水工程、涵养水资源、改善水环境、修复水生态、保护水遗址、传承水文化为一体，有力地促进了枢纽工程社会效益的发挥。

“十二五”期间，该局开展了大规模的环境整治活动。2011年，以“彻底清除违章建筑、打造亮点工程”为目标，对周边环境进行专项整治，共拆除违章建筑1480m^2，大大改善了工程环境。修建了花卉园区，种植雪松、樱花、黑松等20多种苗木5万余株，开辟全面实施节水灌溉工程苗圃20余亩，修复了单位鱼塘、环形道路及院内六角亭，并题名“揽翠”。

经过大力整治，四女寺水利枢纽水质改善、树木成林、环境优美，成为众多鸟类栖息的天堂，白鹭、灰鹭、白鹤、灰鹤、野鸭等万余只不同水鸟在此繁衍生息，而且逐年增加。

科技创新，示范引领

2015年7月，水利部批复设立四女寺水利枢纽“漳卫南运河水环境与生态修复科技推广示范基地”。其中，“微喷灌技术的推广应用”和“高效固化微生物综合治理河道污水技术的示范和推广项目”分别在2012年和2014年成功实施。积极配合漳卫南局精心打造“科学研究、技术推广和水文化教育”三位一体的水环境修复与生态修复科技推广示范基地建设，在辖区开辟20余亩苗圃，实现了喷微灌目标，在节制闸下游试验段定时向河道水体投放微生物系列净水剂2500kg，河道铺设浮床600m^2，浮水植物200m^2，人工浮岛100m^2，进行高效固化物微生物综合治理河道污水项目实验，实验效果明显，有效节约了水资源，减少了水利管理成本，改善了水生态环境，为海河流域、漳卫南运河综合治理和水环境修复与保护提供科学技术支撑，并通过先进技术的示范和推广发挥示范和引领作用。

和谐共建，硕果累累

2011年，该局在海委、漳卫南局的帮扶下，建成了安防工程和节水灌溉工程，大大提高了单位的安防水平和工程管理水平。该局还积极参加德州市“百局帮百区”帮扶工作，积极筹措资金帮助夏津县东李镇西街村进行了路面硬化，切实解决了村民出行难的问题，得到了当地干部群众的一致好评，驻村人员被德州市夏津县荣记三等功一次。

该局坚持以人为本、建设和谐单位，开展了大量卓有成效的工作。为丰富职工的业余文化生活，新建了室外活动场地，购买图书600余册，并对职工食堂设施设备进行了部分改造，完成职工饮水项目，建立绿色蔬菜大棚。同时通过开展一系列富有特色的文体活动，提高了干部职工的工作热情，增强了凝聚力，营造了和谐的工作氛围。

“十二五”期间，在全局干部职工的不懈努力下，自2011年晋升“山东省文明单位”并连年保持；2012年荣获“天津市职工文化体育活动示范单位”，同年被全国农林水利工会全国委员会授予“全国水利系统模范职工之家”称号，和谐单位建设取得了累累硕果。

回望“十二五”，四女寺枢纽环境改善，工程管理水平大大提升，人与自然和谐相处，水文化建设成效初显。展望“十三五”，四女寺枢纽工程管理局职工信心满满，在漳卫南局“实现三大转变，建设五大支撑系统”的工作思路引领下，实现全局干部职工思想观念、发展理念和工作作风的切实转变，为四女寺枢纽水利事业的发展做出新的成绩与贡献。

（2016年5月3日　漳卫南局政务信息）

凝心聚力强管理

——漳卫南运河“十二五”水资源保护工作回顾

“十二五”期间，我局围绕中央提出的建设“生态文明”的理念和部署，按照水利部、海委党组的要求，积极调整和完善工作思路，立足加快河系水生态文明建设，全面做好水功能区监督管理、水源地保护、突发水污染事件应急防范等各项工作，河系水资源保护工作取得了明显成效。

加强顶层设计，发挥思路和规划引领作用

思想是行动的先导。为从顶层设计方面加强水资源保护，切实改善漳卫南运河河系水生态环境状况，“十二五”期间，我局从构建完整有效的河系水资源保护和水生态修复体系入手，制定了以水生态文明建设为引领，实行最严格的水资源管理制度，着力构建水资源立体调配工程系统、水资源监测管理系统、洪水资源生态调度系统、规划与科技创新系统和综合管理能力保障系统，推进漳卫南运河绿色生态走廊建设的工作思路。同时，我局还积极参与编制《海河流域水功能区划》《海河流域水资源保护规划》《海河流域水资源保护监测规划》等流域性规划，立足流域整体考虑并推进漳卫南运河水资源保护工作。

强化监督管理，全面做好水功能区监管

水功能区监管是保护水生态环境的有力抓手。以加强水功能区监督管理为龙头，制定

了水资源保护巡查、报告、监督、考核制度，形成了一整套水资源保护记录档案资料，提高了水资源保护工作制度化、常态化和规范化水平。在全河系建立了重要水功能区达标评估通报制度，对漳卫南运河省界缓冲区进行了监督检查，及时发现并妥善消除了水质安全隐患，组织开展了流域重要水功能区监督性监测，定期对水功能区水质状况进行评价，及时公布水功能区水质状况，为上级和沿河各省、市水功能区管理提供了有力支持。严格执行入河排污口设置审查制度，开展并完成了河系 16 个水功能区和 24 个局管监测断面的确界立碑工作，完成了重点入河排污口标识设立工作。按照最严格水资源管理制度有关要求，配合海委认真履行水功能区限制纳污红线达标考核工作，开展并完成了局辖范围内的入河排污口普查工作，每年完成漳卫南水系入河排污口监督性监测工作并形成报告报委。以加强岳城水库水源地保护为重点，完成了岳城水库饮用水源地年度达标建设检查评估工作，与邯郸、安阳两市有关部门建立了水质监测数据共享机制，建立了岳城水库水源保护监督机制，开展了岳城水库污染源通道调查，保障了岳城水库城市水源地供水水质安全。

强化水污染防范，大力保护和修复水生态

为科学处置突发水污染事件，我局下大力气主动防范突发水污染事件，努力保障流域水生态安全。进一步建立健全了制度机制，实施水污染事件月报和重要活动、节假日期间零报告制度。在全局范围建立了水污染巡查制度，经常性地开展水污染隐患排查，对排查期间发现的水污染隐患进行了登记，建立了台账。对排查中发现的可能影响水安全的隐患及时予以清除，并及时向海委和当地政府报告。组织开展各类应对重大突发水污染事件应急演练，进一步提升了突发水污染事件应急处置能力。“十二五”期间，配合海委成功处置了岳城水库上游水污染事件，确保了岳城水库水源地供水安全；妥善处置了漳卫新河非法倾倒化工废弃物事件、南运河排污管道破损泄漏事件、减河湿地非法排污事件，有效保障了河系水生态安全。

在水生态保护与修复方面，我局相继提出了开展漳卫南运河绿色风景线、文化景观线、绿色生态走廊建设的设想，为此，积极配合海委开展了河系水功能区、水库、重要湿地水面面积的调查，编制了河系主要湿地现状调查报告，研究提出了《漳卫南运河水生态文明建设实施意见》。承担并开展了漳河水生态课题项目和海河流域典型河流水文效应研究项目，在四女寺枢纽南运河段开展了“高效固化微生物综合治理河道污水技术的示范与推广”研究，并建立了四女寺科技推广示范基地。开展了沿河城乡结合部建设、“湿润漳河”行动计划，编制了水利风景区建设规划，配合沿河城镇开展好亲水公园、平台、景观建设，使沿河两岸呈现出水清岸绿、人水和谐的美好景象。

强化制度和队伍建设，夯实水资源保护基础

为加强水污染应急处置体系建设，结合工作实际，我局通过完善各级水资源保护部门的机构设置及规章制度建设，形成了分级管理、制度完备、责任明晰的水资源保护工作体系，制定实施了水功能区巡查制度、报告制度、考核制度、水污染月报制度、入河排污口登记制度，制定实施了应对重大突发水污染事件应急预案、应急监测预案和技术手册。每年举办培训班进行系统学习和实战演练，派员参加海委举办的培训、岗位练兵比武和应急演练活动，促使各级责任领导和相关人员掌握了水污染事件的发现、报告、指挥、处置、善后等流程，提高了应对突发水污染事件的防范和处置能力。

党的十八届五中全会提出了创新、协调、绿色、开放、共享的“五大发展理念”，其中把绿色发展作为“十三五”乃至今后更长时期必须坚持的重要发展理念。我局将继续贯彻落实中央和水利部决策部署，全面领会和把握绿色发展的理念和内涵，围绕最严格水资源管理制度的实施和漳卫南局发展大局，开拓进取、大胆创新，以保护水资源与水生态安全为核心，着力构建漳卫南运河水资源保护体系，强化漳卫南运河水生态监管，加强漳卫南运河水环境修复，不断推动流域水生态文明建设取得新成效。

（2016 年 5 月 10 日　漳卫南局政务信息）

护百里堤防，保百姓安澜

——邯郸河务局工程管理“十二五”工作纪实

“十二五”之初，邯郸河务局按照上级相关要求，进一步深化水利工程管理体制改革，加快标准化堤防建设，加大水行政执法力度，依法治理漳河采砂，保障漳河防洪安全……经过五年的努力，如今的邯郸河务局堤防工程面貌一新，内业管理井然有序，圆满完成了“十二五”各项工作目标。

生态绿化，展漳河两岸百里妖娆

七月酷暑，站在大堤眺望，两岸树木婆娑起舞，生机盎然；两岸堤坡绿草如茵，青色连天。走在堤顶路面上，一阵阵微风吹来，烈日下顿感丝丝清凉。这是邯郸河务局自 2011 年以来打造的堤防绿化工程的一个缩影。

堤防绿化是堤防标准化建设的重要环节，也是影响堤顶面貌的关键因素之一。邯郸河务局一直将绿化工作放在堤防工作的重要位置，但连续几年，绿化效果不佳。究其原因，一是绿化经费不足，满足不了堤防绿化的需要；二是沿河村庄与堤防争地，人为损坏严重。随着水管体制改革的不断深化，该局积极探索跨界养护、分段承包机制，把堤防绿化与政府绿化相挂钩，与沿河村委会协作，采取树苗由河务局提供，河务局统一浇灌，成活后由村民承包管理，河务局一次性收取承包费，一年一规划、种一段承包一段成功一段的绿化承包模式。这种模式不但解决了买树苗经费紧张的问题，也增强了承包户的管理责任心。国家有利，老百姓拥护，互利共赢。自 2011 年以来，邯郸河务局绿化植树约 50 余万棵，绿化堤防约 200km。

狠抓专项，保障防汛道路平坦畅通

漳河作为行洪走廊，堤顶应急通道就显得尤为重要！然而，漳河沿岸分布众多城镇、村庄，堤顶道路也是沿堤村庄的交通要道。随着农用车辆的逐年增多，堤顶道路的使用频率越来越大，再加上原有的堤顶路面太单薄，造成堤顶行车晴天尘土飞扬，雨天泥泞湿滑。修整堤顶，刻不容缓！

2013年出台了《邯郸河务局专项维修养护五年规划（2013—2017年）》，成立了维修养护工作领导小组，确定人员分工及工作职责。同时为了强化对物业人员及参建各方的监督、检查和指导，还与漳卫南局签订了质量安全与监督书，将堤顶道路整修列入维修养护专项计划中，以更高的标准，分阶段、分步骤实现堤顶道路的全面整修。为进一步保障堤防及控导工程防御洪水的能力和进一步改善交通条件和环境，对工程区上堤坡道进行压路机压实，辅以人工修边；对因路面高程抬高导致的堤肩线破坏情况，对堤顶路面两侧的堤肩进行垫土整修、填土压实，并辅以人工修边。

河道清障，清行洪通道之沉疴

近十年来，由于河道基本无水，常年干涸，沿河百姓私自开垦滩地，在河道滩地及干涸的主河槽植树现象屡禁不止，严重影响了行洪安全。清障工作成为河道管理及防汛保安全的一大瓶颈。

邯郸河务局每年在汛前以散发宣传单、悬挂宣传条幅、发布清障通知和张贴公告等形式，深入沿河村庄大力开展水法规宣传；充分考虑种植户利益，帮助种植户在清除树障前联系好买方，保证了种植户的经济利益不受损失。设身处地地为群众着想、为群众办事，逐渐打消了群众的抵触情绪，部分种植户对清障工作表示理解并主动给予配合。为摸清河道树障的范围和数量，还利用谷歌地图划定清障边线，对河道树障地点、规模和已清理、未清理数量进行实时标注，并落实到每家每户，进行登记造册。利用网络定位技术，从地图上“俯视”河道，清障情况便了如指掌。

近几年，邯郸河务局累计清除树障100余万棵，大大提高了河道的过水能力，保证了行洪安全。

多措并举，谋采砂管理新机制

美丽的漳河有着古老悠久的历史，“西门豹投巫治邺”“项羽破釜沉舟过漳河”等众多历史典故都与漳河息息相关。如今的漳河被非法盗采砂石，河床遭到严重破坏，水利工程安全和防洪安全遭受着威胁。漳河变得千疮百孔。禁采，迫在眉睫！

为有效打击漳河违法采砂行为，邯郸河务局一是成立漳河采砂管理领导小组，抽调人员充实到人力单薄的漳河采砂管理大队，完善管理机制，确定管理目标。二是加大监测力度，建起了视频采砂监控系统，利用10个视频测塔对20km的河道展开了有效检测。三是积极争取邯郸市政府及公安、水利等部门的理解和支持，联合公安、水利、沿河地方政府等部门形成综合执法体系。四是各水政监察大队采取联合执法的形式开展大练兵，有效地提高了现场执法能力。五是每年发布关于河道禁止采砂的通告，并对漳河沿线河段进行全面排查。2015年，该局提请邯郸市政府成立了以常务副市长为组长的邯郸市依法惩处漳河非法采砂行为领导小组，以邯郸市政府名义发布了《关于依法惩处漳河非法采砂行为的通告》，领导小组成员单位紧密配合，严厉打击了非法采砂行为。

“十二五”期间，开展大规模联合执法行动20余次，出动执法车辆200余台次，取缔盗采点20余处，立案查处20余起。

“十二五”的大幕已经圆满落下，“十三五”的钟声已经敲响。邯郸河务局将进一步贯彻落实新时期治水思路，保漳河一方水土，现漳河碧水蓝天。

（2016 年 5 月 19 日　漳卫南局政务信息）

统筹协调科学施策水资源管理工作迈上新台阶
——岳城水库管理局“十二五”水资源管理工作回顾

岳城水库是海河流域南系漳河上的一座大型控制性水利枢纽，属国家大（Ⅰ）型水库，被列入全国重要饮用水源地名录，是邯郸、安阳两市的重要生活饮用水水源地。“十二五”期间，岳城水库管理局充分发挥水资源优势，水资源管理工作从精细化管理的软实力到供水业绩突出的硬实力，从供水保障能力挖潜到社会服务水平提升，均实现全面突破。

优化调度，蓄水扩容，努力增加水库蓄水总量

近几年来，受气候变化影响，流域进入干旱周期，整个流域降雨量总体偏少，加之上游水库蓄水等原因，导致岳城水库入库水量减少，水库水位常年处于较低水平，蓄水量相对不足。面对此形势，岳城水库管理局认真研究、科学决策、开源扩容、多措并举，保证了水库持续稳定的正常蓄水。

一是认真落实漳河水量分配方案，确保水库正常蓄水和漳河生态修复用水，平衡上下游水量分配及优化调度利用。二是积极开展从上游向岳城水库调水工作，“十二五”期间，通过小跃峰渠向岳城水库引水共计 2.64 亿 m^3，保证了水库正常的蓄水位。三是积极推动和完成岳城水库汛限水位动态控制研究，为汛期水库扩大蓄水量打下基础。2015 年，岳城水库汛限水位动态控制研究成果已通过专家审定，并开始应用和实施。汛限水位的调整，确保了在防洪安全的前提下，有效扩大水库汛期蓄水量，减少了弃水情况的发生。

细化管理，加密监测，着力确保水质优良稳定

“十二五”期间，岳城水库管理局积极推进水源地达标建设，开展水功能区保护工作，细化管理，加密监测，确保了水库水质常年达到国家地表水Ⅱ类以上。一是加快库区水质监测系统建设和应用，建设和完善了水质化验室，配备了现场监测设备，加强了对常规项目、水体富营养化等的即时监测。二是加大对入库排污口的监测和治理力度，加强了取样、送检等环节的管理，保证了入库排污量保持在安全标准范围以内。三是联动上下游、左右岸，实现了水质监测数据共享。2013 年年初，漳河上游山西境内浊漳河突发苯胺泄漏事故，在漳卫南局指导下，岳城水库管理局紧急应对，成功配合处置漳河上游突发水污染事件，及时保证了两市用水安全，工作得到上级的肯定和邯郸市委、市政府嘉奖。2014 年，与邯郸、安阳两市用水部门建立了水质监测数据共享机制，进一步提高了水质监测数据的准确性。四是不断完善水污染事件应急预案，定期开展突发水污染应急演练，应急能力显著增强。

科学供给，开拓市场，全力保障生产生活用水

作为邯郸、安阳两市重要水源地，岳城水库担负着向两市供给生活用水和工农业用水的重要职能。“十二五”期间，岳城水库管理局不断巩固同邯郸、安阳两市用水部门的互信与合作，继续强化供水服务理念，做好供水保障，供水工作取得历史性突破。一是认真做好日常性供水服务工作，严格合同管理，严格供水计量，做好水量统计核实和水费收缴工作。二是在做好城市生活供水、生态水网供水和工业用水的基础上，积极拓展新的用水客户，争取多供水，提高水费收入。2012 年，开启向磁峰工业园区供水工程，2014 年，向南水北调中线总干渠通水试验补水 4600 万 m^3，2015 年，“引岳入安”一期工程实施，目前“引岳入安”二期工程项目建设正如期进行。三是不断加大对重点用水单位的监管力度，跟踪取水用途和效率，确保供水精准、高效运行。

据统计，“十二五”期间，岳城水库累计向邯郸、安阳供水 9.4 亿 m^3（其中工业和生活用水 3.4 亿 m^3，农业生态供水 6 亿 m^3），跨流域调水 0.47 亿 m^3，为地方经济社会发展提供了坚强的水资源支撑。

多方协调，落实水价，合力实现水费收入增长

长期以来，岳城水库水质优良、水价偏低，水费收入无法弥补供水成本损耗，影响了水库工程综合效益的发挥。“十二五”期间，岳城水库管理局在海委、漳卫南局领导和组织下，主动作为，积极配合做好供水价格调整工作。2012 年，积极协调邯郸、安阳两市用水单位，采取书面沟通、召开座谈会等方式，做好供水成本调研、两部制水价实施等工作。在前期完成供水价格测算、上报及供水定价成本监审工作后，向国家发改委提交了岳城水库供水定价成本监审报告。几经努力，国家发改委批准，自 2013 年 4 月 1 日起，岳城水库工业供水价格改为非农业供水价格，非农业供水价格由原来的 0.21 元/m^3 调整为 0.30 元/m^3，发电供水价格由原来的 0.004 元/m^3 调整为 0.006 元/m^3。至此，岳城水库水价调整形成实质成果，并开始落地执行。

新水价调整政策实施以来，岳城水库管理局不断强化供水服务理念，加强监督检查，对供水渠道进行全面摸排，区分用水性质，确保新水价按不同类型供水价格执行，切实落实好水价改革成果，实现了水费收入的持续增长，保持了年均 30% 的增长率，大大增强了单位经济实力，对水库工程的良性运行起到极大的保障作用。

面对深化水利改革发展的新形势、新挑战，岳城水库管理局将深入贯彻“创新、协调、绿色、开放、共享”五大发展理念，全面落实水利部、海委、漳卫南局的决策部署，充分发挥岳城水库在漳卫南局“实现三大转变、建设五大支撑系统”中的重要作用，以落实最严格水资源管理制度为根本，全力推进水资源管理和供水工作再上新水平。

（2016 年 6 月 20 日　漳卫南局政务信息）

关山初度路犹长

——沧州河务局“十二五”工作侧记

时光匆匆，转眼又一个五年悄然而逝。过去的五年，有瓶颈难以破解的无奈，有茫然无所适从的困惑，而更多的是沧州河务局干部职工面对困难迎难而上、勇往直前的干劲。他们用辛勤的劳动和汗水默默耕耘，收获着成功，收获着希望，也收获着感动。

扬鞭奋蹄夯主业

“土路、树少，一刮风到处是扬尘，在堤防上待一会儿就成土人了。要是赶上下雨，有时车还陷在泥里。”说起以前的堤防，基层的老职工们深有感触。

“如今好了，柏油的路面，成片的树木，扬尘没了，再也不怕刮风下雨了。”

看着堤防的变化，基层职工们会心地笑了。

五年里，沧州河务局科学谋划，步步推进，不断夯实工程措施，稳步提高工程管理水平。健全制度，强化管理，明确责任，细化任务；举办工程管理资料、维修养护专业知识培训班，学习工程质量控制、质检资料填写、影像资料收集等内容，深入探讨工程资料中容易出现的问题；召开工程管理专题会议和现场会议，组织技术人员赴外单位参观取经，汲取推广堤防绿化模式、日常维修养护及工程档案资料整理等方面的先进管理经验和做法；强化帮扶机制，机关业务骨干与基层职工一起优化、完善内业资料和科技档案。

天道酬勤，经过沧州河务局干部职工的共同努力，“十二五”期间，工程管理硕果累累。2011 年，东光河务局晋升为海委示范管理单位；2013 年、2014 年盐山河务局、东光河务局分别通过海委示范管理单位复核。

如今，走在漳卫新河堤防上，放眼望去，好像绿色筑就的长城。一片片绿茸茸的草坪像铺就的绿地毯生机盎然，一棵棵枝繁叶茂的杨树、柳树、槐树像士兵列队站立着。堤顶柏油路面平坦光滑，戗台畦田埂棱角分明整齐划一。说起东光河务局城乡结合部承载历史文化的石碑、漂亮的游园，沿河村民更是喜出望外：“俺们也像城里人，终于有了一个纳凉休闲的好去处。”

千方百计谋效益

靠山吃山，靠水吃水。“十二五”期间，沧州河务局所属五个基层单位相继由乡镇搬迁至县城，原机关旧址房屋、仓库处于闲置状态。为加强固定资产的管理，防止资产流失，沧州河务局集思广益，多措并举，对闲置资产采取“以租代管”模式，年租金收入达到 10 余万元。此举既加强了基层机关旧址房屋的日常管理，又增加了经济收入，实现了闲置资产管理和收益的双丰收。同时，该局不断发展庭院经济，充分利用机关院落内的土地资源，绿化美化，创收增效。2015 年海兴河务局在机关院内种植白蜡 210 棵，按目前市场价估算，年化收益可达 8000 元左右。

在挖掘闲置资产效益潜力的同时，2015年，沧州河务局科学谋划、攻坚克难，充分利用堤防土地资源，奏响了经营开发的新旋律，在南皮河务局进行了育苗基地试点建设。

该局制定了试点建设方案，化验土质，确定树种，学习杨树扦插技术和苗圃种植经验，考察筛选新承包户，推行集约化管理，科学修订合同条款，提高单位分成比例。苗圃种植和后期管理是树苗能否成活的关键节点，为此，该局采取“广施肥、深耕地、精选苗、浇大水、铺地膜”的办法，并建立苗木成长档案，定期浇水、施肥、用药。经过一年的精心管理和看护，如今32亩12.2万棵苗木长势良好。站在堤顶上，看着一片片风中摇曳的幼苗，仿佛看到了沧州河务局的未来和希望。

百花齐放展新颜

“花篮的花儿香呀，听我来唱一唱，唱呀一唱……”一阵阵优美的歌声从沧州河务局四楼会议室传来，这是沧州河务局女子合唱队活动的日子，全体女职工齐聚一堂，唱着团结，唱着未来，也唱着美好的心情。这只是沧州河务局“十二五”期间文化建设的一个缩影。五年里，沧州河务局文化建设百花齐放，文化平台异彩纷呈，群众娱乐活动丰富多彩。

抓学习。开办《新河职工讲堂》、结对教学、职工自学、小组学习、技术比武、知识竞赛，形式多种多样；学“实现三大转变，建设五大支撑系统”工作思路、摄影艺术在日常管理中的恰当运用、防汛抢险、水行政执法、绿化种植技术、职业技能、工作经验和体会，内容丰富多彩。

抓思想。举办政治理论和习近平系列讲话精神培训；开展“学身边人，做分内事”主题实践活动，举办孙之龙、邵之春两位同志的事迹报告会，撰写心得体会，深刻理解一般人持之以恒地去做一般的事就会成就不一般的事业和传奇，从而坚定献身水利、扎根基层的决心和信心；聆听曾作为联合国维和警察在科索沃地区执行维和任务的葛建军警官宣讲爱国主义暨防恐知识，激发职工的爱国热情。

抓活动。紧扣职工兴趣、爱好及特长，组建女职工合唱队，编辑《微信·箴言》文集，与漳卫南局办公室联合制作拍摄反映基层工作和生活状态的微电影《基层基层》，组织工间操、健身舞、文艺汇演、乒乓球赛、篮球赛、诗歌朗诵、演讲比赛……

“十二五”期间，沧州河务局职工们尽情享受着精神上的文化大餐，在绚丽多彩的文化平台上美丽地绽放着。职工们生活丰富了，精神饱满了，干起工作来也有劲了，都说：“日子过得真是有滋有味啊！”

回首沧州河务局一路走来留下的足迹，欣慰而自豪；展望未来的路，任重而道远。在这条通向远方的路上，沧州河务局干部职工将继续用自己的执著和热情、智慧和汗水，一步一个脚印地走下去，去创造美好的未来。

（2016年6月20日　漳卫南局政务信息）

潮平两岸阔　风正一帆悬

——邢衡河务局“十二五”工作侧记

岁月匆匆，时光记录着一切。

在邢衡河务局机关三楼荣誉室里，摆放着过去五年的各种荣誉证书和金光闪闪的奖牌。这一块块奖牌、一本本证书，凝结了邢衡河务局干部职工的艰辛和汗水，见证了邢衡河务局过去五年的辉煌历程，谱写了邢衡河务局攻坚克难、勇于探索的华章，它在邢衡河务局的发展史上留下了浓墨重彩的一笔。

扛起大旗：让国家级的旗帜飘起来

2011年，所属清河局晋升为国家级水管单位。地方和水利部多家媒体介绍清河局经验的文章不断见诸报端，前来学习交流的人员更是络绎不绝，清河局在海委系统被誉为基层单位的一面旗帜。在诸多荣誉面前，也给邢衡局带来了一定的压力，甚至有人说这是“卸不掉的大包袱”。那么如何把这个“包袱”背下去是摆在邢衡局面前的一道必答题。

智慧，在总结中迸发；共识，在讨论中增进；力量，在互动中凝聚。

该局变压力为动力，倾全局之力在为下一次复核做着准备。在外业上，做到科学化与精细化相结合。2012年8月，邢衡局在清河局堤防实行微喷灌，有效地控制每一株植物的需水量，灌溉水利用率达90%以上，自动化灌水程度高，日常管理工作量少；在生态改良、水土保持等方面也发挥了巨大的作用。同时，进一步做好堤防工程精细化建设，先后硬化加固20条上堤坡道，高标准建设5公里精细化建设堤段，使清河局的堤防管理现代化水平得到了提升。

在内业上，做到现代化与规范化相结合，积极推进电子档案信息化建设。2012年5月，清河局顺利通过河北省档案局组织的考核，晋升河北省档案目标管理“AAAA”级单位。档案的完善不仅体现了管理的痕迹，也使该局办公现代化管理水平向前跨越了一大步。全局一盘棋，找差距、补短板，内业与外业齐头并进，清河局保持住了国家级的管理水平，2014年9月，以931.2分通过国家级水管单位复核验收。

啃硬骨头：打通行洪河道“肠梗阻”

近年来，由于河道内基本常年干涸，临西局沿河百姓私自开垦滩地、在河道滩地及干涸的主河槽及滩地植树现象屡禁不止，严重影响了河道行洪安全。树障已成为河道管理及防汛保安全的一大隐患和顽疾。

为打通行洪河道“肠梗阻”，邢衡局下决心啃下这块硬骨头，准备打一场清除树障的攻坚战！

在做好收集树障信息工作的基础上，利用汛前检查和防汛会议等机会，积极向临西县防指汇报树障问题，最终争取到地方政府的大力支持。在地方相关部门的密切配合下，经过近一个月的专项整治，清除树障45万株，面积达4860余亩，所辖河道树障基本清除，确保了行洪畅通和防洪安全。“多亏了前几年清除了树障，否则，像今年这么大的泄洪不知要出现多少险情呢”，职工们发出这样的感慨。

专项整治得以成功是决策者披坚执锐、攻坚克难的勇气和决心。

盘活资源：探索水土开发新途径

邢衡局的弃土和滩地有5106亩，堤防种植速生杨有65万棵。为充分利用和发挥好土地资源，扭转堤防树种单一、经济效益低的被动局面，邢衡局创新思路、科学谋划、攻坚克难，充分利用堤防土地资源做文章，围绕漳卫南局提出的“实现三大转变，建设五大支撑系统”工作思路，循着堤防找出路，制定了水土资源开发利用的近期目标与长远规划，率先在故城局进行了水土资源开发探索。截至目前，渔业养殖、果树、药材、苗圃、观赏林等河道开发利用项目总面积达330余亩，实现了河道闲置土地的效益最大化。职工们夸赞道，“这一做法，既增加了承包户的收入，又缓解了单位经费不足的矛盾，还起到了防风固沙、保持水土、改良土壤、改善生态、绿化美化堤防的多重效用，实现了多赢”。

信息共享：建立水政执法纵向联动机制

针对水政执法力量不足、执法效率偏低的现实，为有效避免或减少水事违法案件的发生，进一步净化堤防管理秩序，提高工程管理水平。邢衡局对本系统的水政执法情况进行深入调研，探索试点、狠抓落实，建立水政执法纵向联动机制，实行信息共享，是该局近年水政工作的创新之举。

以水政执法人员为主，依靠沿堤水政信息员，拓宽举报水事违法信息渠道，快速、高效地查处水事违法案件，打击水事违法行为，形成了上下游、左右岸的内部纵向联动机制。

“执法信息共享机制建设，使联动单位的执法信息互通互联、执法力量互补互助、执法力度互增互强，克服了以往沟通不畅、各自为战、疲于应付的被动局面，从而有效地震慑、遏制水事违法案件的发生，更好地维护卫运河水事秩序”，该局水政科人员这样总结。

潮平两岸阔，风正一帆悬。“十二五”期间是邢衡局发展史上投资规模最大、发展速度最快、经济社会效益最好、职工受益最多、发展环境最优的五年。“十二五”再回眸，让我们看到的是邢衡局发展的思路、信心、决心与勇气。

扬帆拼搏华光灿，别有天地春风来。盘点五年的收获，邢衡局取得了丰硕成果。面对“十三五”又一个宏伟蓝图将绘制在邢衡局水利事业发展史上，邢衡局干部职工将以更加昂扬的斗志、开拓创新的勇气，让水管事业的号角在卫运河上空回响！

（2016年10月18日　漳卫南局政务信息　谢金祥）

建功“十二五” 水闸谱新篇

——水闸管理局“十二五”工作综述

“十二五”期间，水闸管理局（以下简称水闸局）积极践行上级治水思路，致力抓管理、促发展，取得了令人瞩目的成绩，连年获得“漳卫南局先进单位”“漳卫南局工程管理先进单位”荣誉称号。水闸局所属吴桥闸管理所2013年晋升为海委工程管理示范单位，成为漳卫南局系统首个水闸类海委工程管理示范单位。

管理水平不断提高

为适应水利改革发展新形势、新任务的需要，继“目标管理”“日程化管理”之后，水闸局于2015年提出了“精细化管理模式”，出台了《水闸管理局精细化目标管理体系》《水闸管理局精细化目标管理办法》，建立了精细化目标管理工作电子平台，在每个职工电脑中进行备份。该平台类似于一个数据库，将水闸局各项工作的现行制度、流程、完成标准等全部链接进去。全局职工要查看哪方面的内容，直接点击查看即可，便捷、直观。

为确保精细化目标管理工作落在实处，水闸局制定了《机关精细化管理考核标准》《局属各单位精细化管理考核标准》，通过切实可行的目标考核体系来检验精细化管理工作成效。

为巩固精细化目标管理成果，做到随时随地都能查阅资料、开展工作，水闸局编印了《水闸管理局精细化管理系列丛书》，共计10册，涵盖了精细化目标管理的全部内容，全局职工人手一册。

精细化目标管理工作的开展，调动了全局职工的工作积极性，激发了大家的责任感和荣誉感，形成了争先创优的良好局面，有效促进了工作效率的提升和管理水平的提高。

供水工作成效显著

水资源管理尤其是雨洪资源利用和生态供水一直是水闸局致力研究探讨的课题之一，也是践行漳卫南局“五大支撑系统”建设的一个重要方面。“十二五”期间，水闸局采取一系列切实有效的措施，积极开展雨洪资源利用和生态供水工作。

未雨绸缪。每年初，水闸局都组织召开供水工作专题会议，结合近年的供水工作实际，对当年的供水工作做出规划，明确工作目标及工作重点。同时，根据供水对象的实际情况，分门别类、有的放矢地制定具体的供水工作方法及措施。

深入调研。由主要局领导牵头，分别到沿河有关市县实地调研，掌握各地用水需求、引蓄水工程状况、河道坑塘蓄水能力等第一手资料，并与用水单位深入磋商、协调，达成用水意向。

把握时机。2012年8月，水闸局抓住衡水市举办首届环衡水湖国际马拉松赛的有利时机，通过科学调度，合理配置上游来水，为衡水湖补水3000万m^3，改善了衡水湖生态环境，为保障国际马拉松赛顺利进行做出了贡献。2015年12月，水闸局根据衡水湖水位下降、亟须补水的情况，积极主动与衡水市水务局沟通联系，达成供水协议。供水期间，通过和平引水闸，经卫千干渠向衡水湖及周边市县供水共6700余万 m^3。

落实水费。水闸管理局落实国家发改委《国家发展改革委关于调整部分中央水利工程供水价格的通知》（发改价格〔2014〕2006号）精神，实行计划供水、合同管理，强化引水监测计量，做好水费计收工作，实现了较好的经济、社会及生态效益。

“创新”工作风生水起

为调动广大职工尤其是一线职工工作创新的积极性，推进创新工作广泛、深入开展，水闸局成立了技术创新工作领导小组，制定了《水闸管理局工作创新奖励办法》，有针对性地组织技术力量开展了创新攻关工作。

袁桥闸管理所职工刘善华经苦心钻研，成功研制出“全自动全封闭水闸启闭机绳孔封堵门”技术，在袁桥闸安装使用并获得国家专利。王营盘、罗寨闸所根据不同的启闭机型，分别研制出了“弧板式”“履带式”的绳孔封堵产品，这两项绳孔封堵技术和在袁桥闸应用的“全自动全封闭水闸启闭机绳孔封堵门”技术，成功解决了水闸启闭机绳孔密封不严的难题。

除注重科技创新、工作创新外，水闸局十分重视在水闸工程建设管理过程中引进新材料、新工艺。仿石造景技术在工程及管理区大量应用，提升了景观型工程档次，改善了机关面貌；应用无机复合技术，将吴桥闸机架桥笨重、不规整的弧形水泥盖板改为平整、美观的无机复合盖板；利用效果好、成本低的CN403混凝土修补剂对水闸建筑物脱落的混凝土表面进行修补；采用渗透力强、黏附力强、抗锈力强的“绳链可”润滑油对闸门钢丝绳进行保养；罗寨闸启闭机房地面采用进口弹性地材，墙面应用轻钢结构双面包技术，既实用又美观；吴桥闸所引进巡更机，在工程及管理区重点部位安装测点，增强了工程管理人员的责任心。

2012—2015三年间，水闸局每年都对创新项目进行评选表彰，共评选出工作管理及工程技术创新获奖项目19项。

文明建设硕果累累

2012年10月，作为水闸局水文化节点建设重点工程的袁桥闸区水文化广场落成，广场内有大量水文化主题雕刻、景观石、仿石泊岸、宣传牌匾、名言警句等文化元素，与水闸工程景观和减河湿地风景区自然景观交相辉映，集工程景观、自然景观和文化景观于一体。

其中，依袁桥拦河闸右岸挡水墙而建的“治水名人墙”，图文并茂地展示了大禹、孙叔敖、西门豹、李冰等十二位治水名人的事迹。“治水名人墙”立意新颖、造型独特，不仅具有观赏价值，更具有深刻的教育意义。

2013年，借祝官屯枢纽除险加固的契机，水闸局倾心打造景观工程，在枢纽闸区修建了“安澜园”“观澜园”“名人说水园”等水文化景区。“人在闸区走，如在画中游”，参观完景观园区的人们如是说……祝官屯枢纽景观工程实现了水生态与水环境相适应、水文化与水利工程相融合，使这“前不着村，后不着店”的地方热闹非凡，参观者络绎不绝。

因地制宜地利用景观石来美化水闸工程，寓水文化建设于水闸建设与管理之中，这是水闸局景观型工程建设的又一项重要举措。景观石采用仿石新工艺制造，不但造型优美，而且成本较低。各处景观石面上刻有工程简介、治水名言等水文化内容。目前水闸局在各工程辖区、无棣城乡结合部等处建成景观石20余块，极大地美化了闸区环境。

“打造景观工程不是为了造景，而是为了提升管理品位，提高管理水平”。“品位”和“水平”提高之后，随之而来的是职工文化素养和单位精神文明程度的提高。“十二五”期间，水闸局机关、袁桥、祝官屯先后获得“省级文明单位”荣誉称号。

基层面貌大为改观

地偏、人少、环境差、出行难，这是基层闸所在人们心目中的普遍印象。现在，这些已经成了过去，如今的闸所，职工的工作和生活条件逐步完善，单位环境大为改观，有的闸所俨然已成为远离喧嚣的世外桃源。

“十二五”期间，水闸局党委把解决基层职工的实际困难作为工作重点，在上级的大力支持和帮助下，想方设法筹集资金，购买苗木花卉，美化闸所环境；更新办公设施，改善办公条件；购买健身器材及图书资料，丰富职工业余文化生活；购置节能锅炉，解决职工冬季取暖、洗澡难问题；购置净水设备，解决饮水质量问题。

庆云闸所是“河北省园林式单位”。如今的庆云闸所机关大院，建筑物整齐划一，花草树木争芳斗艳，附属设施相映生辉，宛若一座靓丽的花园。或早或晚，不仅职工们喜欢在院子里锻炼身体、赏花阅草、修养身心，更有许多当地的老乡们来这里休闲、玩耍……这里，已经成为庆云镇的一道风景。

其实，这里不仅是一道风景，还是一座创业的里程碑，更是一幅现实的和谐图。

“十二五”的大幕已经圆满落下，“十三五”的集结号已经吹响。水闸局将进一步践行漳卫南局“实现三大转变，建设五大支撑系统”工作思路，奋力谱写水闸改革发展新篇章。

（2016年11月28日　漳卫南局政务信息）

附录2. 防 汛 纪 实

情系一方百姓 构筑平安堤坊

——漳卫南运河临清河务局防汛抗洪纪实

齐鲁网聊城8月19日讯（通讯员许晖）2016年7月27日晚10点，一阵急促的电话铃声让忙了一天、拖着疲惫身躯刚刚走到家门口的临清河务局局长张斌，未来得及走进家门，迅速折返漳卫河堤坝。“头闸口扬水站出险”！时间就是生命，张斌带领临清河务局各岗位领导干部第一时间赶到现场，认真、仔细地查看了实情，及时采取了应急措施，使闸门成功封堵，险情得到控制，此时，已是28日凌晨5点……

受黄淮气旋影响，漳卫河上游安阳、邯郸等地普降特大暴雨。7月19日18时，岳城水库入库流量达到每秒5200m^3，卫运河将遭遇20年来最大洪水的威胁，卫运河两岸百姓的生命财产岌岌可危！

漳卫河在临清市境内长44.2km，是临清市主要防汛重点河道，其中新堤段5处计18.29km，险工9处总长5.475km，各类堤涵闸28座。由于临清市城区地处京九铁路和漳卫河右堤的夹角地带，不利于内涝外排，防洪形势十分严峻。

汛情就是命令，抢险就是天职。临清市河务局接到汛情命令后，局长张斌立即召开了局全体会议，认真听取了省防汛工作会议精神，根据市委、市政府的指示，按照“大河不决口、城市保安全、内涝少成灾”的原则，要求全局干部职工充分认识防汛的重要性和艰巨性，切实把防汛工作作为当前的一项重要工作来抓，超前部署、落实责任、积极应对极端天气，充分做好防大汛、除大涝、救大灾的各项应急准备。成立了防汛指挥部，制定了一系列防洪抢险工作制度，分段到组、到人，层层签订了责任书，为防洪排涝工作的顺利开展奠定了坚实的基础。并要求自7月21日起坚持每天两次将实时汛情上报市防办，遇特殊情况加密报送，为地方防指做出正确防汛决策提供了准确的数据支撑。

7月20日上午，下了一夜的暴雨，使得天气更加闷热，开完凌晨1点由临清市市委副书记、市长李新阁主持召开的防汛会商会议后，仅仅休息了不到4个小时的张斌和局里技术人员又出现在浮桥拆除现场，查看浮桥拆除情况。次日，省督查组一行沿漳卫河大堤先后实地察看了王庄扬水站、烟店浮桥、漳卫河东窑险工、车庄闸、胡家弯险工、先锋桥险工等处，张斌代表临清河务局向督查组详细地汇报了上游雨情、水情、漳卫河临清段面临的防汛形势及防汛进展情况。

正是由于河务局局领导班子对洪水趋势的准确判断，张斌在临清市历次防汛会商会议上提出的工作措施得到了市防指的采纳，使临清市在防汛组织、物资准备、队伍调配等各项工作中做到了反应迅速、调度科学、处置有效。张斌及河务局全体人员“献身、负责”

的行业精神和精益求精的务实作风得到省、市督察组领导的充分肯定！

一个好的单位总有一个好的领导，连续20多天夜以继日、超负荷的紧张工作让张斌的身心十分疲惫。成功戒烟一年的他又抽起了香烟。当熟悉他的朋友问他为什么又开始抽烟了，他笑着说："没办法、抽根烟提提神儿。"别人问他"你至于这么拼命吗?"他总是回答道"这就是我该干的事儿！换做局里其他人也会这么干！"朴实的话语展现了一位基层水利人的担当和情怀，道出了一位共产党员的责任和义务！张斌是这么说的，也是这么做的，全体临清河务局职工也是这么做的。

正是这份为民请命的执著和奉献精神，在他的领导下，临清河务局硕果累累：获得了"天津市优秀职工小家""海委系统工程管理示范单位"的荣誉，多次荣获"海委系统优秀水政监察大队""漳卫南局优秀水管单位"等称号。

（2016年8月26日　齐鲁网）

恪尽职守　团结协作

——四女寺枢纽工程管理局防汛抗洪工作纪实

7月中下旬，漳卫南运河河系发生较大范围强降雨过程，漳卫南局启动防汛Ⅱ级（橙色）应急响应。四女寺枢纽作为漳卫南运河中下游的主要控制性工程，上游控制卫运河，下游分别接漳卫新河与南运河，随着上游来水的迅速增加，四女寺枢纽工程管理局迎来了一场抗洪保卫战。

7月19日16时，四女寺枢纽南进洪闸开启，全局干部职工立即进入备战状态，各防汛职能组及防汛抢险队员全部到位、各司其职，巡查工程雨毁，补充防汛物料，试用备用发电机组，启用冲锋舟开展实战演练。

随着枢纽闸门开启泄洪，周边村民蜂拥而至，拥挤在四女寺枢纽公路桥、工作桥上捕鱼，一些胆大的竟然不顾生命危险徒手爬到闸门支臂上"浪里求鱼"。捕鱼群众越来越多，造成了四女寺枢纽严重交通阻塞。这种状况一方面容易造成人员溺亡事故，另一方面由于交通阻塞，影响防汛车辆的出入和防汛物料的调用。为此，四女寺局积极行动，采取张贴警示标志、悬挂警示条幅、在闸门拦围网、派人闸上喊话等方式，但收效甚微，情况非常危急。

7月24日19时，武城县政府派出警力40余人到四女寺枢纽维持秩序，对枢纽实行道路交通管制，黄河涯镇派出警力和民兵对枢纽北进洪闸下300m的岔河两岸进行戒严。由党员先锋队、民兵突击队组成的四女寺镇防汛抢险指挥部驻扎在枢纽南闸，还派出一辆流动卫生防疫车，为防汛抢险做好卫生防疫准备工作。7月27日，武城县政府在枢纽南进洪闸、北进洪闸公路桥栏杆上安装约300m蓝色围挡，阻止群众到闸上围观捕鱼。

四女寺局加大安全疏导力度，将14名女职工分成上午、中午、下午三个组，轮流到闸上对群众进行劝导，每天下班后和第二天上班前则由留守值班人员接替，实现闸上宣传"无缝衔接"。抢险队员每天驾驶冲锋舟到河道疏散捕鱼人群，防止发生人员溺亡事故。在四女寺局与地方政府的共同努力下，局面终于得到有效控制。

四女寺枢纽工程只有一条35kV防汛专线供电，供电专线一旦出现问题，后果将不堪设想。7月28日，德州市供电公司雪中送炭，紧急调配一台应急发电车进驻现场，支援四女寺枢纽防汛工作。德州市供电公司技术人员对枢纽供电设施设备进行全面检查并设计了枢纽供电应急方案，3名技术人员留守待命，为供电解除后顾之忧。

8月23日，四女寺枢纽节制闸全部关闭，行洪期间共启闭闸门49次，下泄洪水约5亿m^3。

面对此次突如其来的大洪水，四女寺局全体干部职工抱着“保护群众安全，确保枢纽安澜”的坚定信念，团结一心，日夜坚守在防汛抢险战斗第一线；广大党员干部率先垂范，冲锋在前，在抢险战斗中检验着“两学一做”教育成果；积极联合地方政府构筑强大防汛合力，双方互通汛情，协同发力，共同维护工程现场秩序，切实保障了行洪安全。

（2016年9月7日　漳卫南局政务信息　王丽苹）

栉风沐雨　砥砺前行

——邯郸河务局防汛抗洪工作小记

7月19—20日，邯郸市发生今年入汛以来最强暴雨，最大降雨量达到262mm，致岳城水库水位急剧上涨，漳河防汛形势紧急。邯郸河务局按照上级要求，立即启动Ⅱ级（橙色）应急响应机制。21日下午18时，岳城水库泄洪，邯郸河务局紧急安排部署，转变工作重心，将巡堤查险摆在首要位置。

沉着应对　周密部署

7月20日，邯郸河务局召开紧急会议，部署做好河道行洪各项安全工作，要求所有包河段领导以及小组成员即刻上堤，靠前指挥。全局24小时值班，局属各河务局安排专门人员昼夜巡堤查险。

针对河道内的行洪障碍，该局积极组织职工进行清理，馆陶河务局联合冠县河务局、馆陶县政府及馆陶县水利局成功拆除浮桥两座。

该局还成立了以分管局长为组长的涉河建设项目监管领导小组，组织人员深入各涉河建设项目现场，详细了解在建项目的施工情况及进度，检查度汛应急预案的落实情况，派驻现场管理人员，负责河道内在建项目的监督管理。

7月25日早上6时，现场抢险队伍赶在洪水前到达引黄入冀补淀穿漳工程现场，铅丝笼、块石、救生圈等抢险物资及铲车、勾机卡车等设备设施到位，安全巡查人员手持扩音器不断引导围观群众撤退到安全高位；7月27日上午，邯郸河务局督促穿漳涵洞施工方一方面在外围垒小型围堰阻挡水流，另一方面用钢板焊接钢管管口，确保万无一失。

该局还建立了防汛微信群，及时传达各类水情、雨情信息以及巡堤情况，全体职工共享信息，有效提高了工作效率。

团结协作　共筑防线

岳城水库泄流后，该局及时开展水情、雨情和水头观测。根据以往过水经验，设置明确的观测水头位置，详细观察 $200m^3/s$、$300m^3/s$ 洪水主流流路变化、险工段的河势，积极收集影像资料，在保证安全的情况下做出洪痕标记。

防汛前线，该局领导干部分工明确，不分昼夜，流动指挥。采砂大队老党员沈爱华，带领采砂大队成员，冒着雨水和酷暑，逐一排查被依法取缔关闭的采砂场；包河工作组杨以安、吕海涛，为准确记录漳河来水水头传播时间，顶着烈日，无惧危险，寻找最佳观测位置，详细发回现场的最新情况；通信信息组温广兴、孟庆黎对漳河采砂视频管理系统进行了紧急检修维护，确保汛期视频监控系统运行稳定；青年职工张凯在防汛前线坚守岗位，及时发回卫河和卫运河过水情况……全局所有人员团结协作，共同筑起一道防汛抗洪的责任网。

严阵以待　坚持到底

漳河行洪第 5 日，洪水水头已达漳卫河汇河口徐万仓。根据以往经验，行洪 20～30 小时后，漳河游荡段（京广铁路桥至南尚村）极易出现险情。该局适时对防汛工作做出了进一步调整，要求对重要险工险段加大巡查力度，加密巡查次数；巡查中做好安全生产工作和对沿河群众警示工作；进一步加强与地方防指的沟通协调，充分利用当前形势，做好河道管理工作。

在邯郸河务局全体职工的共同努力下，直至岳城水库泄洪结束，上游河道各险工没有出现险情。

危难之中见真情，平凡之中见伟大。在火热、艰辛、危险的防汛抗洪工作中，邯郸河务局职工坚守防汛阵地，以优良的作风、过硬的素质践行了“献身、负责、求实”的水利行业精神，在防汛抗洪中谱写了一曲壮丽凯歌！

（2016 年 9 月 19 日　漳卫南局政务信息　郭媛媛）

齐心协力打好防汛抗洪保卫战

——邢衡河务局防汛抗洪侧记

2016 年 7 月 19 日，一场突如其来的特大暴雨突降漳卫南运河流域，至 18 时，卫运河上游岳城水库入库流量已达 $5200m^3/s$，这是“96・8”洪水以来最大入库流量，卫运河即将迎来 20 年来最大洪峰，防汛形势非常严峻。邢衡河务局（以下简称邢衡局）全体职工齐心协力、奋勇抗洪，用实际行动打赢了这场抗洪抢险保卫战。

周密部署，当好地方参谋长

邢衡局管辖 133km 的堤防中，有 30 处险工、85 座涵闸，还有许多未知隐患，这些都是防汛的重点，随时都可能有险情发生。为确保安全度汛，邢衡局党委精心组织、周密部署，要求全体干部职工强化防汛责任，加强值班值守，做好防汛抢险措施，同时督促沿河各县防指迅速拆除浮桥等影响行洪的阻水障碍物。呼吁全体党员和青年职工把防汛抗洪一线作为“两学一做”学习教育的主战场，充分发挥先锋模范作用，争当“抗洪标兵”，全力以赴打好防汛抗洪保卫战。

浮桥，是泄洪的最大隐患。由于运河多年没有泄洪，沿河群众为了交通方便，在运河上搭建了多座浮桥，一旦泄洪，后果将不堪设想。为此，邢衡局迅速与沿河各县防指进行会商，商讨应对方案，督促地方政府采取有效应急措施清除行洪障碍。沿河各县防指领导亲自坐镇指挥，动用大批人力和机械连夜将河道上的 18 座浮桥全部拆除，消除了行洪隐患。

为做好地方防汛工作的参谋，邢衡局组织工程技术人员对险工险段及各种抢险措施分门别类列表明示，为地方防指提供了准确翔实的工程、技术资料。针对沿河群众缺乏抢险技术的问题，邢衡局一边组织技术人员为沿河 1000 多名抢险队员开展防汛抢险技术培训，一边组织青年志愿突击队在 133km 的堤防及乡镇上进行防汛知识宣传，普及防汛抢险知识。同时，积极与沿河各县防指沟通协调，对防汛抢险演练的指挥系统、后勤保障、封堵决口、组织群众安全转移等科目提供了技术指导，使防汛抢险演练更贴近实战，更有科学性和实战性。

守土有责，做好抗洪战斗员

洪水如猛兽，抗洪即战场。在一线抗洪抢险的干部职工，顶着炎炎烈日，巡堤查险、统计雨毁、施工抢修，他们冒着高温酷暑，忍着蚊虫叮咬，身上的衣服干了湿、湿了干，冒出了层层汗渍，有的身上被蚊虫叮咬得青一块、紫一块，有的多次出现中暑现象，但没有一个人叫苦叫累，一直坚守在抗洪一线。

邢衡局班子成员既是指挥员又是战斗员，连续数日奔波在防汛一线。他们多次与沿河三县防指进行会商，研究解决应急措施，哪里有险情他们就出现在哪里，对洪水趋势和险情准确研判、靠前指挥，在物资准备、队伍调配、除险措施等方面做到了反应迅速、调度科学、处置有效。

根据漳卫南局水情数据，24 日洪峰将要到达卫运河。然而，随着洪峰的到来，洪水上涨，河水漫滩，险情也在一步步走来。

7 月 27 日 6 时，故城建国险工浆砌石护坡基础掏空，坡面坍塌；12 时，清河县南李庄引水闸坡面坍塌出现漏水；15 时，临西县汪江险工生物护坡出现 3 处坍塌……险情一个接着一个发生，邢衡局干部职工和地方抢险队员发现险情迅速处置，最终化险为夷。

抢抓机遇，合理利用水资源

洪峰过后，随着岳城水库泄洪流量的减小，洪水开始回落。经过几日的泄洪，河水渐渐清澈起来。

“这么好的水就这样流入大海，实在太可惜了”职工们望着下泄的洪水惋惜地说。为做好雨洪资源的利用，邢衡局立即与沿河三县防指会商，建议在做好防汛工作的同时，利用上游弃水，及时引水蓄水，补充地下水、生态恢复和应急之需。

7月31日，临西、清河、故城沿河三县开始引水，清澈的河水流入沿河沟渠，干涸的大地上平添了多条“银河”。职工们看着洪水造福百姓，不觉忘却了多日的疲惫与辛劳，脸上也绽放出了欣慰的笑容。

在防汛抗洪中，邢衡局党委充分发挥战斗堡垒作用，党员群众齐心协力，战斗在抗洪抢险第一线，以实际行动诠释了共产党员心系群众、勇敢顽强的优良作风，以连续作战、勇当先锋的抗洪精神为夺取防汛抗洪的全面胜利做出了突出的贡献。

（2016年9月23日　漳卫南局政务信息　谢金祥）

迎难而上　恪尽职守

——吴桥闸管理所防汛手记

吴桥闸管理所共有六名职工，都是1996年以后才陆续参加工作的，这其中还包括两名90后青年。面对今年的“7·19”洪水，我们在没资本、没经验，各种困难和挑战接踵而至的情况下，勇敢地选择迎难而上，用青春、用汗水、用我们的不懈努力，谱写了一曲防汛抗洪胜利之歌。

7月31日，吴桥闸最高洪峰水位达到15.95m，我们六个人异常紧张、忙碌……除了做好日常工作之外，每天轮流值守电话，认真记录重要事项；每天做好四次水位、降雨量观测；每天认真开展两次工程巡查；每天面对工程周边围观的群众，轮流盯守在工程现场，用高音喇叭、用警戒线、用我们的耐心宣传去劝阻那些想要游泳和捕鱼的人们；每天外出对辖区内各取水口进行巡查，每天对引水量进行测量和计算，每天多次拍摄洪水过境的照片；还有每天不停迎接地方各级领导的频繁检查……

行洪期间的水雨情观测，由一次调整为四次，最晚一次要晚上8时开展，由于我所的自动观测设备暂时不能使用，所以全部数据完全靠人工肉眼观测水尺。行洪期间流量大，河面宽度变得很宽，人员站在岸边观测水尺，最远时观测距离达到30m，观测非常困难。我们积极动脑筋、想办法，尽可能利用手中现有的装备和设备解决问题。水政执法配备的望远镜成了我们的“秘密武器”，较好地解决了观测精度问题。但是，晚上8时的观测，由于临近天黑，光线昏暗，用望远镜也看不清水尺……我们购置了强光手电，由一名职工用强光手电照射水尺，同时另外一名职工再用望远镜精确观测水尺，有效解决了夜间观测的问题。

行洪期间水位很高，地方政府管理的取水口，积极利用这次机会开展引水工作。我们每天进行巡查，并对引水量进行实地测算。测流工作中，也遇到了很多困难，一方面是人员专业知识不够，大部分职工没有实地测流的经验；另一方面是部分专业测流仪器设备不齐全。是“等、靠、要”，还是想方设法解决问题，我们选择了后者。

人员没经验，我们就开展测流培训。从仪器组装到实地测量再到专用表格记录数据最后是测得数据的详细计算……充分利用这次宝贵的机会，把测流的理论和实践结合起来，在短时间内把我们六个人都培训成测流的熟练工。

手头的仪器设备不齐全，我们就积极想办法自己动手做，没有专业测绳，我们买来麻绳自己绑上导线，制作专业的测流绳；没有秒表，我们就用手机计时；15kg的大铅鱼，本来是适用于机械缆道测流的，铅鱼和流速仪加起来有20kg重，我们的职工硬是站在桥上用一双手提上提下进行测深、测流等动作。

直到接到解除黄色应急响应通知后，大家才长舒一口气。至此，我们已经连续19天没有休息了，有的甚至连续24小时坚守闸所19天，没有回过一次家……当家庭有困难、有问题，急需我们回去处理的时候，我们都是想别的办法去解决。我们知道，关键时刻，必须坚守一线岗位……

“7·19”洪水已经退去，留给我们的东西却很多……有经验、有教训、有知识、有提高，更有面对洪水迎难而上、恪尽职守的敬业精神！

（2016年9月23日　漳卫南局政务信息　郑萌）

众志成城战洪魔　齐心协力保安澜
——德州河务局防汛抗洪工作侧记

7月19日，突如其来的漳河、卫河流域暴雨让漳卫南运河迎来了近20年来最大的一场洪水。

汛情就是命令。洪水发生后，德州河务局（以下简称德州局）周密部署、果断行动，从汛前准备到舆情宣传，从会商决策到防汛督导，从水情观测到险情处理，全局干部职工众志成城，谱写了一曲奋力抗洪的奉献之歌！

启动应急响应，密切关注汛情

7月19日晚，德州局防汛会商室内，局长刘敬玉表情凝重。他刚刚接到德州市防指发布的防汛Ⅳ级预警，又传来岳城水库入库流量5200m³/s的汛情，气氛陡然紧张起来，一场抗洪抢险的冲锋号即将吹响。19时，按照上级防汛部署，德州河务局立即启动防汛橙色应急响应，各职能工作组迅速到岗到位，全员进入防汛战备状态。为了第一时间掌握汛情信息，及时研判洪水的发展趋势，当晚，除了坚持值守的带班领导，工程组值班人员也由1人增加为3人，综合组和保障组由原来的1人值班调整为组长亲自带班。

为全力应对汛情，德州局打破工作常规，应急响应期间，各防汛职能组组长实行集中办公，并将上午的上班时间提前到7点半，下班时间视汛情而定。每天8时准时进行防汛会商，通报流域汛情和工作进展情况，研究下一步工作方案和应对措施。很多时候，大家忙里忙外，模糊了上下班，淡化了休息日，一份盒饭、一碗泡面成了家常便饭，被大家亲切地称为“防汛战备粮”。7月19日至8月3日，德州河务局累计召开会商会议17次、发布明传电报9份，保证了巡堤查险、河道清障、险情处理、资料统计等各项防汛工作及时得到贯彻落实。

当好防汛参谋，做好工程监管

针对流域汛情，7月21日下午，德州局会同德州市防指召开行洪准备工作紧急会议，针对影响度汛安全的问题和隐患，督促落实工作责任。

为引导群众舆情，确保沿河人民生命和财产安全，德州局与地方城市管理部门、岔河和减河景区、涉河建设项目建立了信息沟通机制，相互通报和共享汛情信息；同时，派出工作组到涉河建设项目工地、景区办公室进行督导，指导防汛抗洪，消除安全隐患；会同地方政府通过媒体发布行洪通告，劝导堤防上聚集观水的市民、群众远离河道，对在岸边捕鱼、戏水者进行劝离，保障人员安全。

防汛期间，德州局共派出6个工作组紧急赶赴防汛一线，指导、协助基层单位开展防汛工作。督促李家岸引水线路倒虹吸工程、石济客运专线跨减河大桥、华能德州热力有限公司热力管道穿河工程等在建工程立即停止施工，清除阻水障碍，确保行洪畅通；督促相关责任人无条件拆除卫运河浮桥，并将拆解后的船体运出河道；对西郑庄闸和牛角峪闸闸门、启闭机、机电设施进行了再检查，确保了良好的运行工况；对险工险段、穿堤涵闸（管）不间断巡查，发现险情隐患，立即督促责任单位加以处理；加强水情观测，密切关注洪峰传播过程，对洪水水头到达时间、洪峰到达时间及最高洪水位进行了观测，掌握了第一手水情资料。

担重任讲奉献，精神薪火相传

8月1日，德州局组织近年入职的9名青年职工赴土龙头险工、祝官屯枢纽、头屯涵闸、四女寺枢纽和牛角峪退水闸，在防汛一线开展培训，让他们近距离了解防洪工程，直观地了解和掌握水利工程运行管理和防汛抗洪的相关知识。对此，德州局局长刘敬玉说："作为主要负责人，我是今年德州局防汛的决策者、'指挥官'，可20年前'96·8'洪水时，我也是一名普通干部，直接参与一线抗洪抢险，现在的年轻人，他们将来会是我局防汛的中坚，是水管事业的接班人，所以现在就需要掌握防洪知识，在实践中历练，培养事业心和责任感。"

沧海横流彰显英雄本色，抗击洪魔书写奉献之歌。为夺取今年防汛工作的胜利，德州局干部职工在困难面前不退缩，在压力面前不妥协，以防汛抗洪的具体行动践行了"献身、负责、求实"的水利精神。防汛一线工作急难险重，但一听到要成立工作组，很多干部职工主动站了出来，他们当中有主动请战的党员干部、有经验丰富的技术人员、有视险情如战场的退伍军人、有初入职场的青年学生，在现场，他们顶烈日、冒酷暑，不谈条件、不讲报酬，深入到水情观测、堤防巡查、穿堤建筑物险情处理、阻水障碍清除、涉河项目抢险督导等防汛一线。

德州局副局长陈永瑞，自7月20日开始，一直带队盯在李家岸引水线路穿漳卫新河倒虹吸工程现场，督导施工队伍抢筑堤防缺口、清除滩地障碍，连续十多天的劳累导致血压异常，但他仍然带病坚持，直到险情解除。德城河务局职工柴木林、张洪升、廖兆晖，负责督导华能德州热力有限公司热力管道穿河工程施工围堰的拆除，起初项目负责人心存侥幸，不但不配合工作，还说影响工期、增加施工成本。为此，他们天天蹲守现场，软磨硬泡，脸晒黑了，嗓子喊哑了，渴了就喝几口凉水，饿了就啃几口面包，项目负责人最终被他们的执著和诚意打动，在洪水来临前拆除了围堰。办公室职工祝云飞，当他接到水情观测任务时，孩子刚出生还不足40天，但他二话没说，直接去了一线，从夏津到武城，连续4天跟踪观测洪水水位，昼夜无休，第一时间获取了水情数据……他们，只是德州局干部职工今年防汛抗洪中的一个缩影，然而正是这些在关键时刻挺身而出、无私奉献的普通职工，唱响了防汛抗洪的胜利凯歌！

（2016年9月23日　漳卫南局政务信息　赵全洪）

坚守岗位　默默无闻　岁月如歌　不忘初心

——刘庄闸管理所抗洪小记

2016年7月25日，为拍摄洪水资料，我来到卫河河务局管辖范围内最偏远的、仅有3名职工的基层水管单位——位于河南省浚县新镇镇刘庄村附近的刘庄闸管理所。

从卫河局机关到刘庄闸约两个小时车程，上午10点半，我们来到刘庄节制闸旁边临共产主义渠堤防一个孤零零的小院。干净的小院里静悄悄的，只有树上的蝉在拼命地叫着，办公室的门开着，挂着竹门帘，里面一个人都没有。

我打电话给闸所负责人张新国，得知闸所里的工作人员都正在闸上，我们便走出大门去寻他。

我们站在堤防上，看到闸前洪水翻滚，把树枝、水草等杂物冲向闸门。工作桥上有两三个人正拿着一端绑着镰刀的长竹竿向下探着身子分解、打捞树枝、杂草。看到我们，张所长远远地向我们挥手，把手中的长杆镰刀递给了旁边的工作人员。

见到张所长，与一个月前到局机关开会时的他简直判若两人——光着脚，脚上全是泥巴，裤脚挽到膝盖，身上的T恤已被汗水浸湿，黝黑的脸上挂满汗珠。

我对这个不起眼的闸所和闸所工作人员的认识就从正在清理的阻水杂物开始了。

尽职：用行动诠释一切

“这些个垃圾水草每天都要清理吗?”我问张所长。

“现在基本上每天清理一到两次。洪水冲来的树枝、水草等杂物壅塞在闸门前，造成闸前水位升高。如不及时清理，洪水就会向卫河分流，造成卫河水位升高、流量增加，威胁滑县、浚县县城及两岸村镇安全。今年进入汛期后彻底的清理过两次，一次是7月9日，共渠首次行洪，上游突然冲来许多树枝、垃圾，有的挂在闸墩上、有的堵在闸门下面，闸门前水流形成漩涡，船下去也不保险，我们就召集了十几个水性好的抢险队员，腰里拴着绳子从工作桥上吊挂下去施工。另一次是23日晚上6点多，淇河突然来水，冲来许多树枝和水草，闸前水位明显上涨，预测的共渠洪峰马上就来了，一会儿都不敢耽误啊，我们人员少，我急忙打电话请县防指协助，把情况一说，县防指马上派来了20人。天都黑了，不敢再用上次的办法了，就在长竹竿上绑上镰刀，开了好几个探照灯，把缠在闸墩和闸门上的草和树枝勾出来，3个多小时才清理完。现在上游还不断有杂物漂过来，一个小时要观察一次，有杂物就要及时清理，现在这个节骨眼一点都不敢大意啊”。张所长一面跟我说，一面还远远地向打捞的工作人员喊着方位。

说起节制闸的基本情况及在防洪中的作用、各种情况的应急措施，张新国滔滔不绝、如数家珍，而当时施工的困难和危险，却被他轻描淡写地带过了。

火辣辣的太阳炙烤着大地，虽在河边，没几分钟我的衣服也湿透了。

闸前的杂物打捞结束后我们回到了张所长的办公室，小小的一间办公室摆放了一张窄窄的小床、几张木质沙发，办公桌上被电脑及文件盒、文件夹占满了，传真打印机被挤到了茶几上。我随手翻开办公桌上的防汛值班记录本，上面清晰地记录着：7月24日凌晨1点四号水尺读数0.72m降；凌晨2点0.69m降；凌晨3点0.68m降；凌晨4点0.66m降……这是每小时一次的闸前水位观测记录。再往下，上午李靖局长检查指导刘庄闸防汛工作，并代表局领导班子进行慰问；河南省豫北水利工程管理局局长师现营一行到闸检查指导防汛工作。向前翻，7月22日，依旧是全天24次观测记录，下面除了相关领导检查，还简单地记录了这样一段话：傍晚6：50共渠右岸0+450发现两处水毁，已紧急处理完毕。合上记录本，我问：“工程记录这么简单?”闸所工作人员潘科听了，从文件盒翻出另外一本记录，这是一份堤防巡查报告，上面详细记录了时间、地点、现场勘查处置情况、详细尺寸、照片、施工过程、完工照片等。张所长说：“这两个水毁塌陷不小，一个深4m、另一个坑2.5m以下全是积水，深度已经不能估测，而且因为水流长时间冲刷，这两个水毁也渐渐呈扩大趋势，要不及时修复，后果真是不好说。后来咱们打电话联系紧急施工，潘科就一直在那里盯着，一直干到夜里11点多，晚饭都没顾上吃”。正说着，手机响了，张所长接通了电话：“是，好，马上过去!”简短的几个字后他挂断了电话，对我们说：“海委领导检查安全生产，我先去闸上。”话音未落，人已经站了起来出去了。张所长陪同领导视察了闸房、工作桥，介绍了情况，前脚刚送走了海委领导，新镇镇长带领着浚县县政府的领导进了大门，闸内闸外一番介绍之后，他陪同县领导去了防汛仓库。

中午12时45分，张所长才从防汛仓库回来。潘科给我们端来了午餐——茄子捞面，他笑笑说：最近没有时间去买菜，这是我们自己种的茄子，纯天然无公害，多吃点啊。

坚守：为了身上的责任

正吃着饭，张所长和潘科的手机同时响起了铃声，我下意识地看了看墙上的表，12时55分。张所长关掉铃声，解释道：“订的闹钟，一小时一次，观测水尺和阻水物，怕一忙起来忘了”。潘科丢下吃了一半的饭碗，拿起记录本跑了出去。

我问：“最近闸上挺忙的，经常有领导来吗?”

“是啊，刘庄闸位置特殊，从19号开始，差不多每天都有，有时候一晌就来三四拨。”张所长答道，“‘96·8’以来，整整20年没来过大水了，趁这次水量大，各级领导重视，抓住机会多讲讲咱们水利工程管理的重要性，有利于以后更好地开展工作。”张所长说起这次大水，掩饰不住的兴奋，“我来刘庄闸工作十一年了，这些年净给这闸检测、上油、保养、试运行了，一点也不敢马虎，可是很多人不理解，我的那帮同学就总是腌臜我说：‘说起来大小是个干部，干的却都是些婆婆妈妈的活儿，在这屁大点的地方耗日子’。”他长长地舒了口气，继续说：“这一回，终于可以验证一下咱们这些年的工作没白干了。”说完，他埋下头三两口扒拉完了碗里的面条。

看着他已经稍显谢顶的头发，我有些感动，人生能有几个十年呢？

我问：“你准备还在闸上干多久？有没有想过要求换个地方？”

“需要我干多久就干多久，咱从来不跟领导要求啥。”张所长没有半点思考就回答到。

吃完饭，镇里的书记和几个工作人员来访，我退了出来，在会议室碰到只铺了一个防潮垫躺在上面休息的潘科。

我问他：“怎么在这里休息？”

他说：“本来是在闸上轮流值班，这次水来得急，还没顾上收拾宿舍呢，先凑合几天。”他憨厚地笑了笑，“比起村里那些晚上执勤巡逻睡在河堤上的民兵，我们的条件算好多了。”

我问：“我看到这几天每天都要24次观测水尺和检查闸门过水情况，还要查险、收集资料，堤防出险还要监督施工，就你们两三个人，很辛苦吧？”

“也还行，我和所长轮流去观测检查，一个前半夜一个后半夜，出去转一圈回来到下一次观测也还有半个多小时，合上眼也能睡着，没有特殊情况的话差不多一天能休息四五个小时，够了。”

潘科的回答简略朴实，稍显拘束。我知道，他说的特殊情况也并不多，22号堤防出险紧急施工的那天晚上，他几乎是整夜没睡。为了缓解气氛，我说：“你这白天夜里的都不回家，爱人一个人带孩子也累坏了吧？”

说起孩子，他脸上洋溢着幸福，打开了话匣子，说了许多孩子的趣事，又说，她们娘俩现在就住在河对岸刘庄村孩子的姥姥家。

“那你可以经常见到他们了。”我说。

他沉默了片刻：“虽说一河之隔，抬腿就到，可来了10多天也没能去看看，等忙完了这一阵子再去看他们。”停顿了一下，他像是自我安慰一般又说：“水闸和堤防万一出了问题，第一个受损的就是刘庄村，守好水闸就是守护他们的安全，他们能理解。”

追求：不忘初心方得始终

我提出要看一看这次洪水过程中留存的图像资料，潘科又领我们去了办公室，来访的工作人员已经离开，张所长正趴在茶几上写着字。潘科打开电脑，找到了存放图片的文件夹：闸门、清障、水毁、抢险施工、防汛备料……一项项分门别类很是规范。

我随便打开一个文件夹，十来个半裸着上身、腰上捆着麻绳吊在河面上的壮汉，正在清理挂在闸门、闸墩上的树枝和杂草。潘科指着照片中一个身影说：“这个是我们所长，当时情况紧急、人员又少，张所长腰里拴个绳第一个就下去了。”他回头看了一下张所长，悄悄跟我说：“你看他的腿，上次清障的时候被水草和树枝划破了好几道。”我这才注意到他挽起裤腿的小腿上深深浅浅的伤痕。

“我是闸所负责人，又是共产党员，面对危险就应该带头上前。”听到我们说的话，张新国停下了笔，抬起头说，“我在前面多干一点，大家才更有干劲儿啊！”

“这十多年在刘庄闸，人最少的时候就我一个，啥事儿都要自己干，也不是没遇到过困难，有困难的时候我就用林肯说过的一段话鼓励自己：‘每一个人都应该有这样的信心：人所能负的责任，我必能负；人所不能负的责任，我亦能负。这样，你才能磨炼自己，求得更高的知识而进入更高的境界’。虽然现在闸上的条件好了，人也多了，但是我觉得自己能干的还是要带头干、带领大家一起干，习总书记不是说‘不忘初心，继续前进’吗？”

他合上了笔记本，我这才发现这是局党委统一给党员配备的《党员学习笔记》，“这么忙，还在写笔记？”

“政治学习可是一项重大任务啊，最近开展的‘两学一做’从中央到地方开展得轰轰烈烈，在咱们这儿可不能冷了场，汛期虽然忙，也总还是有能坐下来静下心的时候的。不光我，潘科的学习笔记也写了满满一本了。”

潘科说：“张所长跟我说，党规党章、习总书记系列讲话内容不少，也很有深度，光读读看看不行，要拿出读书准备高考时的那种劲头，记笔记、做摘抄，真正钻到书里面去，学透、吃透，然后再结合实际想想，该怎么做才能对得起党员的称号，做一个真正合格的党员。”

做一个真正合格的党员——刘庄闸管理所的这两名党员是这样说的，也是这样做的。

因为下午闸所还要接待相关领导的检查，中午两点多，我们就匆匆告别了。

在刘庄闸的半天，我被这两名普通的党员深深地感动着，心情久久不能平静。多少年来，他们以高度的责任感和使命感坚守着自己的岗位，随时准备应对可能发生的各种意外险情。什么样的岗位值得坚守？什么样的人生是有意义的人生？刘庄闸管理所两名普通的共产党员用自己的行动给出了答案，他们始终以共产党员的标准要求自己，兢兢业业、任劳任怨地扎根基层一线，在平凡的工作岗位上散发着光与热。

人们常说：陪伴是最长情的告白，相守是最温暖的承诺。言辞不多的两个人，陪伴着无声的闸所，默默守护着一方平安，这就是最基层水管单位、最基层水利职工对我们党的最长情的告白吧！

（2016 年 9 月 26 日　漳卫南局政务信息　张卫敏）

尽职尽责防汛　冲锋在前抗洪

——岳城水库管理局抗洪人物侧记

7 月 18—19 日，岳城水库上游普降大到暴雨，洪水急速汇集到漳河河道。19 日，岳城水库入库流量暴涨，至 18 时，入库洪水激增至 5200m^3/s。汛情就是命令，责任重于泰山。

在岳城水库管理局党委班子的坚强领导下，全局干部职工紧急行动、密切配合，党员干部守土尽责、冲锋在前。险情排查、水文测报、水库调度、工程观测……一系列措施紧张有序地实施，一幕幕齐力抗洪的火热场面难以忘记，一个个抗洪人物的感人事迹不断涌现。

张局长的不眠之夜

7月18日上午，在例行的局长办公会上，岳城水库管理局局长张同信明确指出，岳城水库即将进入“七下八上”的防汛最关键期。据天气预报，近日岳城水库上游将有一次强降雨过程，务必高度重视、严防死守，密切关注雨水情、工情、险情，全体人员按照防汛职责分工，迅速到位，随时待命。

18日晚，降雨如期而至。19日一早，张同信率副局长赵宏儒及防办、水文站、信息中心、办公室等部门负责人，冒雨赶赴观台水文站，查看岳城水库入库水情。11时50分，岳城水库入库口观台流量 $44.3m^3/s$；13时，流量 $1025m^3/s$；14时30分，流量 $1320m^3/s$；15时，流量 $1490m^3/s$。随着入库流量的剧增，张同信的心开始紧张起来。

这时手机信号开始减弱，张同信当即下令，由赵宏儒带水文站站长留守观台水文站。他带领其他人紧急赶回岳城水库安排防汛事宜。途中，暴雨倾盆、电闪雷鸣，路上积水没过半个车轮，部分路面已经坍塌，车辆在艰难中不断行进。17时10分，张同信一行返回岳城水库。18时，驻守观台水文站人员通过卫星电话报告，入库流量达到 $5200m^3/s$，情况紧急。

正在部署迎战洪水任务的张同信，又接到邯郸市防指电话通知，邯郸市委书记高宏志、市长王会勇紧急组织召开全市防汛会商会议。顾不上吃饭和休息，张同信立即赶赴邯郸市参加全市防汛会议。

此时，夜幕已经降临。岳城水库办公楼灯火通明，电话铃声此起彼伏，各岗位人员正紧张有序地忙碌着。坝上水位节节攀升，129、130、131…形势危急！

22时，邯郸市防汛会商会结束，张同信连夜返回岳城水库，夜越来越深，雨越来越大，路面积水严重，车辆行进极其困难，通往岳城水库的磁西公路，部分路段发生塌方，无法通行，车辆只能绕道而行。

时间就是生命，如不能及时赶到现场指挥，每耽误一秒，危险就增加一分，张同信眉头紧锁，一筹莫展。一路上，他电话不停、短信不断，雨情、水情、工情、险情等各类汛情信息频频发来，请示、汇报、指挥、调度等各类信息接连发出。

赶到岳城水库时，已是凌晨0时7分。张同信忘记了一日的劳顿，手持应急照明灯，冒雨赶赴泄洪洞查看水库水位、了解工程运行情况、召集防汛会商、部署工程巡查……

赵站长的水文情怀

7月24日，临漳县邺镇漳河大桥处，桥上热浪滚滚，桥下洪水滔滔。岳城水库水文站站长赵建勇带领工作人员将水文测验设备“走航式ADCP”缓缓置于水面。ADCP很快传来了流量测验信息，经与岳城水库泄洪流量对比，数据吻合。至此，岳城水库水文站完成了岳城水库泄洪后首次漳河流量测验。大家击掌欢呼，忘记了连日来的劳累。

受漳河采砂取石的影响，岳城水库漳河测站基本断面损毁严重，无法进行缆道测验。临近的绕坝公路漳河大桥处，水流湍急，水中杂物漂浮过多，桥墩处乱流、回流现象严重，水面起伏大，桥面距水面高，桥测车无法完成测验。用水文测验设备 ADCP 下水尝试测验，测船行进不过 10 余 m，翻船 3 次，电脑数据缺失较多。多次尝试，仍无法完成测验。

泄洪流量亟待水文数据印证，完成漳河测流任务刻不容缓。重任在肩，岂敢怠慢。前方查看人员打来电话，认为 107 国道漳河大桥处初步具备测验条件。但水文测验设备 ADCP 多次下水尝试无果。时间在一分一秒地流逝，赵建勇心急如焚，立即召集大家商议对策，根据查看人员的建议，当下决定，立即转赴临漳县邺镇漳河大桥进行尝试。

这时，户外温度已达 40 摄氏度。大家早已挥汗如雨，全身湿透，有的人员表现出了畏难情绪，嘟囔道：站长，等等再测吧。身为党员的赵建勇这时说了一句话：我也想歇一歇呀，但是水情不等人，我们的数据直接影响到洪水调度的决策，关系到下游老百姓的安危，我们要战胜自己，排除万难，向老百姓交出满意的答卷。

这就是岳城水库水文站站长赵建勇的守土尽责、不畏艰难的水文情怀。

吕师傅的“顺风神耳”

暴雨过后的岳城水库湿热难耐，21 日，吕树英匆匆赶往大坝，开始了一天的大坝运行观测工作。在大坝 1＋800m 处，弯腰向测压管放测线，这一瞬间，一丝微弱的声音，传入耳中……

吕树英，岳城水库管理局大坝运行观测技师，30 余年如一日地穿梭于坝顶、坝坡、坝脚，从事工程观测的经验，铸就了他的“顺风神耳”和“火眼金睛”。

出于职业敏感，这一声音引起了他的高度警觉。常年与水利工程打交道的他，深知“千里之堤，溃于蚁穴”的道理，特别是“七下八上”防汛的关键时期，大坝运行的细微变化，都不可掉以轻心。他屏气凝神、侧耳谛听、仔细寻找，最终确认了异常声音来自测压管。

他当即与工程运行监测中心的吕金朴主任联系，汇报发现了测压管的异常。得知这一情况后，吕金朴与主管工程运行监测的赵宏儒副局长第一时间赶往现场，查看详情。岳城水库大坝的安危，关系着下游千千万万群众的生命财产安全。岳城水库管理局立即将这一情况向漳卫南局报告。

从最坏处着想，从最严处防范，是岳城水库人多年来养成的严谨作风。当前水库正处于高水位运行，大坝工程潜在风险加大，吕树英和同事们不畏天气酷热难耐，天天到那个测压管处，听一听、看一看、测一测，及时进行数据对比分析，研判大坝运行状态，这样他们才能吃得下饭、睡得着觉。

不只是吕师傅带领的观测组人员，还有来自不同岗位的 60 余名职工参与到巡查中。自 7 月 22 日 6 时起，每天 4 个时段、每时段派出两个巡查组，对大坝工程进行全方位、无死角的巡查。潮热的天气像蒸笼一样。每次巡查要步行两个多小时。一次巡查下来，浑身湿透，像从水里捞出来的一样。有人病倒了，为了不耽误下一次巡查，悄悄回家打点滴；有人在巡坝的路上差点晕倒，大家都劝她赶快回去，可她还是坚持巡逻完最后一程；有人中暑了，稍事休息，又投入到工作中……

为保证岳城水库防洪安全和平稳泄洪，岳城水库管理局的广大干部职工一连20余天坚守水库一线，舍小家为大家，克服了天气湿热难耐、工作强度大等困难，坚守岗位、严阵以待，用实际行动诠释了“献身、负责、求实”的水利行业精神。

（2016年10月18日　漳卫南局政务信息）

附录3. 媒 体 报 道

漳卫南运河吴桥闸管理所以“四精”标准打造示范单位

2013年1月，漳卫南运河吴桥闸管理所成为海委漳卫南运河管理局第一座成功晋级海委工程管理示范单位的水闸。3年过去，成绩早已远去，只留给吴桥闸管理所一个崭新的起点。怎样在现有硬件条件的基础上继续提升工程档次，怎样利用现有的人员和技术力量继续提高管理水平，怎样让这座43岁的老闸焕发新光彩，成为吴桥闸管理所面临的一大课题。吴桥闸在新起点上，面向新目标，展开了我们新的追求。

精 心

在管理所每名职工的办公桌上都有一个特殊的桌牌，上面书写着每名职工自己的人生格言：“细节决定成败”“业精于勤而荒于嬉，行成于思而毁于随”“成功＝艰苦劳动＋正确方法＋少说空话”。这些人生格言书写着职工对自己精心工作态度的具体要求。

在管理所，启闭机控制台贴上了“请严格按照规程操作”的醒目提示，配电柜贴上了“请先佩戴安全护具”的警示牌，高压变电室的总闸旁贴上了“合闸前请一定先检查是否有人在作业”的警示牌。这些朴实但却很实用的小提示，无声地提醒着管理所的每一位职工。

精 细

近5年来，吴桥闸管理所在漳卫南局的工程管理考核和水闸管理局的工程管理考核中，总分4次在水闸水库类排名第一，1次排名第二，成绩始终名列前茅。稳定的发挥，在于管理所坚持的精细化管理。日常工作做精、做细，通过水闸管理局倡导日程化管理模式，精细分解每名职工的责任，精细制订每名职工的具体任务，精细监督考核每名职工的工作完成情况。

把全部日常管理工作内容逐条列出，明确每项工作任务的责任人，监控工作完成进度，评价工作结果，月底监督考核，根据考核结果落实奖惩——管理所完整的精细化管理链条就这样形成。

精 准

人员管理使用各类机电设备要操作精准，进行各类工程观测、测量要数据精准，开展工程管理要动作精准，各种制度制订和执行要指向精准。吴桥闸管理所的日常管理运行工作，在“精准”二字的指导下，平稳有序地开展。

作为水闸管理单位，水闸工程的管理运行事关重大。管理所把各种规章、规程、制度、要求以书面的形式，或上墙公示，或装订成手册，让每名职工随时都能看到。

精　良

水闸是由土工建筑物、石工建筑物、混凝土建筑物、闸门、启闭机、机电设施等组成的复杂综合体，需要水管单位以“精良”为标准，认真管理和维护，才能确保水闸的安全运行。

吴桥闸作为漳卫南局唯一的液压启闭水闸，具有非常特殊的启闭方式和非常特殊的机器设备。与传统的卷扬式启闭机相比，操作、维护、修理的难度更大，技术要求更高、更复杂。

管理所在水闸局的安排部署下，一方面，年年对重要设备进行认真维护；另一方面，集中有限的资金不断对吴桥闸进行重点升级、改造。

吴桥闸所人将在海委工程管理示范单位的崭新起点上，以“精心、精细、精准、精良”为标准，实现水闸工程管理现代化、规范化、自动化、信息化的宏伟目标。

（《中国水利报》第3750期　郑萌）

防汛有情　抗洪无悔　面对党旗　不忘初心

——漳卫南运河“7·19”洪水防汛抗洪一线侧记

7月19日，是一个不平常的日子，暴雨肆虐了漳卫南运河大部分地区，漳河、卫河部分河道出现较大洪水过程，岳城水库入库流量在短时间内激增至5200m³/s，为“96·8”洪水以来最大入库流量，漳卫南运河即将迎来20年后的最大洪峰！汛情告急！

大灾就是大考，汛情就是命令。雨情、汛情、灾情，正是考验各级党组织和每一名共产党员的关键时刻。面对突如其来的汛情，水利部海委漳卫南运河管理局（以下简称漳卫南局）党委第一时间吹响了防汛抗洪集结号，要求各级党组织和广大党员干部立即行动，把防汛抗洪一线作为“两学一做”学习教育的主战场，以高度负责的态度，坚决打赢这场防汛抗洪保卫战。

全体党员干部立即响应，迅速行动，顶着炎炎烈日，冒着急风骤雨，在坝上、在闸前、在河道、在堤间……，测数据、巡堤防、查险情、除隐患……，做好防汛抗洪、确保河道安澜、力保沿河群众生命财产安全是每一个人的心愿。每一名党员就像一面鲜红的党旗，飘扬在漳卫南运河防汛抗洪一线。

19日夜，会议室。

“11时50分，岳城水库入库口观台流量44.3m³/s；13时，流量跳变到1025m³/s；14时30分，流量达到1320m³/s；15时，1490m³/s……”实时跳动的数据使漳卫南局五楼会议室的气氛一直紧张而热烈，漳卫南局领导会同有关人员针对不断变化的上游雨、水情信息进行着会商研判，研究制定切实可行的防汛应急措施，预测洪水的下一步走势。

“18时，岳城水库入库流量5200m³/s且上涨迅速”，这个消息让所有人都吃了一惊，这组数字意味着20年前“96·8”洪水等级的洪峰极有可能将再次出现！面对激增的入库流量和上游持续的强降雨，漳卫南局防范在先、预案在前，迅速做出安排部署，紧急启动防汛Ⅱ级（橙色）应急响应，各河系组（水库组）迅速赶赴一线，各职能组全部到位，全体人员24小时待命，一场防汛抗洪的保卫战即将打响。

19日，岳城水库，暴雨如注。

岳城水库管理局局长张同信正带人冒着瓢泼大雨边查看水库周边雨情、水情，边沿环库公路赶往岳城水库入库口观台水文站查看。一路暴雨持续，路面大量积水，部分路段出现垮塌。“岳城水库水位持续上涨，已经接近汛限水位”，值班人员不断打来的电话使张同信越来越不安。由于暴雨造成断电，手机信号开始减弱，无法正常通话，张同信决定带领有关人员紧急赶回岳城驻地部署协调防汛事宜。

与此同时，刚刚开完防汛会商会的漳卫南局负责岳城水库组的同志们也立即由德州出发连夜奔赴岳城水库。

岳城水库是漳河上游一座以防洪为主，兼有灌溉、城市供水、发电等综合效益的大型水利枢纽，对控制漳河洪水，保证下游河道防洪安全起着关键性的作用。岳城水库一旦出现险情，将危及到下游河北、河南、山东的39个市（县），京广、京沪、京九等铁路及京福、京珠等高速公路的安全。

不同的起点向着同一个地点，瓢泼的暴雨挡不住大家心系岳城水库安危的脚步，平日里3个多小时的车程，由于路面严重积水加之夜间行车能见度差，岳城水库组的同志们用了5个多小时才赶到，到达水库时已经20日凌晨1点了。

暴雨依旧滂沱。大家顾不上休息，在黑暗中冒着暴雨、踩着泥泞径直来到水库坝上，手持照明灯，一步步地巡测水库水位上涨情况。由于天太黑、雨太大，满脸的雨水遮挡住了大家有限的视线，可见度还不足两米。为了准确观测水位上涨变化情况，大家不顾危险下到进水塔塔基处近距离查看水情，随后又顾不上换下湿透的衣服连夜进行会商，为下一步的科学决策提供了第一手数据信息。

20日，卫河，骄阳似火。

“安阳河上游流量加大，河道水位增长迅速，一处堤坝决口，崔家桥滞洪区分洪，一处生产桥已经被淹没……”漳卫南局卫河河系组和卫河河务局的同志正在安阳河桥上查看卫河上游水情。另一组则在天不亮就赶到了共产主义渠上游的合河闸查看来水情况。

卫河与漳河同是漳卫南运河上游的两条主干河流，两条河流的汛情都对漳卫南运河的安危起到决定性作用。

刘庄闸管理所是卫河上游的第一个控导性工程。自7月9日卫河流域普降大到暴雨以来，刘庄闸管理所的职工们就一直在闸上值班，已经连续半个月没有休息了。近几日上游来水的突然增大，使刘庄闸闸门前壅满了冲来的树枝、水草和垃圾，闸前水流不畅，造成水位明显上涨，严重影响了刘庄闸顺利过水，情况十分紧急。

眼看着共产主义渠上游洪峰即将到来，为保障洪水顺利下泄，刘庄闸管理所所长张新国不顾连日来的劳累，带领党员突击队，在探照灯照射下，用长杆镰刀将堵积在桥墩下的树枝、水草等杂物一点一点分割后捞出，一直到夜里11点才全部清理干净，大家的腿上、胳膊上都留下了大大小小被杂草划破的伤痕。

22日，水库大坝，湿热蒸腾。

今日大暑。岳城水库管理局的侯亚男弓着身子仔细地在坝脚查看着，这已经是小侯今天第三次上坝巡查了。午后的水库坝上湿热难耐，太阳硬生生地照在头顶上，坝上温度达到了40多度，连日来的大雨使空气变得极度潮湿，加上水库水面的蒸腾，更增加了空气湿度的饱和，小侯的头发像被水浇过一样，身上的衣服全部湿透了。

由于上游入库流量的不断加大，到21日17时，岳城水库水位已达140.42m，超汛限水位6m。海委统筹兼顾、科学调度，要求岳城水库21日18时开始以100m^3/s泄量泄洪，22日0时加大到200m^3/s泄洪。此时此刻，岳城水库正在发挥着它“蓄泄兼顾”的巨大作用。

巡坝小组拿着工具缓缓前行，时不时在斜坡上蹲下，细致查看大坝坡面的每一个细节。从小副坝一直巡查到大副坝、扭坝，坝顶、坝脚、坝肩、坝坡、防浪墙等所有边边角角大家都丝毫不放过，有没有塌陷、跌窝、浪损、裂缝，有没有塌方、浸水、滑坡、位移，有没有管涌，水库水位有无变化，库区飘浮物是否增多等情况都详细地记录在笔记本上。3km的大坝，大家花了3个小时，他们已经这样24小时不间断地巡查了两天两夜。

“水库正在泄洪，并且一直处于高水位运行，坝体承受了很大压力，哪怕出现细小的问题也可能造成严重的后果，这关乎老百姓的生命财产安全，我们必须很仔细很用心地巡坝查险，保证有问题及时发现及时汇报”，小侯一脸认真地说。

23日，漳河，晴雨交替。

漳河是游荡性河道，左右摇摆，险工较多，素有“小黄河”之称；加之近几年违法盗采漳河砂石资源的情况屡禁不止，使漳河河道变得坑坑洼洼、高低不平、情况复杂，防汛形势非常严峻。

为确保漳河顺利泄洪，保证过水期间河道、险工安全，自岳城水库泄洪起，漳卫南局漳河河系组和邯郸河务局的同志们就开始跟踪水头、巡堤查险了。

根据数据分析和以往经验，岳城水库泄洪流入漳河水头下午3点左右到达漳河三宗庙险工。大家午饭都没顾得上吃就来到三宗庙，再一次下到河道内查看河道和险工情况。三伏天的酷暑浸湿了每个人的衣衫，湿了干，干了又湿，汗渍在衣服上画出了一片片的“地图”。

由于三宗庙险工附近村庄较多，河道边聚集了很多观望的群众，很多人坐在护坡边上，还有个别老百姓在即将行洪的河道内放羊。眼看水头将至，工作组的同志们马上疏散人群，并迅速下到河道内寻找放羊老汉，帮助他将羊群驱赶上河岸，不多时洪水将整个河道淹没了。

刚刚还酷暑难耐，瞬间就倾盆大雨，毫无防备的同志们顷刻间就被淋了个透湿，大家抹一把脸上的雨水，又向陈村险工赶去。

洪水还未退去，防汛抗洪仍在继续。更多的共产党员在防汛抗洪一线，用实际行动践行了为人民服务的诺言。雨水、汗水和眼前的河水交织在一起，水利人的本色和共产党员的风采交织在一起，大家不谈辛苦，没有怨言，临危不惧，冲锋在前，只为初心不忘，只为河道安澜。

（《中国水利报》第3868期 特约记者 王丽）

“峰”起“峰”落 运筹帷幄
——漳卫南运河成功防御流域性大洪水

8月4日，位于山东省德州市境内的减河湿地碧波荡漾、百虫吟唱，花开两岸、自然清香。几天前刚刚过境的上游洪水似乎对位于漳卫南运河下游的德州市没有多大影响，除了岔河、减河、南运河水位略有上涨之外，洪水的到来丝毫没有影响到市民们的工作和生活。

然而在7月18—22日，一场持续性特大暴雨袭击了漳卫南运河流域大部分地区，卫河、漳河上游同时出现强降雨过程。岳城水库入库流量短时间内暴涨，观台水文站入库流量19日18时涨至5200m³/s，是“96·8”洪水以后近20年来最大入库流量。一时间，洪水像脱缰的野马挟裹着树枝杂草滚滚而来。

半个月前的漳卫南运河上游暴雨洪水来袭与半个月后的漳卫南运河下游洪水轻松过境形成了鲜明的对比，“峰”起“峰”落间，不仅蕴含了漳卫南运河管理局（以下简称漳卫南局）实施科学调度的运筹帷幄，还体现了漳卫南运河水利工程在防汛抗洪中发挥的不可替代的减灾作用。

拦洪削峰——成功实现错峰

7月18—22日降雨强度大、来势猛、范围广，加之7月9日、10日漳卫南运河流域已经发生过一次较强降雨过程，河道土壤接近饱和，漳卫南运河汛情远超出预期，防汛形势紧张异常。

7月19日下午，国家防总委派漳卫南局局长张胜红率海委工作组紧急赶赴河北邯郸市指导防汛抗洪工作。漳卫南局党委书记张永明当即主持召开防汛紧急会商会，决定立即启动防汛Ⅱ级（橙色）应急响应，各河系组（水库组）即刻赶赴一线，各职能组全部到岗到位，全体人员24小时待命，保证最大限度减少人员伤亡和财产损失，确保流域防汛安全。

一场人与洪水的较量已经开始。

7月19日20时30分，岳城水库水位迅速升高到134m，到达汛限水位，并且还在快速上涨。岳城水库能否安全泄洪?

此时的卫河上游同样汛情告急。卫河支流安阳河安阳站7月19日23时30分出现洪峰1570m³/s，崔家桥蓄滞洪区启用分洪。

因卫河没有控导性工程，根据经验，如果不采取适时调度，岳城水库下泄流量与卫河洪峰将在5天后同时到达卫运河南陶站，届时洪峰流量叠加将导致滩地行洪，将对漳卫南运河下游卫运河及漳卫新河造成严重灾害。

海委最终决定，将岳城水库的洪峰暂时拦蓄在水库中，让卫河洪峰先行通过，以有效错峰。

7月21日13时，岳城水库水位已达140m，超限汛水位6m。此时已进入“七下八上”防汛关键期，加之未来短期天气形势不明朗，若再出现强降雨天气过程，将会对岳城水库泄洪造成非常不利的影响。洪水调度考验着决策者的智慧和担当。

海委及时研判上游洪水情况及洪水趋势，一方面考虑到岳城水库长时间处于高水位下运行的风险，另一方面准确计算卫河洪峰到达南陶站的时间，决定利用卫河洪峰还在卫河演进的有限时间，先行减小岳城水库洪水压力，采取错时方式，在削峰的同时实现错峰。漳卫南局严格执行调度令，岳城水库于7月21日18时开闸泄洪100m^3/s，并在24日16时加大为300m^3/s。

最终，成功削减洪峰94%，将5200m^3/s的较大洪水削减为下游河道安全行洪流量，确保了下游河道洪水不上滩，工程不出险。7月28日0时，洪峰以558m^3/s流量顺利通过南陶站，平稳进入卫运河。

“在岳城水库泄洪前已拦蓄洪水2.8亿m^3，水库最高蓄水位已超汛限水位8.19m，如果不实施拦洪削峰，下游广大平原地区和交通干线将会遭受严重洪灾，几十万亩即将成熟的农作物将被洪水淹没。”漳卫南局防办调度科科长李增强感慨地说。

据了解，2012年岳城水库完成了除险加固，消除了主坝右岸基础渗漏、主坝散浸等工程隐患，更换了陈旧老化的设备，完善了水库的观测设施，工程的硬件设施得到很大改善，彻底消除了水库运行的安全隐患，防洪标准达到2000年一遇，摘掉了“三类坝”的帽子。此次“7·19”洪水，岳城水库经受住了大流量、高水位的洪水考验。

顺“峰”顺水——给洪水以出路

洪水在卫运河的平稳下泄，行洪过程有惊无险，得益于近几年国家对水利工程的高度重视，得益于卫运河的大规模治理，得益于给洪水寻找出路的治水思路。

卫运河位于漳卫南运河中游，上承漳河、卫河，下接漳卫新河，冀、鲁两省隔河相望。卫运河是漳卫南运河重要的行洪河道，发挥着“承上启下、上蓄下泄”的防洪作用。

20世纪70年代曾对卫运河进行治理，经过30余年的运用，卫运河河道出现淤积、堤防沉陷等问题，致使河道行洪排涝能力下降。1996年洪水期间，堤防多次出现险情，严重威胁沿河两岸及下游的防洪安全。

为保障洪水顺利下泄和卫运河堤防的正常运用，减轻洪涝灾害损失，2014年水利部批复投资4.1亿元对卫运河进行达标建设和加固处理。河道进行了清淤，堤防进行了加高加固，险工险段得到了重新修整，经过两年多的治理，防洪能力得到了显著提高。行洪期间，卫运河安然过水、“峰”平浪静。今年的行洪，卫运河无虞。

面对流域性大洪水的考验，漳卫南局依法调度、科学安排、精细部署，与沿河地方政府密切配合、团结协作；全局职工坚守岗位、认真履职；水库、河道、枢纽、水闸等水利工程体系发挥了蓄洪、削峰、错峰、拦洪、排涝等不可替代的防洪减灾作用，漳卫南运河防汛抗洪取得了决定性胜利。

当前防汛形势依然严峻。漳卫南局将栉风沐雨、砥砺前行，全力以赴迎接更大的挑战，确保堤防安全、河道安澜，确保沿河人民乐业心安。

（《中国水利报》第3871期　特约记者　王丽）

科学调度

——洪峰叠加险情急　错峰错时保安全

时隔20年后，一场持续性特大暴雨突袭海河流域南部的漳卫南运河河系（简称漳卫河系）大部分地区，形成了“96·8”以来的最大洪水。加之7月9—10日漳卫河系已发生过一次较强降雨过程，河道下垫面已接近饱和，防汛形势异常紧张。

超强暴雨使漳卫河系上游两条支流漳河、卫河先后出现洪峰，尽管漳河上游山西省境内各中小型水库尽最大能力承蓄洪水，但7月19日18时，位于漳河干流出山口的岳城水库入库观台站仍出现了5200m^3/s的洪峰流量。20时30分，水库水位迅速升高至汛限水位134m，并持续快速上涨。与此同时，卫河上游同样汛情紧急。河南省防指联合调度小南海、彰武、双泉三座水库，将卫河支流安阳河安阳站原本可能达到5250m^3/s的洪峰流量削减至1730m^3/s，并启用崔家桥蓄滞洪区分洪。

由于卫河没有控导性工程，如果不采取科学调度措施，岳城水库下泄流量与卫河洪峰将在5日后同时到达卫运河南陶站，届时双洪峰流量叠加将造成滩地行洪，会对漳卫南运河下游卫运河及漳卫新河造成灾难性后果。海委当即决定，将岳城水库的洪峰暂时拦蓄在水库中，让卫河洪峰先行通过。

21日13时，岳城水库水位达到140m，已超限汛水位6m。此时正值“七下八上”防汛关键期，加之未来天气形势不明朗，若再出现强降雨天气过程，将会对岳城水库泄洪造成极为不利的影响。

洪水调度考验着决策者的智慧和担当，海委一方面考虑到岳城水库长时间处于高水位下运行的风险，另一方面精准计算卫河洪峰到达南陶站的时间。最终决定利用卫河洪峰还在卫河演进的有限时间，先行减小岳城水库洪水压力，采取错时方式，在削峰的同时实现错峰。漳卫南局严格执行调度令，岳城水库于21日18时开闸泄洪100m^3/s，并于22日0时加大至200m^3/s。

由于岳城水库上游持续大流量入库，使得水库水位始终居高不下。24日6时，水库水位已达142.09m，超汛限水位8.09m，连续多日的高水位运行，使水库面临着极大风险。海委决定，自7月24日16时起，水库加大下泄流量到300m^3/s。

岳城水库在此次防御暴雨洪水过程中成功削峰94%，使漳河、卫河洪峰错时通行，确保了下游河道洪水不上滩、工程不出险。28日0时，洪峰以558m^3/s流量顺利通过南陶站，平稳进入卫运河。

在卫运河治理工程尚处于建设期的情况下，海委通过科学调度、全线防守，确保了卫运河平稳行洪、波澜不惊，工程建设提前接受了洪水考验，为党和人民交上了一份满意的答卷。

（《中国水利报》第3874期　特约记者　王丽　记者　陈磊）

跨省联合执法　打击漳河非法采砂

漳河，地处河北、河南两省交界，为海河南系主要行洪河道。漳河砂石资源丰富，主要集中在河北磁县京广铁路桥下至魏县南尚村的河道范围内，据调查，这里共有总长41.94km的险工33处。同时，此河道范围内还有京广铁路桥、石武高铁、京珠高速、107国道、天然气管道、新津高压等众多桥梁、管道和通信干线。

近年来，受利益驱使，一些不法分子在漳河河道内私设砂场、盗采砂石，严重破坏了河势稳定，威胁水利工程安全和河道行洪安全。为有效打击漳河非法采砂行为，海河水利委员会漳卫南运河邯郸河务局（以下简称邯郸河务局）积极联合有关部门，大力开展跨省联合执法专项行动。

条块结合建机制

自2007年海委出台《关于直管河道全面禁止采砂的通告》以来，海委及所属漳卫南局投入大量人力物力，开展多次专项行动，有力打击了盗采行为，但仍无法从根本上遏制。

作为海河流域河道管理部门的邯郸河务局深知，仅靠自己的力量难以彻底遏制漳河违法采砂行为。要杜绝漳河非法采砂，实现漳河行洪安全，必须联合地方政府，通过条块结合的方式开展联合执法。

2015年7月，邯郸河务局提请邯郸市政府成立了由常务副市长曹子玉任组长，分管副市长任副组长，市政府分管秘书长、市公安局分管局长及沿漳河各县县长、漳河生态科技园区管委会常务副主任、邯郸河务局局长、岳城水库管理局局长任小组成员的邯郸市依法惩处漳河非法采砂行为工作领导小组。领导小组对依法惩处漳河非法采砂行为专项执法行动进行了部署，明确了整治范围、工作重点和整治步骤，为实现漳河两岸跨省开展联合执法工作打下了基础。

联合执法出重拳

2016年7月上旬，邯郸河务局联合河北磁县、河南安阳县、漳河生态园区管委会和岳城水库管理局，制定了打击非法采砂联合执法专项行动方案，共同开展“严厉打击非法采砂行为，确保漳河河道行洪安全”的跨省联合专项执法行动。

7月11日，磁县和安阳县水利、公安、电力等相关部门，邯郸河务局、岳城水库管理局、漳河生态园区管委会的600余名执法人员、150多辆执法车在磁县时村营乡政府完成集结，分两组在漳河河北、河南两岸同时行动。

专项行动从岳城水库大坝下游700m处的违法采砂场开始。到达现场后，先由公安人员拉上警戒线，明确警戒范围，严禁无关人员入内；接着电力部门切断现场所有电源，在保证执法安全的同时使砂场失去再生产能力；当事人清点完现场物品后，执法人员进行强制拆除，并要求当事人签订责任状，限期将所有设备清理出河道，确保漳河行洪安全。纪检监察部门和邯郸电视台对执法过程进行了全程监督和录像。

顺势而为见成效

初战告捷，邯郸河务局顺势而为从上游向下游依次推进，各个击破。联合执法行动强行拆除采砂、采石、石料加工企业23家，其余15家自行拆除，彻底清除了非法采砂、采石、石料加工企业生产能力。

7月19日，邯郸市发生特大暴雨，漳河上游岳城水库入库流量在短短7个小时内由44.3m^3/s激增至5200m^3/s，漳河迎来20年内的最大洪峰。7月21日，岳城水库开始泄洪，洪水咆哮着奔入漳河河道。“若不是及时拆除河道内采砂、采石和石料加工企业，洪水到来时后果将不堪设想。”邯郸河务局局长张德进说。

谈起打击漳河采砂下一步的工作，张德进目光坚定：“我们将进一步加大水法规宣传力度，强力推进集中取缔工作，达到打击一片、治理一片、规范一片的成效，并联合地方政府建立长效机制，严防反弹。”

目前，邯郸河务局正积极联合有关部门开展打击漳河采砂“回头看”行动。“我们加大查处密度，保护好联合执法专项行动成果，让违法采砂行为不敢再抬头。”漳河采砂管理大队队长沈爱华说。

（《中国水利报》第3887期　通讯员　张洪泉　刘龙龙）